全国高等职业院校食品类专业第二轮规划教材

（供食品智能加工技术、食品质量与安全、食品营养与健康、食品检验检测技术、
食品贮运与营销等专业用）

食品标准与法规

第2版

主　编　杨兆艳　张　倩

副主编　尹　书　冯　斌　付晶晶

编　者　（以姓氏笔画为序）

尹　书（楚雄医药高等专科学校）

付晶晶（广西卫生职业技术学院）

冯　斌（山西省检验检测中心）

伍　婧（湖南食品药品职业学院）

杨兆艳（山西药科职业学院）

张　玲（山西药科职业学院）

张　倩（辽宁医药职业学院）

郭　瑞（山东药品食品职业学院）

中国健康传媒集团
中国医药科技出版社

内 容 提 要

本教材为"全国高等职业院校食品类专业第二轮规划教材"之一，根据本套教材的编写指导思想和原则要求，结合专业培养目标和本课程的教学目标、内容与任务要求编写而成。本教材专业针对性强、紧密结合新时代要求和社会用人需求，内容主要包括食品法律法规基础知识、中国食品法律法规和标准体系、企业标准体系等内容。本教材为书网融合教材，即纸质教材有机融合电子教材、教学配套资源（PPT、微课、视频、图片等）、题库系统、数字化教学服务（在线教学、在线作业、在线考试）。

本教材可供全国高等职业院校食品智能加工技术、食品质量与安全、食品营养与健康、食品检验检测技术、食品贮运与营销等专业师生教学使用，也可作为食品生产、科研、销售等岗位专业技术人员参考用书。

图书在版编目（CIP）数据

食品标准与法规/杨兆艳，张倩主编 . — 2 版 . —北京：中国医药科技出版社，2024.5（2024.12重印）

全国高等职业院校食品类专业第二轮规划教材

ISBN 978 – 7 – 5214 – 4608 – 1

Ⅰ.①食… Ⅱ.①杨… ②张… Ⅲ.①食品标准 – 中国 – 高等职业教育 – 教材 ②食品卫生法 – 中国 – 高等职业教育 – 教材 Ⅳ.①TS207.2 ②D922.16

中国国家版本馆 CIP 数据核字（2024）第 093207 号

美术编辑 陈君杞

版式设计 友全图文

出版 **中国健康传媒集团** | 中国医药科技出版社

地址 北京市海淀区文慧园北路甲 22 号

邮编 100082

电话 发行：010 – 62227427 邮购：010 – 62236938

网址 www. cmstp. com

规格 889mm×1194mm $\frac{1}{16}$

印张 14

字数 403 千字

初版 2019 年 1 月第 1 版

版次 2024 年 5 月第 2 版

印次 2024 年 12 月第 2 次印刷

印刷 北京侨友印刷有限公司

经销 全国各地新华书店

书号 ISBN 978 – 7 – 5214 – 4608 – 1

定价 **49.00 元**

获取新书信息、投稿、为图书纠错，请扫码联系我们。

为了贯彻党的二十大精神，落实《国家职业教育改革实施方案》《关于推动现代职业教育高质量发展的意见》等文件精神，对标国家健康战略、服务健康产业转型升级，服务职业教育教学改革，对接职业岗位需求，强化职业能力培养，中国健康传媒集团中国医药科技出版社在教育部、国家药品监督管理局的领导下，通过走访主要院校，对2019年出版的"全国高职高专院校食品类专业'十三五'规划教材"进行广泛征求意见，有针对性地制定了第二轮规划教材的修订出版方案，并组织相关院校和企业专家修订编写"全国高等职业院校食品类专业第二轮规划教材"。本轮教材吸取了行业发展最新成果，体现了食品类专业的新进展、新方法、新标准，旨在赋予教材以下特点。

1.强化课程思政，体现立德树人

坚决把立德树人贯穿、落实到教材建设全过程的各方面、各环节。教材编写将价值塑造、知识传授和能力培养三者融为一体。深度挖掘提炼专业知识体系中所蕴含的思想价值和精神内涵，科学合理拓展课程的广度、深度和温度，多角度增加课程的知识性、人文性，提升引领性、时代性和开放性。深化职业理想和职业道德教育，教育引导学生深刻理解并自觉实践行业的职业精神和职业规范，增强职业责任感。深挖食品类专业中的思政元素，引导学生树立坚持食品安全信仰与准则，严格执行食品卫生与安全规范，始终坚守食品安全防线的职业操守。

2.体现职教精神，突出必需够用

教材编写坚持"以就业为导向、以全面素质为基础、以能力为本位"的现代职业教育教学改革方向，根据《高等职业学校专业教学标准》《职业教育专业目录(2021)》要求，进一步优化精简内容，落实必需够用原则，以培养满足岗位需求、教学需求和社会需求的高素质技能型人才，体现高职教育特点。同时做到有序衔接中职、高职、高职本科，对接产业体系，服务产业基础高级化、产业链现代化。

3.坚持工学结合，注重德技并修

教材融入行业人员参与编写，强化以岗位需求为导向的理实教学，注重理论知识与岗位需求相结合，对接职业标准和岗位要求。在不影响教材主体内容的基础上保留第一版教材中的"学习目标""知识链接""练习题"模块，去掉"知识拓展"模块。进一步优化各模块内容，培养学生理论联系实践的综合分析能力；增强教材的可读性和实用性，培养学生学习的自觉性和主动性。在教材正义适当位置插入"情境导入"，起到边读边想、边读边悟、边读边练的作用，做到理论与相关岗位相结合，强化培养学生创新思维能力和操作能力。

4.建设立体教材，丰富教学资源

提倡校企"双元"合作开发教材，引入岗位微课或视频，实现岗位情景再现，激发学生学习兴趣。依托"医药大学堂"在线学习平台搭建与教材配套的数字化资源(数字教材、教学课件、图片、视频、动画及练习题等)，丰富多样化、立体化教学资源，并提升教学手段，促进师生互动，满足教学管理需要，为提高教育教学水平和质量提供支撑。

本套教材的修订出版得到了全国知名专家的精心指导和各有关院校领导与编者的大力支持，在此一并表示衷心感谢。希望广大师生在教学中积极使用本套教材并提出宝贵意见，以便修订完善，共同打造精品教材。

数字化教材编委会

主　编　杨兆艳　张　倩

副主编　尹　书　冯　斌　付晶晶

编　者（以姓氏笔画为序）

尹　书（楚雄医药高等专科学校）

付晶晶（广西卫生职业技术学院）

冯　斌（山西省检验检测中心）

伍　婧（湖南食品药品职业学院）

杨兆艳（山西药科职业学院）

张　玲（山西药科职业学院）

张　倩（辽宁医药职业学院）

郭　瑞（山东药品食品职业学院）

前 言

食品标准与法规是现实社会经济与科学技术发展到一定阶段的产物，又随其不断发展而变化。为了满足行业人才培养需求，与社会发展同步，本教材主要根据高职高专食品类专业培养目标和主要就业方向及职业能力要求，按照本套教材编写指导思想和原则要求，结合本课程教学大纲，结合国内外食品法律法规和标准的最新进展，由全国 7 所高职院校和科研院所从事教学和生产一线的教师、学者悉心编写而成。

食品标准与法规课程是高职食品类专业必修的一门技术基础课，该课程为学生完成食品类专业相关岗位所承担的具体工作任务起支撑作用，是培养食品类专业技术人才的一个必备环节。教材依据最新颁布的《中华人民共和国食品安全法》和其他现行有效的国家法律法规标准，系统介绍了食品法律法规基础知识、食品安全法、食品安全法配套法规与规章、中国食品相关其他法律法规、标准与标准化、中国食品标准体系、食品企业标准体系等内容。

本教材坚决把立德树人贯穿、落实到教材建设全过程，具有以职业能力的培养为根本、突出"能力本位"和"就业导向"特色、与时俱进构建教材内容等特点。教材编写内容主要依据现行有效的国家法律法规和标准，编写遵循先进性、通用性、实践性和实用性，将专业新标准、新要求和新规范及时纳入教材，使教材更贴近专业发展和实际需要。同时，教材增加了丰富的可操作性强的实训内容，注重对学生职业能力的培养，通过实训活动提高学生的能力和素质。

本教材可作为高等职业院校食品智能加工技术、食品质量与安全、食品营养与健康、食品检验检测技术、食品贮运与营销专业师生的教学用书，也可供食品生产、科研、销售单位的技术人员，各级食品监督、检验机构的人员，以及食品质量安全管理部门等的工作人员参考使用。

本教材具体分工如下：第一章和第三章由杨兆艳编写，第二章由张玲编写，第四章由张倩和伍婧共同编写，第五章由尹书编写，第六章付晶晶由编写，第七章由冯斌编写，第八章由郭瑞编写。

在本书的编写过程中，参考了许多文献、资料以及网上资料，难以一一鸣谢作者，在此一并表示感谢。

由于食品法律法规及标准内容广泛且发展迅速，虽然经过多次审核，但仍可能存在疏漏之处，敬请同行专家和广大读者批评指正，以便修订时完善。

编 者
2024 年 2 月

目录

第七章 · 中国食品标准体系　127

绪　论

学习目标

知识目标

1. **掌握**　标准与法规的概念。
2. **熟悉**　标准与法规的作用；标准与法规之间的关系。
3. **了解**　技术法规的定义。

能力目标

能够区分法规与标准。

素质目标

通过本章的学习，树立在食品安全监管和生产的过程中，以法律法规为准绳、以标准为依据的职业素养。

情境导入

情景　党的二十大报告中指出，要强化食品药品安全监管。《中华人民共和国国民经济和社会发展第十四个五年规划和 2035 年远景目标纲要》指出，"深入实施食品安全战略，加强食品全链条质量安全监管，推进食品安全放心工程建设攻坚行动，加大重点领域食品安全问题联合整治力度"。食品安全战略的实施、食品安全监管的有效开展，需要以法律法规为准绳，以标准为依据，需要相关的专业人才来开展工作。

思考　1. 什么是法规和标准？

2. 法规和标准有什么关系？

3. 法规和标准在食品安全战略实施及食品安全监管中有什么作用？

第一节　法规与标准的定义

一、法规

（一）法规的定义

法规有广义、狭义两种理解。广义的法规，指国家机关以强制力保证实施的、具有普遍约束力的行为规范的总和；狭义的法规，包括行政法规和地方性法规，一般用"条例""规定""办法"等称谓。

行政法规，指由国务院根据宪法和法律制定，并由国务院总理签署国务院令公布，如《中华人民共和国食品安全法实施条例》（中华人民共和国国务院令第 721 号）；地方性法规，指由省、自治区、直辖市以及较大的市（如省会）的人民代表大会及其常委会制定，并由人民代表大会主席团或常委会发布公告予以公布。如《山西省食品小作坊小经营店小摊点管理条例》（山西省人民代表大会常务委员会公告第 51 号）。

（二）技术法规

GB/T 20000.1—2014《标准化工作指南 第 1 部分：标准化和相关活动的通用术语》给出"技术法规"的定义："规定技术要求的法规，它或者直接规定技术要求，或者通过引用标准、规范或规程提供技术要求，或者将标准、规范或规程的内容纳入法规中。"技术法规有以下特点。

1. 强制性　只有满足技术法规要求的产品方能销售或进出口，凡不符合这一标准的产品，不予进口。

2. 对贸易的影响大而直接　虽然自愿性标准、经济手段、产品责任法、教育引导等方式都能对国际贸易进行调节，但技术法规对国际贸易的调节更直接、影响更大。

3. 约束范围广　技术法规既可以规定产品的特性，诸如产品的大小、形状、功效和性能，甚至包括对出售之前加贴标签、标志的样式和包装的方式等多方面的内容作出规定，也可以对产品生产的相关工艺和方法，包括管理规定进行约束。

4. 表现形式多样　根据技术法规的定义及实践，技术法规具有多种表现形式，包括国家法律、政府法令、部门规章条例以及其他强制性文件。

> **🔗 知识链接**
>
> **技术法规的利与弊**
>
> 【利】一是通过对产品安全、卫生、环保等方面的强制性要求，保障人类、动植物的生命和健康，保护环境和防止欺诈。二是保证产品的符合性。不符合技术法规要求的产品被拒绝入境或入市，从而迫使制造商生产出合格产品、销售商销售合格产品，保证了入境或入市产品的质量。三是推动技术进步。一个国家的技术法规对产品的技术要求反映了该国的技术水平，反过来，经过不断提高技术法规对产品的技术要求，也可以推动技术的进步。
>
> 【弊】苛刻的、有针对性的技术法规常被作为貌似合理合法的贸易保护手段加以使用，造成贸易壁垒。例如：意大利菲亚特生产的 500 型汽车，车门是从前往后开的，为了不进口这种汽车，德国禁止生产和使用车门从前往后开的汽车。法国一度禁止进口含有红霉素的糖果，这项技术规定实际上是针对制造糖果过程中曾普遍用红霉素染料染色的国家。

（三）食品法律法规

食品法律法规，是指由国家强制力制定或认可，以加强食品监督管理，保障食品安全，防止食品污染和危害人体健康，保护人民健康，增强人民体质，通过国家强制保证实施的法律法规的总和。

二、标准

（一）标准的概念

GB/T 20000.1—2014《标准化工作指南 第 1 部分：标准化和相关活动的通用术语》给出"标准"的定义："通过标准化活动，按照规定的程序经协商一致制定，为各种活动或其结果提供规则、指南或特性，供共同使用和重复使用的文件"。

标准定义中，规定的程序指制定标准的机构颁布的标准制定程序，标准宜以科学、技术和经验的综合成果为基础。

（二）标准的内涵

1. 制定标准的目的　制定标准是为各种生产活动或生产结果提供参考、指南和方向。通过标准的制定和实施，使对应的标准化对象达到最佳状态。

2. 标准产生的基础　制定一项标准必须做好两方面的基础工作：①要把科研成果和技术进步的新成果与实践中积累的先进经验结合起来，经过分析、比较和选择，纳入标准，为标准的科学依据奠定基础。②标准中所反映的不应是局部片面的经验，也不能仅仅反映局部的利益，不能仅凭少数人的主观意志，而应该同有关人员、有关方面如用户、生产方、政府、科研机构及其他利益相关方进行认真的讨论，充分地协商一致，最后要从共同利益出发作出规定。这样制定的标准才能既体现出它的科学性，又体现出它的民主性和公正性。

3. 标准化对象的特征　制定标准的对象是"重复性事物"。"重复"就是某一事物一次又一次地出现，例如，批量生产的产品在生产过程中重复输入、重复加工、重复检验、重复生产。

4. 由公认机构批准　国际标准、区域性标准以及各国的国家标准，是社会生活和经济技术活动的重要依据，是消费者以及标准各相关利益的体现，它必须能代表各方面的利益，并为社会所公认的权威机构批准，方能为各方所接受。

5. 标准的属性　国际标准化组织（International Organization of Standardization，ISO）和国际电工委员会（International Electrotechnical Commission，IEC）将其定义为"规范性文件"，世界贸易组织（WTO）将其定义为"非强制性的""提供规则、指南和特性的文件"。这有微妙的差别，但本质上是为公众提供一种可共同使用和反复使用的最佳选择，或为各种活动或其结果提供规则、导则、规定性的文件。企业标准则不同，它不仅是企业的私有资源，而且在企业内部是具有强制力的。

（三）标准的特点

1. 非强制性　WTO/TBT协定明确规定了标准非强制性的特征，非强制性也是标准区别于技术法规的一个重要特点。尽管标准是一种规范，但它本身不具有强制力，即使所谓的强制性标准，其强制性质也是法律授予的，如果没有法律支持，它也是无法强制执行的。因为标准中不规定行为主体的权利和义务，也不规定不行使义务应承担的法律责任，它与其他规范立法程序完全不同。

大多数国家的标准是由国家授权的民间机构制定的，即使是政府机构颁发的标准，它也不是由像法律、法规那样象征国家的权力机构审议批准，而是由各方利益的代表审议，政府行政主管部门批准。所以标准是通过利益相关方之间的平等协商达到的，是协调的产物，不存在一方强加于另一方的问题，更不具有代表国家意志的属性，它更多的是以科学合理的规定，为人们提供一种适当的选择。我国出台的国家标准既有非强制性标准，也有强制性标准。我国的强制性标准，如食品安全国家标准，是必须执行的。

2. 制定出于合理目标　一般情况下，标准的制定需出于合理目标，如保证产品质量、保护人类（或动物、植物）的生命或健康、保护环境、防止欺诈行为等。

3. 应用广泛性和通用性　标准应用广泛，影响面大，涉及行业和领域的方方面面。食品标准中除了大量的产品标准以外，还有术语标准、生产方法标准、试验方法标准、包装标准、标识或标签标准、安全标准以及合格评定标准、质量管理标准、制定标准的标准等，广泛涉及人类生产、生活及消费的各个方面。

4. 对贸易的双向作用 对市场贸易而言，标准是把双刃剑，良好的标准可以提高生产效率、确保产品质量、促进国际贸易、规范市场秩序，但同时人们也可以利用标准技术水平的差异设置国际贸易壁垒、保护本国市场和利益。

标准对产品本身及生产过程的技术要求是明确的、具体的，一般都是量化的。因此，其对进入国际贸易产品的影响也是显而易见的，即显形的贸易壁垒。与之比较，技术法规的技术要求虽然明确，但通常是非量化的，有很大的演绎和延伸的余地，因此其对进入国际贸易的产品的壁垒作用是隐性的。

5. 对贸易的壁垒作用可以跨越 标准对国际贸易的壁垒作用主要是由于各国经济技术发展水平的差异造成的，甚至可以认为是一种"客观"的壁垒。这种壁垒由于其制定初衷的合理性不能"打破"，而只能通过提高产品生产的技术水平、增加产品的技术含量、改善产品的质量以达到标准的要求等方式予以"跨越"。

第二节　法律法规与标准的作用

一、法律法规的作用

1. 明示作用 法律法规通过明确规定人们的行为准则，使人们能够了解并遵循，从而明辨是非。

2. 预防作用 法律法规通过其明示性和执法的效力以及惩治力度，起到预防违法行为的作用。

3. 矫正作用 当人们的行为违反法律法规时，法律法规通过强制执行力来矫正这些不法行为。

4. 评价作用 法律法规对人的行为进行衡量，判断其行为是否合法或有效。

5. 预测作用 人们可以根据法律法规规定，预测自己或他人的行为及其可能的法律后果。

6. 强制作用 法律法规通过国家强制力制裁、惩罚违法行为，保障法律法规的充分实现。

7. 教育作用 法律法规通过实施对人们的行为产生直接或间接的诱导影响，教育人们遵守法律法规。

8. 社会作用 法律法规在调整社会关系、分配社会利益、解决社会纠纷和实施社会管理等方面发挥作用。

这些作用共同构成了法律法规在维护社会秩序、保障公民权利、促进社会公正和和谐中的核心地位。

二、标准的作用

1. 规范生产流程，提高产品质量 标准是实践经验的总结，标准化是对科学、技术和经验的加以消化、提高和概括的过程。通过制定和采纳标准，企业可以对复杂的生产过程进行科学的组织和管理，促进新技术的应用和专业化水平的提高，改善生产工艺，优化生产流程，从而加快产品生产的节奏和进度。标准不仅可以对企业的最终产品提出严格的市场准入要求，而且能够对企业的中间产品进行层层把关，保证产品质量，为企业在激烈的市场竞争中胜出奠定基础。

2. 规范市场运行秩序 标准有利于规范市场参与者的行为和市场对象（产品和服务）的质量，作为市场准入制度的补充，那些不符合标准、危害人的安全和健康的产品可以被排除在市场之外，以确保货物流通的安全，维护消费者和诚实企业的利益。在商品交易过程中，产品制造商可以声明产品符合某一标准，从而对产品质量作出承诺。标准向消费者传递有关产品或服务质量水平的信息，让消费者以此为依据，决定对产品和服务的选择，提高市场交易的成功率，减少欺诈和投机现象，引导公平竞争的市场秩序。标准和技术法规所包含的有关条款，可以成为解决市场纠纷和进行贸易仲裁的参照文本，一旦贸易双方发生质量争议时，可以按合同所引标准中规定的质量要求、试验方法进行检验，由法院或有关部门仲裁，达到规范市场，公平公正地解决贸易纠纷的目的。

3. 为国际竞争提供手段　一方面，发达国家把国际标准的竞争和国际标准的主导作为经济竞争的最高目标；另一方面，发展中国家把提高本国技术标准对国际标准的影响、追求国际标准和规则的公平及合理性作为国际经济竞争的目标。

4. 为提高人们的生活质量提供技术支撑　通过在标准中规定生产和操作的流程以及最终产品应符合的安全指标，为消费者提供基本的安全保障；在标准中明确规定产品标志、标签、说明书等，可以保护消费者的知情权；对标准中所包含的各项指标进行细分，可以满足人们多样化的需求，实现以顾客为中心的定制服务。

5. 为社会可持续发展提供保障　通过标准的各项指标控制，可以对企业生产的每个环节层层把关，防止超量排放污染物。技术标准在资源的开采、能耗限定、产品节能等方面可以进行直接或间接的规定，通过调整相关的技术指标，淘汰水耗高、能耗高、资源利用率和回收率低的工艺过程及相关设备，达到资源的可持续利用，促进经济社会的可持续发展。

第三节　法规与标准的关系 🅔微课

一、法规与标准的相同之处

（1）标准与法规都是现代社会和经济活动必不可少的统一规定，都由权力机关按照法定的职权和程序制定、修改或废止，都用严谨的文字进行表述。

（2）制定和实施的过程都公开透明。

（3）实施和执行的目标都是为经济和社会的发展创造良好的外部秩序。

（4）在规范和控制社会方面发挥主导作用，享有威望，得到广泛认可和普遍遵守。

（5）要求社会各组织和个人服从法规和标准的规定，作为行为的准则。

（6）由于法规和标准都是由权威部门发布和实施的，都具有稳定性和连续性，因此不允许擅自改变和轻易修改。

二、法规与标准的不同之处

（1）法规是由国家立法机构发布的规范性文件，标准是依据相关法律法规，由公认机构发布的规范性文件；法规具有基础性和本源性，涉及各个方面，标准主要涉及技术领域。

（2）法规是根据立法程序制定的，在其管辖范围内是强制性的，有关人员有义务执行条例的要求；标准发行机构没有立法权，而是以市场为主体，以企业为主导来制定，更具有民主性，其强制力源于法规的赋予。

（3）法律法规涵盖国家和社会生活的各个方面，并调整政治、经济、社会、公民等方面；标准主要涉及技术层面；法规宏观，标准微观。

三、法规与标准的联系

（一）法规对标准的影响

1. 法规是制定标准的依据 具有法律效力的强制性标准在性质上属于强制性法规，因此，强制性标准的制定必须以法律为依据，推荐性标准也应如此，只有这样才能确保制定的标准具有效力。

2. 法规对标准的影响是全过程的 标准从预研阶段到复审阶段和废止阶段都会受到法规的影响，每一阶段都必须符合相关法律法规的规定和要求，只有这样才能保证标准的正当性和合理性。

3. 法规是标准实施的有效保障 法规并非是保障社会良好秩序的唯一手段，但法规是效力最高的保障手段，法规也为其他手段的有效实施起到了一定的保障作用。作为社会管理有效技术支撑的标准，国家层面制定了《标准化法》，以法律的形式确定了标准在社会活动中的地位，明确了标准的管理机构及其职责，明确了标准的制定程序，以及标准实施监督工作。同时《国家标准管理办法》《行业标准管理办法》《企业标准管理办法》的出台均对标准的有效实施起到了强有力的法律保障。

（二）标准对法规的影响

1. 标准是法规的补充 法规一般都带有一定的原则性，它不可能把社会中每一种情况都规定得十分详细，有些事情可以通过标准予以具体化。此外，法规有一定的稳定性，不可能朝令夕改，而标准则可以较好地发挥其灵活性，能够满足社会发展过程中的急需。因此，标准可成为法规的有益补充。

2. 标准是落实法规的有效手段 法规稳定性和被动性的特点限制了法规规范性作用的发挥。然而，法规是标准编制的依据，标准的灵活性和主动性成为落实法规的有效手段。

3. 标准为法规制定、修改提供依据 标准实施的目的是通过组织社会化大生产，进行科学管理，促进技术进步，为市场经济的调控提供技术支持，最终实现社会活动的最佳秩序。但是这种实施活动并非一帆风顺，在准备实施的过程中必定存在这样或那样的问题，有些问题标准是可以解决的，有些问题则不能依靠标准来解决，需要相关法律法规、政策来进行调节。因此，标准的实施，能够及时反映社会的发展对法律法规的需求，为法律法规的制定、修改或废止提供依据。

实训一　区分法规与标准

一、实训目的

1. 掌握法规与标准的定义。
2. 能够正确区分法规和标准之间的区别与联系。
3. 培养学生依法依标的职业素养。

二、实训内容

法规与标准的区别与联系。

三、实训要求

标准与法律法规相辅相成，法律法规是标准化活动的依据，标准是对法律法规的支撑和补充，二者在国家经济建设、社会公共管理中都发挥着重要作用。上网查阅至少一组有关联的法规与标准，说明它们之间的相互关系。

练 习 题

答案解析

一、单选题

1. 标准涉及是技术问题，标准反映（　　），更新速度要比法规（　　）。

　A. 最旧技术水平；快　　　　　　B. 最新技术水平；慢

　C. 最新技术水平；快　　　　　　D. 最新技术水平；慢

2. 以下属于标准的是（　　）。

　A.《食品安全法》　　　　　　　B.《产品质量法》

　C.《食品安全法实施条例》　　　D. GB 2760—2014

二、多选题

1. 技术法规的特点包括（　　）。

　A. 具有强制性　　　　　　　　　B. 对贸易影响大

　C. 对贸易影响直接　　　　　　　D. 约束范围广

2. 标准的特点包括（　　）。

　A. 应用广泛　　　　　　　　　　B. 非强制性

　C. 对贸易有促进作用　　　　　　D. 对贸易有阻碍作用

三、简答题

简述法规与标准的不同之处。

书网融合……

本章小结　　　　　　微课　　　　　　题库

第二章

食品法律法规基础知识

学习目标

知识目标

1. **掌握** 我国食品安全法规体系及其制定原则与依据。
2. **熟悉** 食品法规的实施与监督管理。
3. **了解** 食品法律法规的渊源与分类。

能力目标

1. 能够区分食品法律、法规与规章。
2. 学会检索食品法律法规等规范性文件。

素质目标

通过本章的学习，培养法治意识与责任意识，知法守法，勤于思考，提升专业素养。

第一节　食品法律法规概述

PPT

一、法的分类

从不同的角度，按照不同的标准可以对法律进行不同的分类。就现代各国的法律分类而言，有属于各国比较普遍共有的分类，如国内法与国际法、成文法与不成文法、实体法与程序法、一般法与特别法等；有仅适用于部分国家的法律分类，如实行成文宪法制的国家有根本法和普通法之分，实行普通法系的国家有普通法和衡平法、判例法与制定法之分。

（一）成文法与不成文法

这是按照法的创造方式和表达方式不同，对法进行的分类。

1. **成文法**　是指国家机关制定和公布的、以比较系统的法律条文形式出现的法，又称作制定法。

2. **不成文法**　是指由国家认可的、不具有规范的条文形式的法，它大体分为习惯法、惯例法和法理三种。

（二）实体法与程序法

这是根据法的内容对法进行的分类。

1. **实体法**　是直接规定人们权利和义务的实际关系，即确定权利和义务的产生、变更和消灭的法。

2. **程序法**　是规定保证权利和义务得以实现的程序的法律。

（三）根本法与普通法

这是根据法的地位、内容和制定程序不同，对法进行的分类。这种分类仅适用于成文宪法制国家。

1. 根本法 即宪法，在有的国家又称基本法，是规定国家各项基本制度、基本原则和公民的基本权利等国家根本问题的法。在成文宪法制国家，它通常具有最高的法律地位和法律效力。

2. 普通法 这里所说的普通法是指宪法以外的、确认和规定社会关系各个领域问题的法。其法律地位和效力低于基本法。

（四）一般法与特别法

这是按照法律效力的不同对法进行的分类。

1. 一般法 是指针对一般人或一般事项，在全国适用的法。

2. 特别法 是针对特定的人群或特别事项，在特定区域有效的法。

一般法与特别法的划分是相对的。有时，一部法律相对某一法律是特别法，而相对于另一部法律，则是一般法。但是这种划分并不是没有意义，因为特别法的效力优于一般法，即特别法颁布以后，一般法的相应规定在特殊地区、特定时间，对特定人群将终止或暂时终止失效。

二、我国的立法体制

（一）立法的概念

立法，又称法律制定。广义的立法泛指国家机关依照其职权范围和法定程序制定（包括修改或废止）法律规定的活动，既包括拥有立法权的国家机关的立法活动，也包括被授权的其他国家机关制定从属于法律的规范性法律文件的活动。狭义的立法专指拥有立法权的国家机关（立法机关或国家最高权力机关）依一定程序制定（包括修改或废止）法律规范的活动。在制定法本身意义上使用，是某一类别法律规范的总称，如经济立法、民事立法、刑事立法等。严格意义上的立法是指狭义上的立法。

（二）立法主体

立法主体是指根据宪法和有关法律规定，有权制定、修改、补充、废止各种规范性法律文件以及认可法律规范的国家机关、社会组织、团体和个人。立法主体是立法权的载体，是立法权的行使者。

当代世界各国的立法主体主要如下：①具有代表性质的权力机关，即议会（人民代表大会，以下简称人大）；②具有管理性质的行政机关，即政府；③具有创制判断性质的司法机关，即法院及法官；④被国家机关授权或由法律规定的社会组织、团体；⑤由宪法和法律规定的享有全民公决权或立法否决权的公民个人。根据《中华人民共和国宪法》（以下简称《宪法》）和《中华人民共和国立法法》（以下简称《立法法》）的规定，我国的立法主体只包括前两类。

我国是统一的、单一制的国家，各地方经济、社会发展又很不平衡，与这一国情相适应，在最高国家权力机关集中行使立法权的前提下，为了使我们的法律既能通行全国，又能适应各地方不同情况的需要，在实践中能行得通，《宪法》和《立法法》根据《宪法》确定的"在中央的统一领导下，充分发挥地方的主动性、积极性"的原则，确立了我国统一而又分层次的立法体制。

1. 全国人大及其常委会 全国人大制定和修改刑事、民事、国家机构的和其他的基本法律。全国人大常委会制定和修改除应当由全国人大制定的法律以外的其他法律；在全国人大闭会期间，对全国人大制定的法律进行部分补充和修改，但不得同该法律的基本原则相抵触。

2. 国务院 即中央人民政府，根据宪法和法律，制定行政法规。

3. 省、自治区、直辖市的人大及其常委会 根据本行政区域的具体情况和实际需要，在不同宪法、法律、行政法规相抵触的前提下，可以制定地方性法规；较大的市（包括省、自治区人民政府所在地的市、经济特区所在地的市和经国务院批准的较大的市）的人大及其常委会根据本市的具体情况和实际需要，在不同宪法、法律、行政法规和本省、自治区的地方性法规相抵触的前提下，可以制定地方性法规，报省、自治区的人大常委会批准后施行。

4. 经济特区所在地的省、市的人大及其常委会　根据全国人大的授权决定，可以制定法规，在经济特区范围内实施。

5. 自治区、自治州、自治县的人大　自治区、自治州、自治县的人大有权依照当地民族的政治、经济和文化特点，制定自治条例和单行条例，对法律、行政法规的规定作出变通规定。自治区的自治条例和单行条例报全国人大常委会批准后生效，自治州、自治县的自治条例和单行条例报省、自治区、直辖市的人大常委会批准后生效。

6. 国务院各部、各委员会、中国人民银行、审计署和具有行政管理职能的直属机构　国务院各部、各委员会、中国人民银行、审计署和具有行政管理职能的直属机构可以根据法律和国务院的行政法规、决定、命令，在本部门的权限范围内，制定规章。省、自治区、直辖市和较大的市的人民政府，可以根据法律、行政法规和本省、自治区、直辖市的地方性法规，制定规章。

这种分层次的立法体制主要是通过两个方面体现和保证法制统一。

（1）明确不同层次法律规范的效力　宪法具有最高的法律效力，一切法律、法规都不得同宪法相抵触。法律的效力高于行政法规，行政法规不得同法律相抵触。法律、行政法规的效力高于地方性法规和规章，地方性法规和规章不得同法律、行政法规相抵触。

（2）实行立法监督制度　行政法规要向全国人大常委会备案，地方性法规要向全国人大常委会和国务院备案，规章要向国务院备案。全国人大常委会有权撤销同宪法、法律相抵触的行政法规和地方性法规，国务院有权改变或者撤销不适当的规章。

（三）立法过程

立法过程是指法的形成的阶段中，各种立法活动所经历的发展阶段。各国的立法活动虽然不尽相同，但是从理论上基本可以分为三个相互独立而又有联系的阶段，即立法的准备阶段、立法的确立阶段和立法的完善阶段。

1. 立法的准备阶段　又可以称为立法的起草阶段。这一阶段从提出的立法建议被列入起草工作开始，主要是指围绕起草规范性文件所进行的各项工作，如进行有关的调查研究，草拟具体的法律条文，按照立法技术的要求对其进行相应的修改、补充，同有关机关、组织和人员协商、征求意见等，直到把草案提交到有权制定法律的机关进行审议和讨论为止，结束立法的准备阶段。

2. 立法的确立阶段　又可以称为立法的通过阶段。在这一阶段中，各种立法活动主要围绕着有关的四个程序进行，即法律、法规、规章案的提出；法律、法规、规章案的审议和讨论；法律、法规、规章案的通过和决定；法律、法规、规章的公布。因为立法的确立阶段较立法的准备阶段，在形式上更要法律化、制度化和程序化，所以通常所说的"立法程序"主要就是指这个阶段的过程和步骤。各国的宪法和有关法律对有关国家机关，特别是对立法机关在这一阶段的活动通常都有专门的规定。在我国，除《宪法》外，《全国人民代表大会组织法》《地方各级人民代表大会和地方各级人民政府组织法》《全国人民代表大会议事规则》《全国人民代表大会常务委员会议事规则》，特别是《立法法》等法律以及国务院的《行政法规制定程序条例》等法规，对制定各种规范性文件的权限、程序均有严格和具体的规定。

（1）法律议案的提出　是指依法享有提案权的国家机关或个人向立法机关提出有关法律议案或关于制定、修改、补充、废止某项法律的提议。根据我国《宪法》的规定，全国人民代表大会代表30名以上联名、全国人民代表大会常务委员会、国务院、最高人民法院、最高人民检察院、最高军事委员会等有提出法律议案的权利。

（2）**法律议案的审议**　是指立法机关对已列入立法日程的法律议案进行审查和讨论。我国对法律议案的审议分为专门委员会的审议和立法机关全体会议的审议两个阶段。

（3）**法律议案的表决**　是指立法机关对于经过审议的法律议案进行表决，正式表示同意或不同意的活动。根据我国《宪法》的规定，法律由全国人民代表大会的全体代表的过半数通过，《宪法》的修改则由全国人民代表大会的全体代表的2/3以上的多数通过。

（4）**法律的公布**　是指立法机关将表决通过的法律依法定形式公之于社会的一个法定程序。我国《宪法》规定，中华人民共和国主席根据全国人民代表大会的决定和全国人民代表大会常务委员会的决定，公布法律。

3. 立法的完善阶段　又可以称为立法的后续阶段。在这一阶段中，立法活动的主要内容通常包括：立法解释；法的修改和补充；法的实施细则的规定；法的废止；法的整理；法的汇编；法典编纂。

🔗 知识链接

党的十八大以来国家立法工作交出成绩单

党的十八大以来，在以习近平同志为核心的党中央坚强领导下，国家立法工作呈现出任务重、覆盖广、节奏快、质量高的显著特征。中国特色社会主义法律体系更加完善，以良法保障善治、促进发展，为推进国家治理体系和治理能力现代化，全面建设社会主义现代化国家提供有力法治保障。

全国人大常委会法制工作委员会发言人杨合庆介绍，党的十八大以来，截至2022年6月十三届全国人大常委会第三十五次会议，全国人大通过宪法修正案，全国人大及其常委会制定法律69件，修改法律237件次，作出法律解释9件，通过有关法律问题和重大问题的决定99件次，现行有效法律292件。经过这十年的努力，中国特色社会主义法律体系更加科学完备、统一权威，法律体系的系统性、整体性、协同性不断增强。

一是通过宪法修正案、设立宪法日，实行宪法宣誓制度，推进合宪性审查工作，加强备案审查工作，宪法的实施和监督提高到了新水平。

二是编纂民法典，国家安全、卫生健康、公共文化等重要领域的基础性、综合性、统领性法律相继制定出台，对生态环境、教育科技等领域的法律进行了全面系统的修改完善，网络数据、生物安全等新兴领域填补立法空白取得突破，统筹推进国内法治和涉外法治，加强涉外领域立法，中国特色社会主义法律体系的完善取得显著的进展。

三是统筹运用立、改、废、释、纂等多种立法形式，发挥不同立法形式在完善中国特色社会主义法律体系中的作用。

四是立法生动体现全过程人民民主的要求，拓展公众有序参与立法的途径和渠道，确保立法项目的研究论证、起草、审议、通过等各个环节都能够听到来自人民群众、来自基层的声音。

五是立法工作体制机制更加顺畅高效，严格执行向党中央请示报告制度，及时完成党中央确定的重大立法项目，把党的主张通过法定程序上升为国家意志。充分发挥全国人大及其常委会在立法工作中的主导作用，通过编制立法规划、立法工作计划、专项立法工作计划等，加强立法统筹，建立专委会、常委会工作机构牵头起草重要法律草案的制度，完善立法项目征集论证、立法重大利益调整论证咨询、法律草案向社会公开征求意见、法律草案通过前评估等制度，推进立法工作规范化、制度化、科学化。

三、食品法律法规的渊源 📱微课

食品法律法规的渊源是指食品法律法规的"形式渊源"，即法律作为行为规则的各种具体表现形式，是由不同立法权的国家机关制定或认可的，具有不同法律效力或法律地位的各类规范性食品法律文件的总称。食品法律法规的法律渊源有以下几个方面。

1. 宪法　是国家的根本大法，是国家最高权力机关通过法定程序制定的具有最高法律效力的规范性法律文件。它规定了我国的各项基本制度、公民的基本权利和义务、国家机关的组成及其活动的基本原则等。我国宪法由全国人大按特殊程序制定和修改，具有最高的法律效力，不仅是食品法律法规的重要法律渊源，也是其他一切法律、法规制定的基本依据。

2. 食品法律　是由全国人大和全国人大常委会经过特定的立法程序制定的有关食品的规范性法律文件。它的地位和效力仅次于宪法。它有两种：一种是由全国人大制定的食品法律，称为基本法；另一种是由全国人大常委会制定的食品基本法律以外的食品法律，如《中华人民共和国食品安全法》。

3. 食品行政法规　是指国务院依法制定的规范性文件。行政法规的名称为条例、规定和办法。对某一方面行政工作作出比较全面、系统的规定称为"条例"，如《粮食流通管理条例》；对某一方面的行政工作作出部分规定称为"规定"，如《查处食品标签违法行为规定》；对某一项行政工作作出较具体的规定称为"办法"，如《保健食品注册管理办法》。

党中央和国务院联合发布的决议指示，既是党中央的决议和指示，也是国务院的行政法规或其他规范性文件，具有法的效力。国务院各部委所发布的具有规范性的命令、指示和规章，也具有法的效力，但其法律地位低于行政法规。

4. 地方性食品法规　是指省、自治区、直辖市以及省级人民政府所在地的市和经国务院批准的较大的市的人大及其常委会，根据本行政区域的具体情况和实际需要制定的适用于本地方的有关食品行政管理活动的规范性文件的总称，如《黑龙江省食品安全条例》。

除地方性法规外，地方各级权力机关及其常设机关、执行机关所制定的决定、命令、决议，凡属规范性者，在其辖区范围内，也都属于法的渊源。地方性法规和地方其他规范性文件不得与宪法、食品法律和食品行政法规相抵触，并报全国人大常委会备案，才可生效。

5. 食品自治条例和单行条例　是由民族自治地方的人大依照当地民族的政治、经济和文化的特点制定的食品生产规范性文件的总称，如《宁夏回族自治区清真食品管理条例》。自治条例和单行条例可以依照当地民族的特点，对法律和行政法规的规定作出变通规定，但不得违背法律或者行政法规的基本原则，不得对宪法和民族区域自治法的规定以及其他有关法律、行政法规专门就民族自治地方所做的规定作出变通规定。

6. 食品规章　分为两种类型：①由国务院行政部门依法在其职权范围内制定的食品行政管理规章制度文件，在全国范围内具有法律效力；②由各省、自治区、直辖市和较大的市的人民政府，根据食品法律、食品行政法规和本省、自治区的地方性法规制定和发布的有关本地方食品管理方面的规范性文件的总称，仅在本地区内有效。如《食品添加剂新品种管理办法》《新资源食品管理办法》等。

7. 食品标准　其内容具有技术控制和法律控制的双重性质，因此食品标准如 GB 2760—2024《食品安全国家标准 食品添加剂使用标准》、食品技术规范如 HJ/T 80—2001《有机食品技术规范》和操作规程如《关键环节食品加工操作规程》就成为食品法律法规渊源的一个重要组成部分。这些标准、规范和规程可分为国家和地方两级，其法律效力虽然不及法律、法规，但在具体的执法过程中，它们的地位又是相当重要的。只要食品法律、法规对某种行为作出规范，食品标准、规范和规程对这种行为的控制就有极高的法律效力。

8. 国际条约 是指我国与外国缔结的或者我国加入并生效的国际法规范性文件。它可由国务院按职权范围同外国缔结相应的条约和协定。这种与食品有关的国际条约虽然不属于我国国内法的范畴，但其一旦生效，除我国声明保留的条款外，也与我国国内法一样对我国国家机关和公民具有约束力。

9. 其他规范性文件 由国务院或有关行政部门和地方政府或相关行政部门所发布的各类通告、公告。

第二节　食品法律法规的制定

PPT

一、食品法律法规制定的概念与特点

食品法律法规的制定，是指有权的国家机关依照法定的权限和程序，制定、认可、修改、补充或废止规范性食品相关法律文件的活动，又称为食品立法活动。

食品法律法规的制定分为广义和狭义。狭义的食品法律法规制定，专指全国人大及其常委会制定食品法律的活动。广义的食品法律法规制定，不仅包括狭义的食品法律法规的制定，还包括国务院制定食品行政法规、国务院有关部门制定食品部门规章、地方人大及其常委会制定地方性食品法规、地方人民政府制定地方政府食品规章、民族自治地方的自治机关制定食品自治条例和单行条例、特别行政区的立法机关制定食品法律文件等活动。

食品法律法规的制定具有以下特点。

1. 权威性 主要体现在食品立法是国家的一项专门活动，只能由享有食品立法权的国家机关进行，其他任何国家机关、社会组织和公民个人均不得进行食品立法活动。

2. 职权性 主要体现在享有食品立法权的国家机关只能在其特定的权限范围内进行与其职权相适应的食品立法活动。

3. 程序性 主要体现在食品立法活动必须依照法定程序进行。

4. 综合性 主要体现在食品立法活动不仅包括制定新的规范性食品法律文件的活动，还包括认可、修改、补充或废止等一系列食品立法活动。

二、食品法律法规制定的基本原则

食品法律法规制定的基本原则，是指食品立法主体进行食品立法活动所必须遵循的基本行为准则，是立法指导思想在立法实践中的重要体现，食品立法活动必须遵循以下基本原则。

1. 遵循宪法的基本原则 《立法法》第三条规定，立法应当遵循宪法的基本原则，以经济建设为中心，坚持社会主义道路、坚持人民民主专政、坚持中国共产党的领导、坚持马克思列宁主义毛泽东思想邓小平理论，坚持改革开放。这是实现国家长治久安的根本保证，是我们的立国之本，是人民群众根本利益和长远利益的集中反映，是我国所有立法的最根本的指导思想，也是食品立法所必须遵循的基本原则。

2. 遵循法定的权限和程序的原则 国家机关应当在宪法和法律规定的范围内行使职权，立法活动也不例外，这是社会主义法治的一项重要原则。依法进行立法，即立法应当遵循法定权限和法定程序进行，不得随意立法。

3. 遵循从国家整体利益出发，维护社会主义法制的统一和尊严的原则 我国是统一的多民族国家，食品立法活动应站在国家和全局利益的高度，从国家的整体利益出发，从人民长远的、根本的利益出发，防止出现部门利益、地方保护主义的倾向，维护国家的整体利益，维护社会主义法制的统一和尊

严。这是依法治国，建设社会主义法治国家的必然要求。

4. 遵循坚持民主立法的原则 食品法律的制定要坚持群众路线，采取各种行之有效的措施，广泛听取人民群众的意见，集思广益，在高度民主的基础上高度集中。这样也有利于加强食品立法的民主性、科学性。广泛吸收广大人民群众参与食品立法工作，调动他们的积极性和主动性，不仅使食品立法更具民主性，而且有利于食品法律在现实生活中得到真正的遵守。

5. 遵循从实际出发的原则 食品法律、法规的制定，最根本的就是从我国的国情出发，深入实际，调查研究，正确认识我国国情，充分考虑到我国社会经济基础、生产力水平、各地的生活条件、饮食习惯、人员素质等状况，科学、合理地规定公民、法人和其他组织的权利与义务、国家机关的权利与责任。坚持从实际出发，也应当注意，在充分考虑我国的基本国情、体现中国特色的前提下，适当借鉴、吸收外国及本国历史上食品立法的有益经验，注意与国际接轨。

6. 遵循对人民健康高度负责的原则 健康是一项基本人权，保证食品质量与安全、防止食品污染和有害因素对人体健康的影响是判定和执行各项食品标准、管理办法的出发点。只有这样，才能充分体现出宪法的基本精神。食品的安全性是实现人的健康权利的保证，也是食品质量安全制度的重要基础。概括地说，食品安全有两方面内容。

（1）人人有获得食品安全性保护的权利　任何人不分民族、种族、性别、职业、社会出身、宗教信仰、受教育程度、财产状况等都有权获得食品安全性保护，同时他们依法所取得的食品安全性保护权益都受同等的法律保护。

（2）人人有获得优质食品安全性保护的权利　这一权利要求食品安全性保护的质量水平应达到一定的专业标准。食品安全性保护的质量是每一个人都关心的问题，但一般来说，消费者本人并不能全部判断食品安全性保护质量的高低、优劣，这就需要政府加以监督。

7. 遵循预防为主的原则 食品污染和有害因素对人体所造成的危害，有些是急性的，如食物中毒等；也有些是慢性的，甚至是潜在的危害，如肿瘤、致畸形、致突变等。急性的疾病，可以通过急救和治疗使患者痊愈。而慢性的则很难治愈，甚至可以延及子孙后代，其后果不堪设想。所以，必须防患于未然，把食品的立法，放到以预防为主的方针上。实践证明，预防为主不仅是费用低、效果好的措施，而且能更好地体现党和政府对人民群众的关心和爱护。

预防为主的原则主要内容：任何食品工作者都必须严格按照相应的规范标准实施生产，采取严格的生产程序，使生产出的食品达到质量和卫生都安全的标准。加强预防并不是轻视监督，它们之间并不是矛盾的，也不是分散的、互不通联的、彼此独立的两个系统，而是一个相辅相成的有机整体。预防和监督都是保护健康的方法和手段。

8. 遵循发挥中央和地方两方面积极性的原则 我国是一个地域辽阔、民族众多的国家，各地区、各民族的饮食习惯有很大的不同，食品生产、经营范围广，涉及面宽。因此，既不能强求一致性的规定，又要对直接危害人民健康的因素坚决制止；既要有中央的统一法制管理，又要各地区、各民族由省、直辖市制定具体办法，针对本地区的特点和各民族的风俗习惯，加强管理，充分发挥中央和地方两方面的积极性。

三、食品法律法规制定的依据

1. 宪法是食品立法的法律依据 宪法是国家的根本大法，具有最高法律效力，是其他法律、法规的立法依据。宪法有关保护人民健康的规定是食品法律、法规制定的来源和法律依据。

2. 保护人体健康是食品立法的思想依据 健康是人类生存与发展的基本条件，人民健康状况是衡量一个国家或地区的发展水平和文明程度的重要标志。国家的富强和民族的进步，包含着健康素质的提高。增进人民健康，提高全民族的健康素质，是社会经济发展和精神文明建设的重要目标，是人民生活达到小康水平的重要标志，也是促进经济发展和社会可持续发展的重要保障。食品是指各种供人食用或者饮用的成品和原料，以及按照传统既是食品又是药品的物品，但是不包括以治疗为目的的物品。食品是人类生存和发展最重要的物质基础，安全、卫生和必要的营养是食品的基本要求。防止食品污染和有害因素对人体的危害，搞好食品安全是预防疾病、保障人民生命安全与健康的重要措施。以食品生产经营和食品安全监督管理活动中产生的各种社会关系为调整对象的食品法律、法规必然要把保护和增进人体健康作为其立法的思想依据、立法工作的出发点和落脚点。

法律赋予公民的权利是极其广泛的。其中生命健康权是公民最根本的权益，是行使其他权利的前提和基础。失去生命和健康，一切权利都成空谈。以保障人体健康为中心内容的食品法律、法规，无论其以什么形式表现出来，也无论其调整的是哪一特定方面的社会关系，都必须坚持保护和增进人体健康这一思想依据。

3. 食品科学是食品立法的自然科学依据　食品行业是以生物学、化学、工程学、农学、畜牧学等为核心的科技密集型行业，现代食品行业是在现代自然科学及其应用工程技术高度发展的基础上展开的。因此食品立法工作在遵循法律科学的基础上，必须遵循食品工作的客观规律，也就是必须把化学、生物学、食品工程和食品技术知识等自然科学的基本规律作为食品法律、法规制定的科学依据，使法学和食品科学紧密联系在一起，科学地立法，促进食品科技进步，只有这样才能达到有效保护人体健康的立法目的。

4. 社会经济条件是食品立法的物质依据　法规反映统治阶级的意志并最终由统治阶级的物质生活条件所决定。社会经济条件是食品法律、法规制定的重要物质基础。改革开放以来，我国社会主义建设取得了巨大成就，生产力有了很大发展，综合国力不断增强，社会经济水平有了很大提高，为新时期的食品立法工作提供了牢固的物质依据。不过我们也要看到，我国是发展中国家，与发达国家相比，我国的综合国力、生产力和人民生活水平、地区间发展的不平衡，都成为食品立法工作的制约因素。因此食品法律、法规的制定必须着眼于我国的实际，正确处理好食品立法与现实条件、经济发展之间的关系，以适应社会主义市场经济的需要，达到满足人民群众不断增长的多层次的需求、保护人体健康、保障经济和社会可持续发展的目的。

5. 食品政策是食品立法的政策依据　食品政策是党领导国家食品工作的基本方法和手段。它以科学的世界观、方法论为理论基础，正确反映了食品科学的客观规律和社会经济与食品发展的客观要求，是对人民共同意志的高度概括和集中体现。食品立法以食品政策为指导，有助于使食品法律、法规反映客观规律和社会发展要求，充分体现人民意志，使食品法律、法规能够在现实生活中得到普遍遵守和贯彻，最终形成良好的食品法律秩序。因此，党的食品政策是食品法律、法规的灵魂和依据，食品立法要体现党的政策的精神和内容。

此外，在食品立法过程中，我们应当体现和履行我国已参加的国际食品条约、惯例的有关规定。同时，对外国食品法律、立法经验及立法技术加以研究、分析，对有益的地方进行借鉴，以使食品法律、法规适应我国与国际交往的需要。

四、食品法律法规制定的程序

食品法律法规制定的程序，是指有立法权的国家机关制定食品法律、法规所必须遵循的方式、步骤、顺序等的总和。程序是立法质量的重要保证，是民主立法的保障。食品法律法规的制定必须依照法定程序进行。

（一）全国人大常委会制定食品法律的程序

全国人大常委会制定食品法律的程序：食品立法的准备→食品法律草案的提出和审议→食品法律草案的表决、通过与公布。

食品立法的准备主要包括编制食品立法规划、作出食品立法决策、起草食品法律草案等。

食品法律草案的提出和审议主要包括食品法律草案的提出和列入议程、听取食品法律草案说明、常委会会议审议或全国人大教科文卫委员会、法律委员会审议等。列入常委会会议议程的食品法律草案，全国人大教科文卫委员会、法律委员会和常委会工作机构应当听取各方面的意见。对于重要的食品法律草案，经委员长会议决定，可以将食品法律草案公布，向社会征求意见。

食品法律草案提请全国人大常委会审议后，由常委会全体会议投票表决，以全体组成人员的过半数通过，由国家主席以主席令的形式公布食品法律。

（二）食品行政法规的制定程序

食品行政法规的制定程序：立项→起草→审查→通过→公布→备案。

国务院的食品监督、检验检疫、进出口等行政管理部门根据社会发展状况，认为需要制定食品行政法规的，应当向国务院报请立项，由国务院法制局编制立法计划，报请国务院批准。

起草工作由国务院组织，一般由业务主管部门具体承担起草任务。在起草过程中，应当广泛听取有关机关、组织和公民的意见。

业务主管部门有权向国务院提出食品行政法规草案，送国务院法制局进行审查。

国务院法制局对食品行政法规草案审查完毕后，向国务院提出审查报告和草案修改稿，提请国务院审议，由国务院常委会或全体会议讨论通过或者总理批准。食品行政法规由国务院总理签署国务院令公布。

食品行政法规公布后30日内报全国人大常委会备案。

（三）地方性食品法规、食品自治条例和单行条例的制定程序

地方性食品法规、食品自治条例和单行条例的制定程序：规划和计划的编制→草案的起草→草案的提出→草案的审议→草案的表决、通过、批准、公布与备案。

享有地方立法权的地方人大常委会、教科文卫委员会或业务主管厅（局）负责地方性食品立法规划和计划的编制、起草地方性食品法规草案。

地方性食品法规草案的提出：享有地方立法权的地方人大召开时，地方人大主席团、常委会、教科文卫委员会、本级人民政府以及10人以上代表联名，可以向本级人大提出地方性食品法规草案。人大闭会期间，常委会主任会议、教科文卫委员会、本级人民政府以及常委会组成人员5人以上联名，可以向本级人大常委会提出地方性食品法规草案。

地方人大提出的地方性食品法规草案由人大会议审议，或者先交教科文卫委员会审议后请人大会议审议；向地方人大常委会提出的地方性食品法规草案由常委会会议审议，或者先交教科文卫委员会审议后提请委员会会议审议。

地方性食品法规草案经地方人大、常委会表决，以全体代表、常委会全体组成人员的过半数通过，由有关机关依法公布，并在30日内报有关机关备案。

第三节　食品法律法规的实施

法律法规实施，是指法律法规在社会实际生活中的具体运用和实现，也就是通过一定的方式使法律规范的要求和规定在社会生活中得到贯彻和实现的活动。这是法律法规作用于社会关系的特殊形式，它

主要包括以下两方面。

（1）国家机关及其公职人员严格执行法律法规，运用法律法规，保证法律法规的实现。

（2）一切国家机关、社会团体和个人，即凡行为受法律法规调整的个人和组织都要遵守法律法规。

只有通过法律法规实施，才能把法律法规中设定的抽象的权利和义务转化为现实生活中具体的权利和义务；转化为人们实际的法律活动。

食品法律法规的实施主要分为两种方式：法律遵守和法律适用。

1. 法律遵守　要求每一个组织和个人都必须自觉遵守食品法律法规的规定，从自身做起，规范自我行为。

2. 法律适用　又有广义和狭义之分。广义的食品法律法规的适用，是指食品监督管理部门从事食品监督管理和具体适用食品法律、法规和规章，处理食品行政案件的一切活动。狭义的食品法律法规的适用，仅指食品监督管理部门按照食品法律法规的规定作出具体行为的过程。

一、食品法律法规的遵守

食品法律法规的遵守，又称食品守法，是指一切国家机关及其工作人员、各政党和各社会团体、各企业事业组织和全体公民都必须恪守食品法律法规的规定，严格依法办事。食品法律法规的遵守是食品法律法规实施的一种重要形式，也是法制的基本内容和要求。

（一）遵守主体

食品法律法规遵守的主体既包括一切国家机关、社会组织和全体中国公民，也包括在中国领域内活动的国际组织、外国组织、外国公民和无国籍人。

（二）遵守范围

食品法律法规的遵守范围极其广泛，主要包括宪法、食品法律、食品行政法规、地方性食品法规、食品自治条例和单行条例、食品规章、食品标准、特别行政区的食品法、我国参加的世界食品组织的章程、我国参与缔结或加入国际食品条约、协定等。对于食品法律法规适用过程中有关国家机关依法作出的、具有法律效力的决定书，如人民法院的判决书、调解书、食品行政部门的食品生产许可证、食品行政处罚决定书等非规范性文件，也是食品法律法规的遵守范围。

（三）遵守内容

食品法律法规的遵守不是消极、被动的，它既要求国家机关、社会组织和公民依法承担和履行食品质量安全义务（职责），更包括国家机关、社会组织和公民依法享有权利、行使权利，其内容包括依法行使权利和履行义务两个方面。

二、食品法律法规的适用

（一）适用的概念

食品法律法规的适用有广义和狭义之分。狭义的食品法律法规的适用，仅指司法活动。广义的食品法律法规的适用，是指国家机关和法规授权的社会组织依照法定的职权和程序，行使国家权力，将食品法律法规创造性地运用到具体人或组织，用来解决具体问题的一种专门活动。包括食品行政管理部门以及法规授权的组织依法进行的食品质量安全执法活动，以及司法机关依法处理有关食品违法和犯罪案件的司法活动，是主要的食品法律法规的适用。

（二）适用的特点

食品法律法规的适用是一种国家活动，不同于一般公民、法人和其他组织实现食品法律法规的活动。它具有权威性、目的特定性、合法性、程序性、国家强制性和要式性等特点。

1. 权威性 食品法律法规的适用是享有法定职权的国家机关以及法规授权的组织，在其法定的或授予的权限范围内，依法实施食品法律法规的专门活动，其他任何国家机关、社会组织和公民个人都不得从事此项活动。

2. 目的特定性 食品法律法规适用的根本目的是保护公民的生命健康权，这是食品法律法规保护人体健康的宗旨所决定的。

3. 合法性 有关机关及授权组织对食品管理事务或案件的处理，应当有相应的法律依据，否则无效，甚至还必须承担相应的法律责任。

4. 程序性 食品法律法规的适用是有关机关及授权组织依照法定程序所进行的活动。

5. 国家强制性 食品法律法规的适用是以国家强制力为后盾实施食品法律法规的活动，对有关机关及授权组织依法作出的决定，任何当事人都必须执行，不得违抗。

6. 要式性 食品法律法规的适用必须有表明适用结果的法律文书，如食品生产许可证、罚款决定书、判决书等。

（三）适用的规则

食品法律法规的适用规则，是指食品法律法规之间发生冲突时如何选择适用食品法律法规的问题。食品法律法规的适用规则主要有五点。

1. 上位法优于下位法 法的位阶是指法的效力等级。效力等级高的是上位法，效力等级低的是下位法。不同位阶的食品法律法规发生冲突时，应当选择适用位阶高的食品法律法规。

2. 同位阶的食品法律法规具有同等法律效力 食品部门规章之间、食品部门规章与地方政府食品规章之间具有同等效力，在各自的权限范围内适用。

3. 特别规定优于一般规定 即"特别法优于一般法"。同一机关制定的食品法律、食品行政法规、地方性食品法规、食品自治条例和单行条例、食品规章，特别规定与一般规定不一致的，适用特别规定。

4. 新的规定优于旧的规定 即"新法优于旧法"。同一机关制定的食品法律、食品行政法规、地方性食品法规、食品自治条例和单行条例、食品规章，新的规定与旧的规定不一致的，适用新的规定。适用这条规则的前提是新旧规定都是现行有效的，该适用哪个规定，采取从新原则。这与法的溯及力的从旧原则是有区别的。法的溯及力解决的是新法对其生效以前发生的事件和行为是否适用的问题。

5. 不溯及既往原则 溯及既往原则，指新法生效后，对其生效以前未经审判或者判决尚未确定的行为具有溯及力的一种原则。然而，任何食品法律法规都没有溯及既往的效力，但为了更好地保护公民、法人和其他组织的权利而作的特别规定除外。

（四）适用的范围

法律的适用范围即法律的效力范围，它由法律的空间效力、时间效力和对人的效力三个部分组成，就是法律在什么地方（空间效力）、什么时间（时间效力）以及对什么人（对人的效力）具有适用的效力。法律的适用范围由国家主权及立法体制确定，关于食品法律法规的适用范围应当从以下三个方面来理解。

1. 空间效力 是指食品法律法规可以在什么领域内适用。按照国际公认的主权原则，主权国家的法律应当适用其管辖领域。就一个国家而言，其法律的空间效力由该国的立法体制决定。在我国，由全国人大及其常委会制定的法律在全国范围内适用，由有立法权的各级地方人大及其常委会制定的地方性法规，只能在该行政区划内适用，并不得与国家法律规定相抵触。

2. 时间效力 是指食品法律法规何时生效、何时终止生效以及对生效前发生的行为和事件有无溯及力。法律的时间效力由国家立法机关根据实施国家管理的需要，通过立法决定。目前，我国已制定的法律关于法律生效时间的规定主要有三种形式。

（1）规定自法律公布之日起生效，并且通常在该法律中明文规定"本法自公布之日起施行"。

（2）规定自法律公布后，经过一段法定的期间生效。这种规定的目的是在该法律生效之前，可以有充分时间进行法制教育，并且为该法律的实施做好准备工作。

（3）以另一部法律的实施为本法生效的前提。

关于终止法律效力的做法主要有以下几种情况：①由法律规定自新法生效之日起旧法废止；②新法代替内容基本相同的旧法，在新法中明文宣布旧法废止；③由国家立法机关决定批准公布失效的法律目录。除以上几种终止法律效力的情况外，还有一些法律、法规由于形势的发展变化，原来的某项法律、法规因调整的社会关系不复存在，或完成了历史任务已失去存在的条件而自行失效。有的法律规定了生效期限，期满该法即终止效力。

食品法律的溯及力，是指新的法律颁布后，对其生效前发生的法律事实、法律事件和法律行为是否适用，如果适用，该法就有溯及力；如果不适用，该法就没有溯及力。我国食品法律法规一般不溯及既往，但为了更好地保护公民、法人和其他组织的权利和利益而作出的特别规定除外。

3. 对人的效力　是指食品法律法规在确定的时间和空间内适用于哪些人，包括自然人和法人。对此，各国的法律确定的原则不同，不同的法律采用的原则也不同。概括起来，主要有以下几种做法。

（1）采用属地原则　即以地域为标准，不管当事人是本国人还是外国人，只要其行为发生在本国领域内，均适用本国法。

（2）采用属人原则　即以当事人的国籍为标准，凡属于本国人，不论其行为发生在国内还是在国外，均适用本国法。

（3）采用保护主义　即以国家利益为标准，不论当事人是本国人还是外国人，也不论当事人的行为发生在国内还是国外，只要其行为损害了本国利益，均适用本国法。

我国食品法律法规对人的效力有以下几种情况：我国公民在我国领域内，一律适用我国食品法律法规；外国人、无国籍人在我国领域内，也都适用我国食品法律法规，一律不享有食品特权或豁免权；我国公民在我国领域以外，原则上适用我国食品法律法规，法律有特别规定的按法律规定；外国人、无国籍人在我国领域外，如果侵害了我国国家或公民、法人的权益，或者与我国公民、法人发生食品法律关系，也可以适用我国食品法律。

（五）食品法律法规效力冲突的裁决制度

主要考虑以下三方面。

（1）食品法律之间对同一事项新的一般规定与旧的特别规定不一致，不能确定如何适用时，由全国人大常委会裁决。

（2）食品行政法规之间对同一事项新的一般规定与旧的特别规定不一致，不能确定如何适用时，由国务院裁决。

（3）地方性食品法规、食品规章之间不一致时，由有关机关依照下列规定的权限进行裁决。①同一机关制定的新的一般规定与旧的特别规定不一致时，由制定机关裁决。②地方性食品法规与食品部门规章之间对同一事项的规定不一致，不能确定如何适用时，由国务院提出意见。国务院认为应当适用地方性食品法规的，应当决定在该地方适用地方性食品法规的规定；认为应当适用食品部门规章的，应当提请全国人大常委会裁决。③食品部门规章之间、食品部门规章与地方政府食品规章之间对同一事项的规定不一致时，由国务院裁决。④根据授权制定的食品法规与食品法律规定不一致，不能确定如何适用时，由全国人大常委会裁决。

第四节　食品行政执法与监督管理

PPT

情境导入

情景　某食品经营企业采用汽油桶运送一批价值12万元的大豆油20吨，在销售过程中被食品监管部门发现。

思考　1. 该食品监督管理部门具体指哪个部门？

2. 对于普通公民，应当如何发挥公民的个人监督作用？

3. 作为未来的食品从业者，要具备哪些职业素养？

一、行政执法

（一）行政执法的概念

行政执法，是指行政主体依照行政执法程序及有关法律、法规的规定，对具体事件进行处理并直接影响相对人权利与义务的具体行政法律行为，是国家行政机关在执行宪法、法律、行政法规或履行国际条约时所采取的具体办法和步骤，是为了保证行政法规的有效执行，而对特定的人和特定的事件所做的具体的行政行为。行政执法的含义包括以下几个方面。

1. 行政执法是执法的一种　行政执法的主体是国家行政机关，它是行政主体执行、适用法律处理国家内政外交事务，对社会、经济、文化等各种事项及个人组织实施行政管理，遵循的是具有迅速、简便、以效率为优先特征的行政程序。

2. 行政执法是行政行为的一种　行政执法无论是直接执行法律，还是直接执行法规、规章，都是将法的规范直接用于解决社会问题，调整现实社会关系，并最终实现法对社会的调节。

3. 行政执法属于具体行政行为范畴　具体行政行为的对象是特定的，其行为效力仅限于特定人、特定事。

4. 行政执法的特征　执法主体的法定性和国家代表性、执法具有主动性和单方意志性、执法具有极大的自由裁量性。

5. 行政执法的功能　实施法律的功能、实现政府管理的职能、保障权利的功能。

6. 行政执法要坚持的基本原则　合法性原则、合理性原则、正当程序原则、效率原则、诚实守信原则、责任原则。

（二）行政执法的分类

根据不同的标准，行政执法主要可以分为：抽象执法和具体执法、羁束性执法和自由裁量性执法、依职权的执法和依申请的执法、强制性执法和非强制性执法。从体系结构上看，行政执法主要分为：政府的执法、政府工作部门的执法、法律授权的社会组织的执法、行政委托的社会组织的执法。

行政执法行为因受法律约束的程度不同，而分为羁束行政执法与自由裁量行政执法。羁束行政执法是法律法规对需执行的事项有明确、具体的规定，执法者必须严格按法律法规的规定执行，没有自由处置的执法行为；自由裁量行政执法在法律法规规定中，执法者可在范围、方式、数额等方面有一定的选择余地的执法行为。羁束与自由裁量是相对的，如征收个人所得税的条件与税额一般都没有伸缩余地，治安管理处罚却有一定的幅度，可供行政机关自由裁量。

自由裁量行政执法较之那种"可以处罚"而无任何种类、幅度的规定，显然又属于羁束执法。行政执法在多数情况下都属自由裁量。自由裁量也必须根据法律法规的授权和在法定的幅度以内进行，否则行政执法将无所适从，因执法而引起的行政诉讼也难以裁判。如何使行政行为既受法律的约束，又有根据具体情况作出处置的主动权，是行政法学研究的重要任务之一。

二、监督管理

监督管理，是指有权机关、社会团体和公民个人等，依法对食品行政机关及其执法人员的行政执法活动是否合法、合理进行监督的法律制度。

我国宪法明确规定，国家的一切权力属于人民。人民并不直接进行国家事务管理，而是通过人民代表大会等形式和途径，授权国家机关或组织行使管理国家事务和社会事务的权力，因此，国家机关及其工作人员的行政活动必须依法而行，并且受到有关机关和广大人民群众的监督。行政执法是否公正、合理、合法，关系到法律、法规的贯彻执行，关系到行业能否健康发展。对行政执法活动进行监督管理，是提高执法主体工作效率、克服官僚主义、防止腐败的有力武器，同时也是保护公民、法人和其他组织的合法权益，实行人民当家作主权利的重要保证。

（一）监督管理的特征

监督管理的特征：监督主体的广泛性，监督对象的确定性，监督内容的完整、法定性。

广义的监督管理，是指全社会的监督，包括特定的国家权力机关、行政机关、司法机关等直接产生法律效力的监督，也包括社会团体和公民个人等不直接产生法律效力的民主监督，因此，享有监督权的监督主体相当广泛。

监督管理的对象是执法机关和执法人员。

监督主体对执法主体及执法人员行使职权、履行职责的一切执法活动都实行监督；对执法行为的合法性、合理性、公正性等也都进行监督。

（二）监督管理的分类

监督管理的种类有国家权力机关的监督、司法机关的监督、行政机关的监督和非国家监督。国家权力机关的监督、司法机关的监督、行政机关的监督一般称为国家监督。

1. 国家权力机关的监督 也称为代表机构的监督或立法监督。我国宪法规定国家的一切权力属于人民，人民行使国家权力的机关是全国人民代表大会和地方各级人民代表大会。国家行政机关由人民代表大会产生，对它负责，受它监督。权力机关对行政机关的监督，属于全面性的监督，不仅监督行政执法行为是否合法，而且监督其工作是否有成效。监督的方式：听取和审议工作报告；审查和批准财政预算；质询和询问；视察和检查；调查、受理申诉、控告和检举；罢免和撤职等。

2. 司法机关的监督 指人民检察院和人民法院依法对行政行为实施的监督。检察机关的监督主要是对行政机关的工作人员职务违法犯罪行为进行监督。人民法院的监督主要是通过对行政诉讼案件的审判，对行政机关的执法活动进行监督。

3. 行政机关的监督 是指行政机关内部、上级行政机关对下级行政机关的监督。行政机关内部的监督是经常、直接的监督。监督的方式：工作报告；调查和检查；审查和审批；考核；批评和处置等。

4. 非国家监督 包括执政党的监督、社会团体和组织监督、社会舆论监督、公民个人的监督等。

（三）监督管理的主要内容

1. 对实施宪法、法律和行政法规等情况进行监督 监督主体对各级行政执法机关的执法活动是否合法、适当进行监督。

2. 对执法人员的执法活动等情况进行监督　监督主体对行政执法人员在执法过程中，是否行政失职和滥用职权等进行监督。

三、食品行政执法与监督管理的主体

食品行政执法与监督管理的主体，是指依法享有国家食品行政执法与监督权力，以自己的名义实施食品行政执法与监督管理活动，并独立承担由此引起的法律责任的组织。食品行政执法与监督管理的主体是组织而非个人。尽管具体的执法与监督管理行为是由行政机关的工作人员来行使，但是工作人员并非行政执法与监督管理主体。在有些情况下，食品行政机关依法委托其他单位或组织行使执法与监督管理权力，但受委托的单位或组织并不以自己的名义进行执法与监督，其后果也仍然由食品行政机关承担，因此，受委托的单位或组织也不是食品行政执法与监督管理的主体。

1. 食品行政执法与监督管理主体的分类　根据执法与监督资格取得的法律依据不同，食品行政执法与监督管理主体可以分为职权性主体和授权性主体。

（1）职权性主体　指根据宪法和行政组织法的规定，在机关依法成立时就拥有相应行政职权并同时获得行政主体资格的性质组织。也就是说，职权性主体资格的获得，是依据宪法和有关的组织法，是国家设立的专门履行行政职能的国家行政组织，是以完成一定的国家行政职能为设立要素的，因此宪法和有关组织法对其行政职权与职责的规定有一定的原则性和概括性。职权性主体只能是国家行政机关，包括各级人民政府及其职能部门以及县级以上地方政府的派出机关。

（2）授权性主体　指根据宪法和行政组织法以外的单行法律、法规的授权规定而获得行政执法与监督资格的组织。也就是说，授权性主体资格的获得，是依据宪法和行政组织法以外的单行法律、法规，其职权的内容、范围和方式是专项的、单一的、具体的，必须按照授权规范所规定的职权标准去行使。

2. 我国主要食品行政执法与监督管理主体　我国食品行政执法与监督管理主体主要有中华人民共和国国家卫生健康委员会、中华人民共和国农业农村部、中华人民共和国国家市场监督管理总局、中华人民共和国海关总署和联合执法与监督主体等机构。

（1）中华人民共和国国家卫生健康委员会　是国务院组成部门，2018年3月根据第十三届全国人民代表大会第一次会议批准的国务院机构改革方案设立。

主要职责：管理国家中医药管理局；负责中央保健对象的医疗保健工作；制定地方卫生健康工作；组织拟订国民健康政策；负责职责范围内的职业卫生、放射卫生、环境卫生、学校卫生、公共场所卫生、饮用水卫生等公共卫生的监督管理等。

中华人民共和国国家卫生健康委员会内设机构食品安全标准与监测评估司，主要负责：组织拟订食品安全国家标准；开展食品安全风险监测、评估和交流；承担新食品原料、食品添加剂新品种、食品相关产品新品种的安全性审查。

法规司主要负责：组织起草法律法规草案、规章和标准。

综合监管司主要负责：组织开展学校卫生、公共场所卫生、饮用水卫生、传染病防治监督检查。

（2）中华人民共和国农业农村部　2018年3月13日，根据第十三届全国人民代表大会第一次会议审议的国务院机构改革方案的议案，将农业部的职责，以及国家发展和改革委员会、财政部、国土资源部、水利部的有关农业投资项目管理职责整合，组建农业农村部，成为国务院26个组成部门之一。其主要职责如下。

1）承担提升农产品质量安全水平的责任：依法开展农产品质量安全风险评估，发布有关农产品质量安全状况信息，负责农产品质量安全监测。提出技术性贸易措施的建议。制定农业转基因生物安全评价标准和技术规范。参与制定农产品质量安全国家标准并会同有关部门组织实施。指导农业检验检测体系建设和机构考核。依法实施符合安全标准的农产品认证和监督管理。负责食用农产品从种植养殖环节到进入批发、零售市场或生产加工企业前的质量安全监督管理。

2）组织、协调农业生产资料市场体系建设：依法开展农作物种子（种苗）、草种、种畜禽、兽药、饲料、饲料添加剂和职责范围内的农药、肥料等其他农业投入品质量及使用的监督管理；制定兽药质量、兽药残留限量和残留检测方法国家标准并按规定发布。依法负责渔船、渔机、网具的监督管理；拟订有关农业生产资料国家标准并会同有关部门监督实施；开展兽药医疗器械的监督管理，负责职责范围内的"瘦肉精"监管工作；指导农业机械化发展和农机安全监理。

3）负责农作物重大病虫害防治：起草动植物防疫和检疫的法律法规草案，签署政府间协议、协定。会同有关部门制定动植物防疫检疫政策并指导实施，指导动植物防疫和检疫体系建设。组织、监督对国内动植物的防疫检疫工作，发布疫情并组织扑灭。组织植物检疫性有害生物普查。承担境外引进农作物种子（种苗）检疫审批工作。组织兽医医政、兽药药政药检工作。负责执业兽医的管理。承担有关国际公约的履约工作。负责起草畜禽屠宰相关法律法规草案，制定配套规章、规范；制定畜禽屠宰行业发展规划；负责畜禽屠宰行业统计；负责畜禽屠宰环节质量安全监督管理，组织开展监督检查、技术鉴定等活动。

（3）中华人民共和国国家市场监督管理总局　2018年3月13日，根据第十三届全国人民代表大会第一次会议审议的国务院机构改革方案的议案，组建国家市场监督管理总局。3月21日，新组建的国家市场监督管理总局正式成立。2018年4月10日，国家市场监督管理总局正式挂牌，成为中华人民共和国国务院直属机构。

主要职责：负责食品安全监督管理；负责食品安全监督管理综合协调；负责统一管理检验检测工作；负责统一管理标准化工作；负责统一管理计量工作；负责组织和指导市场监管综合执法工作等。

中华人民共和国国家市场监督管理总局内设机构如下。

1）食品安全协调司，主要负责：拟订推进食品安全战略的重大政策措施并组织实施；承担统筹协调食品全过程监管中的重大问题；推动健全食品安全跨地区跨部门协调联动机制工作；承办国务院食品安全委员会日常工作。

2）食品生产安全监督管理司，主要负责：拟订食品生产监督管理和食品生产者落实主体责任的制度措施并组织实施；组织食盐生产质量安全监督管理工作；组织开展食品生产企业监督检查，组织查处相关重大违法行为；指导企业建立健全食品安全可追溯体系。

3）食品经营安全监督管理司，主要负责：拟订食品流通、餐饮服务、市场销售食用农产品监督管理和食品生产经营者落实主体责任的制度措施，组织实施并指导开展监督检查工作；组织食盐经营质量安全监督管理工作；组织实施餐饮质量安全提升行动；指导重大活动食品安全保障工作。

4）产品质量安全监督管理司，主要负责：拟订国家重点监督的产品目录，并组织实施；承担工业产品生产许可管理和食品相关产品质量安全监督管理工作。

5）食品安全抽检监测司，主要负责：组织开展食品安全评价性抽检、风险预警和风险交流；参与制定食品安全标准、食品安全风险监测计划，承担风险监测工作，组织排查风险隐患；拟订全国食品安全监督抽检计划并组织实施；定期公布相关信息，督促指导不合格食品核查、处置、召回。

6）特殊食品安全监测管理司，主要负责：分析掌握保健食品、特殊医学用途配方食品和婴幼儿配方乳粉等特殊食品领域安全形势；拟订特殊食品注册、备案和监督管理的制度并组织实施。

（4）中华人民共和国海关总署　是中华人民共和国国务院下属的正部级直属机构，统一管理全国海关。2018年3月，根据第十三届全国人民代表大会第一次会议批准的国务院机构改革方案，将国家质量监督检验检疫总局的出入境检验检疫管理职责和队伍划入海关总署。

主要职责：负责出入境卫生检疫、出入境动植物及其产品检验检疫；负责进出口商品法定检验；负责海关监管工作。

中华人民共和国海关总署内设机构如下。

1）动植物检疫司，主要负责：拟订出入境动植物及其产品检验检疫工作；承担出入境动植物及其产品的检验检疫、监督管理工作；承担出入境转基因生物及其产品、生物物种资源的检验检疫工作。

2）进出口食品安全局，主要负责：依法承担进出口食品企业备案注册工作；依法承担进出口食品、化妆品的检验检疫、监督管理工作；依据多、双边协议承担出口食品相关工作。

3）口岸监管司，主要负责：拟订进出境运输工具、货物、物品、动植物、食品、化妆品和人员的海关检查、检验、检疫工作制度并组织实施；承担国家禁止或限制进出境货物、物品的监管工作；承担进口固体废物、进出口易制毒化学品等口岸管理工作等。

四、食品行政执法与监督管理的制度

1. 食品生产许可制度　《中华人民共和国食品安全法》（以下简称《食品安全法》）第三十五条规定："国家对食品生产经营实行许可制度。从事食品生产、食品销售、餐饮服务，应当依法取得许可。但是，销售食用农产品和仅销售预包装食品的，不需要取得许可。仅销售预包装食品的，应当报所在地县级以上地方人民政府食品安全监督管理部门备案。"

食品生产许可，是指行政部门根据食品生产经营者的申请，依法准许其从事食品生产经营活动的行政行为，通过授予生产许可证来赋予其生产经营该食品的权利或者确认其具有该种食品生产经营的资格。食品生产经营企业和食品摊贩，必须先取得行政部门发放的许可证方可向工商行政管理部门申请登记，未取得许可证的，不得从事食品生产经营活动。

食品生产许可的程序：申请人必须向有权颁发申请事项许可证的行政机关提出申请。申请要求以书面形式提出，要求明确、具体。行政机关在接到申请人的申请后，按照法律规定的步骤、程序、时间、方式等，审查申请人的特定条件，对申请许可的事项是否符合法定程序、法定形式、法定条件等进行审查。行政主体审核后，认为符合法定条件的，必须在法定的期限内依法颁发许可证。对不符合法定条件的，也应当在法定的期限内给以答复，告知不予颁发的决定及理由。

2. 食品安全行政监督检查制度　《食品安全法》规定，县级以上地方人民政府组织本级食品安全监督管理、农业行政等部门制定本行政区域的食品安全年度监督管理计划，向社会公布并组织实施；对食品生产经营者进行监督检查，应当记录监督检查的情况和处理结果，监督检查记录经监督检查人员和食品生产经营者签字后归档；建立食品生产经营者食品安全信用档案，记录许可颁发、日常监督检查结果、违法行为查处等情况，依法向社会公布并实时更新，根据食品安全信用档案的记录，对有不良信用记录的食品生产经营者增加监督检查频次。

3. 食品安全行政处罚　《食品安全法》规定，违反本法规定，未经许可从事食品生产经营活动，由县级以上食品安全监督管理部门没收违法所得和违法经营的食品及用于违法生产经营的工具、设备、原料等物品，并处罚款。情节严重的，责令停产停业，直至吊销许可证；造成人身、财产或者其他损害的，依法承担赔偿责任。构成犯罪的，依法追究刑事责任。违反本法规定，食品安全监督管理等部门、食品检验机构、食品行业协会以广告或者其他形式向消费者推荐食品，消费者组织以收取费用或者牟取其他利益的方式向消费者推荐食品的，由有关主管部门没收违法所得，依法对直接负责的主管人员和其他直接责任人员给予记大过、降级、撤职或者开除的处分。

案例评析

4. 食品安全行政强制措施　是食品安全法律、法规授予食品安全行政执法主体的特别职权，主要是指行政机关采用强制手段保证食品安全行政管理秩序、维护公共利益、迫使行政相对人履行义务的行政执法行为。

食品安全行政强制措施的主要特征：具体性、强制性、临时性、非制裁性。

食品安全行政强制措施，按照不同的对象，可分为限制人身自由行政强制措施和对财产予以查封、扣押、冻结等行政强制措施。按照不同的性质，可分为行政处置和行政强制执行。行政处置是在紧急情况下采取的强制措施，如强制隔离；行政强制执行是在行政相对人拒不履行义务时采取的强制措施，如强行查封。

由于行政强制措施要临时对人身自由或者财产予以强制限制，而且运用时多在紧急情况下，使用不当会给相对人带来不必要的损害，因此，实施行政强制措施时，一定要严格按照法律规定适度地进行。食品安全行政强制措施的具体实施条件如下。

（1）实施主体必须是具有法定强制权的行政机关或授权组织。

（2）被强制对象必须符合法定条件。行政机关只有在有足够的证据证实对象符合法定条件时，才可以按照规定的程序采取强制措施，并且一定要适度，尽量减少对相对人权益的限制以及财物的损害。采用强制措施以达到特定的目的为限，不能超过一定的限度。

（3）必须办理必要的手续，符合规定的期限。

（4）必须按照法定的种类运用强制措施，不可随意滥用。

5. 食品质量安全市场准入制度　食品质量安全市场准入制度也叫市场准入管制，是为保证食品的质量安全，具备规定条件的生产者才允许进行生产经营活动，具备规定条件的食品才允许生产销售的监管制度。实行食品质量安全市场准入制度是一种政府行为，是一项行政许可制度。

食品质量安全市场准入制度包括三项具体制度。

（1）对食品生产企业实施生产许可证制度　在中华人民共和国境内，从事食品生产活动，应当依法取得食品生产许可。对于具备基本生产条件、能够保证食品质量安全的企业，发放《食品生产许可证》，准予生产获证范围内的产品。未取得《食品生产许可证》的企业不准生产食品。

（2）对企业生产的食品实施强制检验制度　未经检验或经检验不合格的食品不准出厂销售。对于不具备自检条件的生产企业实行委托检验。

（3）对实施食品生产许可证制度的产品实行市场准入编号制度　《食品生产许可管理办法》规定，对检验合格的食品，应当在食品包装或者标签上标注食品生产许可证编号。食品生产许可证编号中食品类别编码具体为：第1位数字代表食品、食品添加剂生产许可识别码，"1"代表食品、"2"代表食品添加剂。第2、3位数字代表食品、食品添加剂类别编号。其中食品类别编号按照《食品生产许可管理办法》第十一条所列食品类别顺序依次标识。食品添加剂类别编号标识中，"01"代表食品添加剂，"02"代表食品用香精，"03"代表复配食品添加剂。

6. 产品质量监督体制　是指执行产品质量监督的主体，以监督权限划分作基础，所设置的监督机构和监督制度，以及监督方式和方法体系的总称。产品质量监督体制是我国经济监督体制的主要组成部分，其主要内容包括多级监督主体权限划分，为实现科学、公正的监督而建立的各项制度，采取的方式、方法。

7. 计量监督制度　计量监督，是指为保证计量法的有效实施进行的计量法制管理，是为保障生产活动的顺利进行所提供的计量保证。它是计量管理的一种特殊形式。计量法制监督，就是依照计量法的有关规定所进行的强制性管理，或称作计量法制管理。

第五节 食品法律法规文献检索

PPT

通过食品法律法规文献可以了解并遵守国内外在食品方面的法律法规，有利于保证食品质量安全，防止食品污染和有害因素对人体的危害，保障人体健康。文献检索对于了解和掌握国内外食品法律法规具有重要的意义。

一、国内食品法律法规检索

（一）检索工具

1. 主要工具书

（1）《中华人民共和国法规汇编》 是国家出版的法律、行政法规汇编正式版本，由中国法制出版社出版，司法部编著。本汇编逐年编辑出版，每年一册，收集当年全国人大及其常委会通过的法律和有关法律问题的决定、国务院公布的行政法规和法规性文件，以及国务院部门公布的规章。按宪法类、民法类、商法类、行政法类、经济法类、社会法类和刑法类分类。每大类下按内容设二级类目，类目排列顺序为法律、行政法规、法规性文件和部门规章，各类目具体内容又按时间先后排列。

（2）《中华人民共和国新法规汇编》 是由国务院法制办公室审定，中国法制出版社出版的国家法律、行政法规汇编正式版本，是刊登报国务院备案的部门规章的指定出版物。本汇编收集内容按法律、行政法规、法规性文件、国务院部门规章司法解释等顺序编排，每类中按公布时间顺序排列。报国务院备案的地方性法规和地方政府规章目录按1987年国务院批准的行政区划顺序排列，同一行政区域报备案的两件以上者，按公布时间排列。本汇编每年出版12辑，每月出版一辑，刊登上月有关内容。

2. 主要网站 除上述检索工具可以查询国内食品法律、法规文献外，还可以通过以下网站进行搜索，主要网站见表2-1。

表2-1 国内食品相关法律法规获取网站

序号	名称	网址
1	中华人民共和国中央人民政府网	http：//www. gov. cn/
2	中国食品网	http：//www. cnfoodnet. com
3	中国食品安全网	http：//www. spaqw. cn/
4	中国标准咨询网	http：//www. chinastandard. com. cn/
5	中国标准服务网	http：//www. cssn. net. cn/
6	中国标准网	http：//www. zcbzw. com
7	中国质量信息网	http：//www. cqi. net. cn/
8	中国食品监督网	http：//www. cnfdn. com
9	食品伙伴网	http：//www. foodmate. net/
10	中国食品商务网	http：//www. foodprc. com/
11	万方数据库	http：//www. wanfangdata. com. cn/
12	中国咨询行数据库	http：//www. bjinfobank. com/

（二）检索方法

1. 手工检索 选择合适的检索工具，如《中华人民共和国食品监督管理法规实用手册》《中华人民共和国新法规汇编》等书目检索工具，利用手工检索方式从中找到有关食品法规。

2. 网络检索 通过 Internet 进行食品法律、法规的检索是比较方便快捷的一种检索方法，在前面所列举的主要相关网站均可以查询国内食品法律法规，具体检索方法可登录相关专业网站，然后点击政策法规等相关信息系统并根据提示逐级进行查询，最终检索到所需要的食品法律法规。

二、国外食品法律法规检索

（一）检索工具

1. 主要工具书 国外食品法律、法规的检索工具书目主要有《欧盟法规目录》《FDA 食品法规》和《最新国内外食品管理制度规范与政策法规实用手册》。

（1）《欧盟法规目录》 由中国标准研究中心标准馆编，中国标准出版社出版。该目录收集、翻译、分类和整理了各种欧盟条例、指令、决定、建议和意见等法规题录，是一部有实用价值的检索工具。目录中涉及的全部法规，在中国标准研究中心标准馆均有馆藏，读者利用本目录，可以在标准馆得到原文。本书编排说明如下。

1）根据欧盟法规内容，将欧盟法规划分为 12 类，其中第 5 类是农产品、水产品、食品及其卫生。

2）法规条目的编写说明：法规编号、英文标题、中文标题。欧盟法规 5 种形式的性质和效力又有所不同。条例具有普遍适用性、总体约束力，对所有成员国直接适用，对成员国来说，实施条例时原则上没有自由选择的余地；指令对所有的成员国均有约束力，但实施指令的方式和手段则由成员国相应机构作出选择；决定根据起草者的意图，可以对个人发出，也可以对成员国发出。其约束力的方式同法规一样，对所有条文具有实施义务，特别是对成员国发出的决定，其实施的方式和手段同指令不同，成员国没有自由裁量的余地。建议具有约束力，它不是法律，建议和意见可由理事会或委员会通过。欧盟标准可以通过检索获取全文。

（2）《FDA 食品法规》 美国食品药品管理局（FDA）是美国联邦政府最早设立的管理机构之一，作为科学法规机构，它负责国产和进口食品、化妆品、药物等产品的安全，多年来，它被国际上公认为最主要的、最有影响的食品法规机构。FDA 法规对食品及食品配料（食品添加剂）加工工艺、杀菌设备、成品质量、检验方法及进出口贸易各个环节都有详细的规定，世界上许多国家在实施食品及食品配料国际贸易和国内管理都借鉴此法规。为适应我国加入 WTO 以后的经济形势，促进我国食品企业早日与国际接轨，以及提高我国食品安全卫生水平，中国轻工业上海设计院组织翻译了此法规，以提供给国内食品及食品配料的生产、贸易及管理部门参考。

（3）《最新国内外食品管理制度规范与政策法规实用手册》 该手册刊登国内外有关食品技术规范和政策法规，是一本很好的国内外食品法规检索工具。

2. 主要网站 除上述工具可以查询国外食品法律法规文献外，还可以通过有关的专业网站查询。主要网站参见表 2 - 1。

（二）检索方法

1. 手工检索 选择合适的检索工具，如《欧盟法规汇编》等书目检索工具，利用手工检索方式从中找到有关食品法规。

2. 网络检索 通过 Internet 进行食品法律、法规的检索是比较方便快捷的一种检索方法，在前面所列举的主要相关网站均可以查询国外有关的食品法律法规，具体检索方法可登录相关专业网站，然后点击政策法规等相关信息系统并根据提示逐级进行查询，最终检索到所需要的食品法律法规。

实训二 区分食品法律、食品法规与食品规章

一、实训目的

1. 熟悉食品法律、食品法规、食品规章的层级，制定机关与适用范围，以及它们之间的关系。
2. 能够区分食品法律、食品法规与食品规章。
3. 树立法治意识，培养学生养成遵纪守法的良好习惯。

二、实训内容

对给出的食品法律、法规及规章进行分类。

三、实训要求

教师选取若干法律法规等规范性文件（也可学生自行选取），学生分小组，查阅资料，结合课堂学习的知识，对给出的食品法律法规文件进行归类，小组代表发言，阐述分类理由，教师进行指正和总结。课后，各组对实训内容进行总结。

实训三 食品法律法规文献检索

一、实训目的

1. 学会并掌握国内外食品法律法规文献的检索方法。
2. 培养学生的社会责任意识，提升专业素养。

二、实训内容

选取适宜的工具与方法对国内外食品法律法规文件进行检索。

三、实训要求

教师给定需检索的文献（也可学生自行选取），学生分小组，结合课堂学习的内容，选取适宜的工具与方法对相应文献进行检索并展示，教师进行指正和总结。课后，各组对实训内容进行总结。

练 习 题

答案解析

一、单选题

1. 下列属于行政法规的是（ ）。

    A. 《中华人民共和国食品安全法》   B. 《中华人民共和国食品安全法实施条例》

    C. 《河北省食品安全条例》   D. 《食品添加剂新品种管理办法》

2. 食品安全法规定，（　　）对本区域的食品安全监督管理工作负责，统一领导、组织、协调本地区的食品安全监督管理工作。

　　A. 县级以上地方人民政府　　　　　B. 地方各级市场监督管理部门

　　C. 地方各级卫生行政部门　　　　　D. 各级技术监督部门

3. 食品生产企业在生产前，必须依法向有关行政部门申请获得（　　）。

　　A. 食品流通许可　　　　　　　　　B. 食品卫生许可

　　C. 食品生产许可　　　　　　　　　D. 餐饮服务许可

4. （　　）拟订推进食品安全战略的重大政策措施并组织实施。

　　A. 国家卫生健康委员会　　　　　　B. 国家市场监督管理总局

　　C. 农业农村部　　　　　　　　　　D. 海关总署

二、多选题

1. 食品法律法规制定的特点有（　　）。

　　A. 权威性　　　　　　　　　　　　B. 职权性

　　C. 程序性　　　　　　　　　　　　D. 综合性

2. 我国的食品法律适用范围是指（　　）。

　　A. 时间效力　　　　　　　　　　　B. 空间效力

　　C. 对人的效力　　　　　　　　　　D. 溯及以往效力

3. 下列属于我国食品法律法规立法主体的有（　　）。

　　A. 全国人大及其常委会

　　B. 国务院及国务院各部委

　　C. 省、自治区、直辖市的人大及其常委会

　　D. 自治区、自治州、自治县的人大

三、简答题

1. 我国食品法律法规的渊源有哪些？

2. 食品法律法规制定的基本原则有哪些？

书网融合……

本章小结　　　　　　微课　　　　　　题库

第三章

食品安全法

学习目标

知识目标

1. **掌握** 《食品安全法》重点条款内容。
2. **熟悉** 《食品安全法》立法目的和立法理念。
3. **了解** 《食品安全法》立法历程。

能力目标

1. 能够运用《食品安全法》正确分析食品违法案件。
2. 具备依据《食品安全法》进行指导食品经营活动的能力。

素质目标

通过本章的学习，树立知法守法的正确价值观，培养依法诚信经营的职业素养。

情境导入

情景 民以食为天，食以安为先，食品安全是关系人民群众生命健康的头等大事。2015 年 5 月，习近平总书记在主持中共中央政治局第二十三次集体学习时强调，要切实加强食品药品安全监管，用最严谨的标准、最严格的监管、最严厉的处罚、最严肃的问责，加快建立科学完善的食品药品安全治理体系，坚持产管并重，严把从农田到餐桌、从实验室到医院的每一道防线。党的二十大对全面建设社会主义现代化国家、全面推进中华民族伟大复兴作出重要部署，提出"构建全国统一大市场"，明确将食品安全纳入国家安全、公共安全统筹部署，要求"强化食品药品安全监管"。

思考 1. "四个最严"在《食品安全法》中是如何体现的？

2. 《食品安全法》中对食品安全监管提出了哪些要求？

3. 作为一名食品从业人员，为保障食品安全，应该从哪些方面努力？

第一节　概　述

PPT

一、立法历程

在我国，国家高度重视食品安全，早在 1995 年就颁布了《中华人民共和国食品卫生法》（以下简称《食品卫生法》）。

在此基础上，2009 年 2 月 28 日，十一届全国人大常委会第七次会议通过了《中华人民共和国食品安全法》（以下简称《食品安全法》），2009 年 6 月 1 日开始实施。

知识链接

五年磨一剑：法律名称更改始末

10章、104条的《食品安全法》，最后一条写明"本法自2009年6月1日起施行，《中华人民共和国食品卫生法》同时废止"。在该法通过后，全国人大常委会法制工作委员会副主任信春鹰女士第一时间向中外媒体解读说："这部法律应该说是五年磨一剑，磨了很久，因为它太重大，它涉及的问题关系到每一个公民，也体现了党和国家对食品安全工作的高度重视。"

确如信女士所言，食品安全太重大，因为民以食为天。如果从头追溯的话，《食品安全法》的制定发轫于2004年7月召开的国务院第59次常务会议，那次会议通过了《国务院关于进一步加强食品安全工作的决定》，并作出了修订《食品卫生法》的决定。国务院法制办随后着手修订工作，之后的三年多时间里，立法的最基础工作铺展开来，立法机关不断听取各方意见、多方调研、充实完善相关内容。

实施于1995年的《食品卫生法》，虽堪称成果卓著，但由于食品安全日益成为全球性问题，中国也逐渐暴露出食品标准不统一、对违法行为处罚力度不够、食品检验机构不规范等制度上的问题。而随着修订起草工作的展开，风险评估、食品标准统一制定、食品的标签管理等制度都将引入，这大大超越了"食品卫生"所代表的食品清洁范畴。

因此，到底是制定新的《食品安全法》还是修订已有的《食品卫生法》，这一争论三年未休。直到2007年12月，《食品安全法》草案首次提请全国人大常委会审议，"一锤定音"，宣告法律将以新的名称而不是《食品卫生法修订案》进入立法程序。

而从国际立法趋势看，20世纪90年代中期以来，英国、俄罗斯、日本等国相继制定出台的食品质量领域基本法也都是以"食品安全法"命名的。

最终，"站在成果的基础上重建"取代了仅仅是对漏洞和不足的"修修补补"。法律名称和法律规范范围果断改变的背后，是国家食品安全监管理念的提升，体现了我国在立法过程中的与时俱进，彰显了新时代中国自信。

实施了近4年后，《食品安全法》于2014年进入全面修订。历经三次审议，全国人大常委会于2015年4月24日颁布了新修订的《食品安全法》，2015年10月1日起正式实施。修订后的食品安全法围绕建立最严格的食品安全监管制度这一总体要求，在完善统一权威的食品安全监管机构，加强食品的生产经营过程控制，强化企业主体责任，突出对特殊食品的严格监管，加大对违法行为的惩处力度等方面对原法作了修改完善，对于解决食品安全领域存在的突出问题，更好地保障人民群众身体健康和生命安全具有重要意义。

之后，《食品安全法》于2018年12月、2021年4月进行了两次修正。2018年12月的修正主要是针对国家机构改革，将《食品安全法》中相应的机构内容进行了修正；2021年4月的修正内容为第三十五条，增加了"仅销售预包装食品的"不需要取得许可，只需要按要求备案的相关内容。

同时，为了进一步细化和落实《食品安全法》，更有针对性地解决食品安全问题，国家发布了《中华人民共和国食品安全法实施条例》（以下简称《食品安全法实施条例》），自2019年12月1日起施行。

《食品安全法实施条例》的出台，强化了食品安全监督管理，完善了风险监测、安全标准等基础性制定，落实了生产经营者的食品安全主体责任，完善了食品安全违法行为的法律责任。

二、立法目的

（一）条款内容

新修订的《食品安全法》第一条就是关于立法目的的规定："保证食品安全，保障公众身体健康和生命安全。"其中，保证食品安全是本法的直接目的，保障公众身体健康和生命安全是本法的根本目的。

（二）食品

国际食品法典委员会对食品的定义是："食品，是指用于人食用或者饮用的经加工、半加工或者未经加工的物质，并包括饮料、口香糖和已经用于制造、制备或处理食品的物质，但不包括化妆品、烟草或者只作为药品使用的物质。"1995年《食品卫生法》对"食品"的定义是："各种供人食用或饮用的成品和原料以及按照传统既是食品又是药品的物品，但是不包括以治疗为目的的物品。"2009年的《食品安全法》和修订后的《食品安全法》基本沿用了《食品卫生法》中对于"食品"的定义，本法第一百五十条规定："食品，指各种供人食用或饮用的成品和原料以及按照传统既是食品又是中药材的物品，但是不包括以治疗为目的的物品。"本法规定的食品是一个大概念，不仅包括直接食用的各种食物，还包括食品原料，既包括加工食品，也包括食用农产品，囊括了从农田到餐桌的整个食物链中的食品。但并不是食用农产品的所有安全管理都适用本法规定，本法第二条第二款规定："供食用的源于农业的初级产品（以下称食用农产品）的质量安全管理，遵守《中华人民共和国农产品质量安全法》的规定。但是，食用农产品的市场销售、有关质量安全标准的制定、有关安全信息的公布和本法对农业投入品作出规定的，应当遵守本法的规定。"该款将食用农产品的种植养殖等环节排除在本法的调整范围之内。此外，食品还包括"按照传统既是食品又是中药材的物品，但是不包括以治疗为目的物品"，作这样的规定主要是为了将"食品"与"药品"进行区分。

（三）食品安全

"食品安全"是1974年由联合国粮食及农业组织提出的概念，从广义上讲主要包括三个方面的内容。

1. 数量安全　要求国家能够提供给公众足够的食物，满足社会稳定的基本需要。

2. 卫生安全　要求食品对人体健康不造成任何危害，并获取充足的营养。

3. 发展安全　要求食品的获得要注重生态环境的良好保护和资源利用的可持续性。《食品安全法》第一百五十条规定："食品安全，指食品无毒、无害，符合应当有的营养要求，对人体健康不造成任何急性、亚急性或者慢性危害。"可以看出，《食品安全法》所定义的是狭义的食品安全概念，立法的任务是解决食品卫生安全的问题。

（四）保证食品安全，保障公众身体健康和生命安全

党的二十大对新时代新征程上推进"健康中国"建设作出新的战略部署、赋予新的任务使命，提出"把保障人民健康放在优先发展的战略位置，完善人民健康促进政策"。民以食为天，食以安为先，食品安全是广大人民群众最关心、最直接、最现实的问题，也是与人民健康关系最为密切的因素。

我国当前食品安全的总体状况已得到很大改善，但问题依然存在，食品安全事件时有发生。因此，需要通过立法为保证食品安全、保障公众身体健康和生命安全提供法律制度保障。《食品安全法》以建立严格的食品安全监管制度为重点，用法律形式固定监管体制改革成果，完善食品安全监管体制机制，强化监管手段，提高执法能力，落实企业的主体责任，动员社会各界积极参与，着力解决当前食品安全领域存在的突出问题，以法治思维和法治方式维护食品安全，为最严格的食品安全监管提供法律制度保障。《食品安全法》的颁布施行，对于更好地保证食品安全，保障公众身体健康和生命安全具有重要意义。

三、立法理念 [e]微课

（一）条款内容

《食品安全法》总则中规定了食品安全工作要实行预防为主、风险管理、全程控制、社会共治的基本原则，要建立科学、严格的监管制度。

（二）预防为主、风险管理、全程控制、社会共治的基本原则

1. 预防为主　即防患于未然。在《食品安全法》中，主要体现在以下几个方面。

（1）规定了责任约谈制度（第一百一十四条和一百一十七条）　若有隐患，相关方未及时消除的，政府相关部门可以约谈企业，上级行政部门可以约谈下级。

（2）规定了生产经营者自查制度（第四十七条）　食品生产经营者应当建立食品安全自查制度，定期对食品安全状况进行检查评价。

（3）严格召回要求（第六十三条）　食品生产者发现其生产的食品不符合食品安全标准或者有证据证明可能危害人体健康的，应当召回。严格了召回的条件。

2. 风险管理　它是实施预防的有效手段。风险管理包括风险监测、风险评估、风险监督管理和风险交流。在《食品安全法》中，对这四个方面都有明确要求（第十八条、一百零九条和第二十三条）：要求制定风险监测计划，明确了风险评估的内容，要求风险分级管理，同时要就食品安全风险评估信息和食品安全监督管理信息进行交流沟通。随着全球化、信息化步伐的加快，新技术、新材料、新工艺、新产品、新业态的出现，食品安全领域面临许多新风险、新挑战。在食品安全监管过程中，要让风险管理始终贯穿食品生产经营的全过程，让精准监管始终走在风险挑战的前面。

3. 全程控制　即"农田到餐桌"过程全控制。对食品生产、仓储、销售、餐饮服务和食用农产品各环节实施最严格的全过程管理，强化生产经营者的主体责任，完善追溯制度（第四十二条）。

4. 社会共治　即调动社会各方力量，实现食品安全社会共管共治。社会各方力量包括：监管机构要当好信息发布员，公布食品安全信息要准确、及时、客观（第一百一十八条）；食品行业协会要当好领路人，食品行业协会应当按照章程建立健全行业规范和奖惩机制，提供食品安全信息、技术等服务，引导和监督食品生产经营者依法生产经营；消费者组织要当好监督者，消费者协会和其他消费者组织对违反本法规定，侵害消费者合法权益的行为，依法进行社会监督；同时，对举报者要奖励，保护其个人安全（第一百一十五条）；新闻媒体要当好公益宣传员，应该开展食品法律法规知识的公益宣传，并对食品安全违法行为进行舆论监督（第十三条、第一百二十条）。

第二节　内容解读

PPT

一、健全的法律责任机制

提高违法成本、严厉法律责任、重罚治乱是《食品安全法》的重要特征。《食品安全法》通过完善民事赔偿机制、加大行政处罚力度、与刑事责任的衔接等加重法律责任；除此之外，在严厉执法的同时还增加了食品经营者豁免条款。

（一）完善的民事赔偿机制

1. 首付责任制　《食品安全法》第一百四十八条规定民事赔偿实行首付责任制，在尊重消费者选

择赔偿主体的基础上，突出规定先接到消费者赔偿请求的生产者或经营者应当承担先行赔付责任，不得推诿。首付责任制度是对《中华人民共和国消费者权益保护法》及《中华人民共和国产品质量法》中相关规定的深化，以上两法中均规定，消费者或者其他受害人因商品缺陷造成人身、财产损害的，可以向销售者要求赔偿，也可以向生产者要求赔偿。《食品安全法》则在此基础上，在明确保护消费者索赔选择权利的基础上，从被索赔对象的角度规定了先行赔偿的责任，避免生产经营者以其他方过错为由加重消费者索赔难度。

2. 完善的赔偿标准 《食品安全法》第一百四十八条第二款规定："生产不符合食品安全标准的食品或者经营明知是不符合食品安全标准的食品，消费者除要求赔偿损失外，还可以向生产者或者经营者要求支付价款十倍或者三倍损失的赔偿金，增加的赔偿金额不足一千元的，为一千元。"这是基于食品的特性而作出的规定，在产品价款较低但造成的损失较高时更能体现惩罚力度。第一百四十八条第二款规定的惩罚性赔偿，不一定是在消费者有实际损失的情况下才可以主张，即使消费者购买后尚未食用不符合食品安全标准的食品，仍可要求生产经营者支付价款 10 倍的赔偿金。

"明知"就是"知道"或者"应当知道"。2020 年 12 月 8 日，最高人民法院发布《最高人民法院关于审理食品安全民事纠纷案件适用法律若干问题的解释（一）》，该解释已于 2021 年 1 月 1 日起施行。文中指出，食品经营者具有下列情形之一，消费者主张构成《食品安全法》第一百四十八条规定的"明知"的，人民法院应予支持：①已过食品标明的保质期但仍然销售的；②未能提供所售食品的合法进货来源的；③以明显不合理的低价进货且无合理原因的；④未依法履行进货查验义务的；⑤虚假标注、更改食品生产日期、批号的；⑥转移、隐匿、非法销毁食品进销货记录或者故意提供虚假信息的；⑦其他能够认定为明知的情形。

第一百四十八条还规定："食品的标签、说明书存在不影响食品安全且不会对消费者造成误导的瑕疵的除外。"规定指出，瑕疵是不需要赔偿的。2021 年 11 月 3 日，国家市场监督管理总局发布修订后的《食品生产经营监督检查管理办法》，自 2022 年 3 月 15 日起施行，在新的管理办法中，对于食品标签瑕疵的认定、处置作了规定。

认定标签、说明书瑕疵，应当综合考虑标注内容与食品安全的关联性、当事人的主观过错、消费者对食品安全的理解和选择等因素。有下列情形之一的，可以认定为《食品安全法》第一百四十八条第二款规定的标签、说明书瑕疵：①文字、符号、数字的字号、字体、字高不规范，出现错别字、多字、漏字、繁体字，或者外文翻译不准确，以及外文字号、字高大于中文等的；②净含量、规格的标示方式和格式不规范，或者对没有特殊贮存条件要求的食品，未按照规定标注贮存条件的；③食品、食品添加剂以及配料使用的俗称或者简称等不规范的；④营养成分表、配料表顺序、数值、单位标示不规范，或者营养成分表数值修约间隔、"0"界限值、标示单位不规范的；⑤对有证据证明未实际添加的成分，标注了"未添加"，但未按照规定标示具体含量的；⑥国家市场监督管理总局认定的其他情节轻微，不影响食品安全，没有故意误导消费者的情形。

监督检查中发现生产经营的食品、食品添加剂的标签、说明书存在《食品安全法》第一百四十八条第二款规定的瑕疵的，市场监督管理部门应当责令当事人改正。经食品生产者采取补救措施且能保证食品安全的食品、食品添加剂可以继续销售；销售时应当向消费者明示补救措施。

（二）加大行政处罚力度

1. 重复违法行为要重罚 《食品安全法》第一百三十四条规定："食品生产经营者在一年内累计三次因违反本法规定受到责令停产停业、吊销许可证以外处罚的，由食品安全监督管理部门责令停产停业，直至吊销许可证。"

2. 非法提供场所要承担连带责任　《食品安全法》第一百二十二条规定："明知从事前款规定的违法行为，仍为其提供生产经营场所或者其他条件的，由县级以上人民政府食品安全监督管理部门责令停止违法行为，没收违法所得，并处五万元以上十万元以下罚款；使消费者的合法权益受到损害的，应当与食品、食品添加剂生产经营者承担连带责任。"

3. 大幅提高处罚金额（第一百二十二～一百二十四条）　最高可达货值的 30 倍，提高了企业的违法成本。

4. 加重监管者和执法者责任（第一百三十七～一百三十九条）　监管者和执法者失职要重罚，对违法个人施加人身性质或资格的处罚，包括：①终身禁入制度，食品安全犯罪被判处有期徒刑以上刑罚的，终身不得从事食品生产经营管理工作，以及担任食品安全管理人员；同时，严禁食品经营主体聘用上述人员；②对于严重违法的直接负责主管或其他责任人，可直接予以行政拘留；③限制从业制度，被吊销许可证的食品生产经营者及其法定代表人、直接负责的主管人员和其他直接责任人员五年内不得申请食品生产经营许可，或者从事食品生产经营管理工作、担任食品生产经营企业食品安全管理人员。

（三）与刑事责任的衔接

根据《食品安全法》第一百二十一条，行政部门发现涉嫌构成食品安全犯罪的，应当依法移送公安机关立案侦查并追究其刑事责任，同时公安机关对于不构成犯罪但是应当追究行政责任的案件也应当及时移送行政部门。加强了行政部门和公安机关在打击食品安全违法活动中的协作。

案例评析

> ### 知识链接
>
> #### 涉及食品安全的犯罪
>
> 1. 生产、销售不符合安全标准的食品罪（刑法第一百四十三条）。
>
> 2. 生产、销售有毒、有害食品罪（刑法第一百四十四条）。
>
> 3. 虚假广告罪（刑法第二百二十二条）。
>
> 4. 提供虚假证明文件罪、出具证明文件重大失实罪（刑法第二百二十九条）。
>
> 5. 生产、销售伪劣产品罪（刑法第一百四十条、《最高人民法院、最高人民检察院关于办理危害食品安全刑事案件适用法律若干问题的解释》第十三条第二款与第十条）。
>
> 6. 非法经营罪（《最高人民法院、最高人民检察院关于办理危害食品安全刑事案件适用法律若干问题的解释》第十一条与第十二条）。
>
> 7. 食品监管渎职罪（刑法第四百零八条、《最高人民法院、最高人民检察院关于办理危害食品安全刑事案件适用法律若干问题的解释》第十六条第三款）。
>
> 8. 其他渎职犯罪（刑法第三百九十七条、《最高人民法院、最高人民检察院关于办理危害食品安全刑事案件适用法律若干问题的解释》第十六条第一、二款）。
>
> 食品安全既是民生问题，也是重大的公共安全问题。通过与刑事责任的衔接，让违法者"痛到不敢再犯"，对潜在违法者予以震慑与警示，对于维护市场秩序，保障消费者合法权益，维护社会公共利益具有重大意义。

（四）食品经营者豁免条款

《食品安全法》在严峻责任的同时，对于已尽合理注意义务的不知情食品经营者规定了豁免条款（一百三十六条）。直接规定豁免条款，在食品安全监管立法中还是比较少见的，考虑到了中国复杂的食品安全环境。豁免条款的要点为：①仅适用于食品经营者（即销售者和餐饮服务提供者），不适用于生产者；②需履行了法定的进货检查义务；③需举证不知晓，证据要求必须充分；④需如实说明进货来源；⑤仅免除行政处罚，不符合食品安全标准的产品仍需没收，且仍应承担民事赔偿。该条款具有较高的实用价值。

二、统一的食品安全监管体制

我们国家的食品安全监管体制经历了九龙治水、分段监管和统一监管三个阶段。目前，我国食品安全统一监管体制如下（第五条）：国务院设立食品安全委员会，其职责由国务院规定。食品安全委员会的办公室设立在国家市场监督管理总局，其主要负责：综合协调、监督管理、信息发布、事故调查、资质认定、参与国标制定等。国家市场监督管理总局"一揽子"主导监管，其他部门辅助监管，主要包括：农业农村部负责食用农产品种植、养殖，以及进入批发、零售市场或加工企业前的监管；国家卫生健康委员会负责风险监测与风险评估，会同食品安全监督管理部门制定并公布食品安全标准；海关总署负责食品、食品添加剂和食品相关产品出入境管理。除此之外，涉及刑事案件时，还需要国家市场监督管理总局与公安部开展联合执法。

三、全过程全方位监管

全过程全方位监管强调从食品原料阶段至消费者购入之间各个环节的无缝管理，主要表现为以下六个方面。

（一）源头阶段延伸至食用农产品

将食用农产品的销售（第二条）、安全标准制定（第十一条）、安全信息公布和农业投入品的使用（第四十九条）纳入《食品安全法》的管辖，加强源头管理。

《食品安全法》第四十九条明确规定："禁止将剧毒、高毒农药用于蔬菜、瓜果、茶叶和中草药材等国家规定的农作物。"蔬菜、瓜果、茶叶和中草药材不同于一般的农作物，属于不需要经过脱壳等加工即可食用的产品。所以，在种植过程中，需要在农药的使用方面有特别严格的要求，以保证这类产品的安全。

目前，国家国家禁止生产和使用的农药品种有：甲胺磷、甲基对硫磷、对硫磷、久效磷、磷胺、六六六、滴滴涕、毒杀芬、二溴氯丙烷、杀虫脒、二溴乙烷、除草醚、艾氏剂、狄氏剂、汞制剂、砷类、铅类、敌枯双、氟乙酰胺、甘氟、毒鼠强、氟乙酸钠、毒鼠硅、苯线磷、地虫硫磷、甲基硫环磷、磷化钙、磷化镁、磷化锌、硫线磷、蝇毒磷、治螟磷、特丁硫磷、氯磺隆、福美胂、福美甲胂、胺苯磺隆、甲磺隆、百草枯（自 2020 年 9 月 25 日起禁止销售）、2，4－滴丁酯（2023 年 1 月 29 日起禁止使用）、林丹（自 2019 年 3 月 26 日起）、硫丹（自 2019 年 3 月 26 日起）、溴甲烷（农业上禁用）、三氯杀螨醇、氟虫胺（自 2020 年 1 月 1 日起禁止使用）、杀扑磷（已无制剂登记产品），甲拌磷、甲基异柳磷、灭线磷、水胺硫磷（自 2024 年 9 月 1 日起禁止销售和使用）。

禁止在茶叶/茶树上使用的农药品种有：甲拌磷、甲基异柳磷、内吸磷、克百威、涕灭威、灭线磷、硫环磷、氯唑磷、氰戊菊酯、灭多威、乙酰甲胺磷、丁硫克百威、乐果、杀扑磷、氯化苦。

禁止在蔬菜上使用的农药品种有：甲拌磷、甲基异柳磷、内吸磷、克百威、涕灭威、灭线磷、硫环磷、氯唑磷、毒死蜱、三唑磷、灭多威（十字花科）、氧乐果（甘蓝）、乙酰甲胺磷、丁硫克百威、杀扑磷、氯化苦。

禁止在果树（含瓜果）上使用的农药品种有：甲基异柳磷、涕灭威（苹果树）、克百威（柑桔树）、甲拌磷、内吸磷、克百威、涕灭威、灭线磷、硫环磷、氯唑磷、灭多威（苹果树）、水胺硫磷、氧乐果、灭多威（柑橘/柑橘树）、乙酰甲胺磷、丁硫克百威、乐果、杀扑磷（柑橘树）、杀扑磷、氯化苦。

禁止在中草药上使用的农药品种有：甲拌磷、甲基异柳磷、内吸磷、克百威、涕灭威、灭线磷、硫环磷、氯唑磷、乙酰甲胺磷、丁硫克百威、乐果、杀扑磷、氯化苦。

（二）加强食品贮存和运输管理

将食品贮存和运输直接纳入监管环节，规定了从事食品贮存、运输和装卸的非食品生产经营者的义务（第三十三条规定了非食品生产经营者应当与食品生产经营者遵守同样的贮存、运输和装卸的安全要求）和责任（第一百三十二条规定，未按要求进行食品贮存、运输和装卸的由相关部门责令改正，给予警告；拒不改正的，责令停产停业，并处一万元以上五万元以下罚款；情节严重的，吊销许可证）。

（三）严格生产、流通环节的监管

根据《食品安全法》第五十三条的规定，对于批发企业应当建立相关记录并保存凭证。对于生产经营者的索证索票、进货查验记录制度，记录和凭证保存期限不得少于产品保质期满后六个月；没有明确保质期的，保存期限不得少于二年。

（四）餐饮服务全过程监管

根据《食品安全法》第五十五、五十六条的规定，餐饮服务的提供者要保证原料、设施和餐具饮具的安全。对餐饮服务环节进行规范也是对全过程监管这一理念的贯彻，体现了从"农田"到"餐桌"的监管。

（五）全面强化食品添加剂的管理

《食品安全法》在很多涉及食品的规定中加强了对于食品添加剂的管理（第三十九、四十条），显示了对食品添加剂全面监管的特征，体现了对食品添加剂安全问题的重视，相当程度上，将食品管理规范类推至食品添加剂范畴。

（六）严格网上销售管理

根据《食品安全法》第六十二条、第一百三十一条的规定，食品经营者在第三方网络交易平台有实名登记制度和第三方平台审查经营者许可证的义务，并规定了第三方平台提供者未遵守该制度的连带责任，使得该项义务在实践中更具执行力。

四、特殊食品特殊监管

特殊食品关系到亚健康人群、患者和婴幼儿等特殊人群的健康，对其进行有效监管，保证其产品质量和安全性，引导消费者做到理性消费，对保障全民健康、促进经济发展和社会稳定有重要意义。《食品安全法》专门设立了"第四节　特殊食品"，集中规定包括保健食品、婴幼儿食品以及特殊医学用途配方食品的特殊法律要求。

（一）保健食品

1. 保健功能目录和保健食品原料目录　根据《食品安全法》第七十五、七十六条的规定，由国务院食品安全监督管理部门会同其他部门制定保健食品原料目录和允许保健食品声称的保健功能目录。保健食品原料目录应当包括原料名称、用量及其对应的功效。更详细的两个目录有助于规范保健食品市场，也是保健食品的生产经营者应当关注的动态。

2. 保健食品的注册和备案制度　根据《食品安全法》第七十七条的规定，保健食品实施注册与备案相结合的制度（向国家市场监督部门注册）。注册制适用于使用保健食品原料目录以外原料的保健食品以及首次进口的保健食品，而备案则适用于属于补充维生素、矿物质等营养物质的首次进口的保健食品（向国家市场监督部门备案）以及其他保健食品（省级市场监督部门备案）。

保健食品注册以及备案在行业内早已争论多年，鉴于现有保健食品注册程序冗长、文件要求繁多，实行相对简化的备案制会对整个保健食品行业带来重大影响。从现有的原则性规定来看，相比注册制，备案制无须技术审批环节，文件要求也有所精简。

3. 保健食品标签和说明书　根据《食品安全法》第七十八条的规定，保健食品标签和说明书要真实有效，不得涉及疾病预防、治疗功能。

4. 保健食品广告审批制度　根据《食品安全法》第七十九条的规定，保健食品的广告内容应当经生产企业所在地省、自治区、直辖市人民政府食品安全监督管理部门审查批准，并取得保健食品广告批准文件。要求保健食品广告不得宣传疾病预防、治疗功能，并且必须声明"本品不能替代药物"。

（二）特殊医学用途配方食品

特殊医学用途配方食品，是指为满足进食受限、消化吸收障碍、代谢紊乱或者特定疾病状态人群对营养素或者膳食的特殊需要，专门加工配制而成的配方食品。

《食品安全法》第八十条规定："特殊医学用途配方食品应当经国务院食品安全监督管理部门注册。注册时，应当提交产品配方、生产工艺、标签、说明书以及表明产品安全性、营养充足性和特殊医学用途临床效果的材料。特殊医学用途配方食品广告适用《中华人民共和国广告法》和其他法律、行政法规关于药品广告管理的规定。"

（三）婴幼儿配方食品及婴幼儿配方乳粉

根据《食品安全法》第八十一条的规定，婴幼儿配方食品应备案和出厂逐批检验；婴幼儿配方乳粉产品要注册，这表明国家对婴幼儿乳粉的配方采取更为严格的管控，企业在设计配方时也应当对其科学性和安全性更加注意。"不得以分装方式生产婴幼儿配方乳粉"，避免了分装可能存在的原料调包、二次污染、掺劣掺假、以次充好等问题。

（四）特殊食品生产质量管理体系

《食品安全法》第八十三条对生产保健食品、特殊医学用途配方食品、婴幼儿配方食品和其他专供人群的主辅食品的企业建立与所生产食品相适应的生产质量管理体系提出了要求。

我国以强制性国家标准的形式发布了多个特殊食品良好生产规范，包括《保健食品良好生产规范》（GB 17405—1998）、《食品安全国家标准 特殊医学用途配方食品良好生产规范》（GB 29923—2023）、《食品安全国家标准 婴幼儿配方食品良好生产规范》（GB 23790—2023）。

目前，我国的特殊食品监管体系已基本建成，相关法规标准不断完善，促进了特殊食品产业的发展，有利于全面落实党中央和国务院提出的"健康中国2030规划纲要"和"国民营养计划"。

情境导入

情景　某酒行连锁管理股份有限公司委托代理企业向海关申报进口一批产自法国的红酒，数量4000余瓶。该市海关在现场查验时发现，该批红酒的瓶身均未加贴中文标签，不符合海关对于进口食品管理的监管要求，海关工作人员要求当事人对这批红酒进行技术整改。

思考　1. 根据《食品安全法》分析，该批红酒存在什么问题，违反了哪一条法律条文？

2. 当事人应如何进行整改？

五、进出口食品管理

《食品安全法》第九十一条规定，"国家出入境检验检疫部门对进出口食品安全实施监督管理。"本法中所称的"国家出入境检验检疫部门"即海关总署，主要承担食品进出口环节安全的监督管理职责。

《食品安全法》对进出口食品管理制度的规定主要是通过吸收《进出口食品安全管理办法》和对其他相关规定（包括《进口食品进出口商备案管理规定》及《食品进口记录和销售记录管理规定》）中的条款（如进口商备案、进口食品收货人的进口记录和销售记录要求等）进行细化，并增加了一些新的内容，其中比较突出的包括：①尚无食品安全国家标准的进口食品可由境外出口商提交所执行的相关国家（地区）的标准或者国际标准。②规定进口商应当建立境外出口商、境外生产企业审核制度。此条规定要求进口商建立审核体系，着重审核以下内容：向我国境内出口食品的境外出口商或者代理商是否已经在国家出入境检验检疫部门备案；进口的食品、食品添加剂是否随附合格证明材料；进口的食品、食品添加剂、食品相关产品是否符合我国食品安全国家标准的要求；进口的预包装食品、食品添加剂是否有中文标签或者按规定应有的中文说明书。

六、转基因食品标识

《食品安全法》第六十九条规定了转基因食品标示的要求，但该要求非常概括，仅规定"生产经营转基因食品应当按照规定显著标示"。实际上，转基因生物的标识早在 2001 年颁布的《农业转基因生物安全管理条例》中就有规定，2002 年颁布的《农业转基因生物标识管理办法》对应当如何标识也作出了非常详细的规定。《食品标识管理规定》（2009 年修订）第十六条也规定"属于转基因食品或者含法定转基因原料的应当在其标识上标注中文说明"。

《食品安全法》则强调了转基因食品的标识应当"显著"。转基因食品往往与非转基因食品一起销售，如果标注不清晰、不规范，则消费者难以辨识、极易混淆，其知情权也就无法得到充分保障。

七、强化地方政府属地管理责任

（一）强化食品安全保障能力

针对一些地方不重视食品安全工作、食品安全监管能力不足的问题，《食品安全法》提出县级以上人民政府要将食品安全工作纳入本级国民经济和社会发展规划，将食品安全工作经费列入本级政府财政预算，加强食品安全监管能力建设。

（二）实行食品安全管理责任制

《食品安全法》要求上级人民政府要对下一级人民政府和本级食品安全监管部门的工作作出评议和考核。

（三）强化对小作坊、食品摊贩等监管

《食品安全法》要求省级人大或省级人民政府制定生产加工小作坊和食品摊贩等的具体管理办法。

八、强化食品生产经营者的主体责任

（一）健全落实企业食品安全管理制度

《食品安全法》提出食品生产经营企业应当建立食品安全管理制度，配备专职或者兼职的食品安全管理人员，并加强对其培训和考核，要求企业主要负责人对本企业的食品安全工作全面负责，认真落实

食品安全管理制度。

（二）强化生产经营过程的风险控制

《食品安全法》提出要在食品生产经营过程中加强风险控制，要求食品生产企业建立，并实施原辅料、关键环节、检验检测、运输等风险控制体系。

（三）实施食品安全自查和报告制度

《食品安全法》提出食品生产经营者要定期检查评价食品安全状况，条件发生变化，不再符合食品安全要求的，食品生产经营者应该采取整改措施；有发生食品安全事故潜在风险的，应该立即停止生产经营，并向食品监督部门报告。

实训四　以案读法——《食品安全法》案例评析

一、实训目的

1. 熟悉《食品安全法》法律条文。
2. 能够运用《食品安全法》相关法律条文进行案例分析。
3. 培养学生辩证思维，使学生学会用法律维护自身合法权益。

二、实训内容

结合当下热点案例，学习《食品安全法》条文。

三、实训要求

1. 案例筛选　教师提前筛选好若干事件案例，学生分组，各组可以选择教师筛选的案例，也可自行选择案例。

2. 案例分析　学生小组课前讨论查阅资料，了解事件的起因、经过及相关处罚，制作PPT，课上小组代表发言，从食品生产者、经营者、消费者、监管者等多角度分析事件，指出事件的主要违法行为，违反了哪些法律条款的规定，相应的处罚依据又是哪些条款，针对此类事件有哪些好的改善建议。

3. 教师总结　学生发言后教师进行指正和总结。

实训五　以案普法——"十倍赔偿"的认定

一、实训目的

1. 能够运用《食品安全法》相关条款分析"十倍赔偿"。
2. 树立知法守法的正确价值观，培养学生依法诚信经营的职业素养。

实训答案

二、实训内容

"十倍赔偿"的认定。

三、实训要求

1. 明确"十倍赔偿"的《食品安全法》法律条文。

2. 收集"十倍赔偿"的案例。

3. 在教师的指导下学生制作"十倍赔偿"食品安全普法宣传单和小视频，项目后期进行宣传，一方面学生走出教室，前往学校食堂门口、学生活动中心等地方摆桌进行食品安全普法宣传；另一方面充分利用朋友圈、抖音、微博、学校宣传栏等途径宣传。

练 习 题

答案解析

一、单选题

1. 制定《中华人民共和国食品安全法》的根本目的是保障公众身体健康和生命安全，其前提是（　　）。

　　A. 保证食品安全 　　　　　　　　　　B. 保障食品生产

　　C. 保护食品经营 　　　　　　　　　　D. 严惩违法行为

2. 食品出厂检验记录应当真实，记录保存期限不得少于产品保质期满后六个月；没有明确保质期的，保存期限不得少于（　　）。

　　A. 1 年 　　　　　　B. 2 年 　　　　　　C. 3 年 　　　　　　D. 4 年

3. 专供婴幼儿和其他特定人群的主辅食品，其标签除应当标明《中华人民共和国食品安全法》第六十七条第一款内容外，还应当标明（　　）。

　　A. 主要营养成分及其含量 　　　　　　B. 功能主治

　　C. 用法用量 　　　　　　　　　　　　D. 适用范围

4. 生产经营的食品中不得添加（　　）。

　　A. 药品 　　　　　　B. 中药材 　　　　　　C. 化合剂 　　　　　　D. 增白剂

二、多选题

1. 食品生产经营除应当符合食品安全标准外，还应符合的要求有（　　）。

　　A. 有与生产经营食品品种和数量相适应的场所

　　B. 有食品安全专业技术人员和管理人员

　　C. 有保证食品安全的规章制度

　　D. 有合理的设备布局和工艺流程

2. 食品生产经营企业的法定职责包括（　　）。

　　A. 建立健全食品安全管理制度 　　　　B. 对职工进行食品安全知识培训

　　C. 配备食品安全管理人员 　　　　　　D. 加强食品检验工作

3. 食品生产者采购（　　），应当查验供货者的许可证和产品合格证明文件。

　　A. 食品原料 　　　　　　　　　　　　B. 食品添加剂

　　C. 食品相关产品 　　　　　　　　　　D. 所有产品

4. 食品生产企业的进货查验记录应当如实记录（　　）。

　　A. 产品名称 　　　　　　　　　　　　B. 产品规格

　　C. 产品数量 　　　　　　　　　　　　D. 进货日期

三、简答题

1. 简述《食品安全法》中豁免条款的要点。
2. 简述《食品安全法》中规定的监管者和执法者失职的具体处罚措施。

书网融合……

本章小结   微课   题库

第四章

食品安全法配套法规与规章

📝 学习目标

知识目标

1. **掌握** 《食品安全法实施条例》重点条款内容、食品安全法配套规章的主要内容。
2. **熟悉** 《食品安全法》配套法规与规章的立法目的和立法理念。
3. **了解** 《食品安全法》配套法规与规章的立法历程。

能力目标

1. 能运用《食品安全法》配套法规与规章，对实践中的相关问题进行正确分析和解决，明确违反食品安全管理的具体法律责任。

2. 具备正确应用法律规范的能力，能运用《食品安全法》配套法规与规章进行食品生产经营活动。

素质目标

通过本章的学习，树立正确的法治思维，提升食品安全主体责任意识，形成依法生产经营的执业理念和职业素养。

情境导入

情景 2023 年 6 月，某所高校的学生食堂饭菜中疑发现"异物"，涉事食堂工作人员丢弃了证物，该辖区市场监督管理部门、涉事学校在未认真调查取证的情况下，发布"异物为鸭脖"的错误结论，由此引起社会广泛关注。省教育厅、省公安厅、省国资委、省市场监督管理局等部门组成联合调查组，对此事件进行调查。根据国内权威动物专家对提取的当事学生所拍现场照片和视频进行专业辨识，判定该异物为老鼠类啮齿动物的头部。联合调查组通过查看食堂后厨视频，查阅采购清单，询问涉事食堂负责人、后厨相关当事人、当事学生和现场围观学生等，判定异物不是鸭脖。

思考 1. 本案的责任主体都有哪些？应如何处罚？

2. 结合本案，谈谈如何加强学校食品安全监管。

第一节 食品安全法实施条例

PPT

一、立法情况

2019 年 10 月 11 日，国务院公布修订后的《中华人民共和国食品安全法实施条例》（以下简称《食品安全法实施条例》），自 2019 年 12 月 1 日起施行。新条例坚持以人民为中心，严格落实"四个最严"，

43

细化并严格落实新《食品安全法》，不断提高食品安全监管水平。针对新食品安全法实施以来食品安全领域存在的问题，进一步完善相关制度措施，强化食品安全监督管理，增强法规制度的可操作性。聚焦破解食品安全领域的难点和挑战，提高监管工作效能，重点细化过程管理、责任处罚等内容，夯实企业责任，筑起保障人民群众食品安全的法治防线。

二、明确职责、强化食品安全监管

1. 强调部门依法履职、加强协调配合　县级以上人民政府食品安全监督管理部门和其他有关部门应当依法履行职责，加强协调配合，做好食品安全监督管理工作。

2. 丰富监管手段　设区的市级以上人民政府食品安全监督管理部门根据监督管理工作需要，可以对由下级人民政府食品安全监督管理部门负责日常监督管理的食品生产经营者实施随机监督检查，也可以组织下级人民政府食品安全监督管理部门对食品生产经营者实施异地监督检查。

3. 完善举报奖励制度　国家实行食品安全违法行为举报奖励制度，对查证属实的举报，给予举报人奖励。举报人举报所在企业食品安全重大违法犯罪行为的，应当加大奖励力度。有关部门应当对举报人的信息予以保密，保护举报人的合法权益。

4. 建立黑名单，实施联合惩戒　国务院食品安全监督管理部门应当会同国务院有关部门建立守信联合激励和失信联合惩戒机制，结合食品生产经营者信用档案，建立严重违法生产经营者黑名单制度，将食品安全信用状况与准入、融资、信贷、征信等相衔接，及时向社会公布。

5. 制定补充检验项目和检验方法　对可能掺杂掺假的食品，按照现有食品安全标准规定的检验项目和检验方法，以及依照《食品安全法》第一百一十一条和《食品安全法实施条例》第六十三条规定制定的检验项目和检验方法无法检验的，国务院食品安全监督管理部门可以制定补充检验项目和检验方法，用于对食品的抽样检验、食品安全案件调查处理和食品安全事故处置。

三、完善食品安全风险监测和评估

1. 建立食品安全风险监测会商机制　县级以上人民政府卫生行政部门会同同级食品安全监督管理等部门建立食品安全风险监测会商机制，汇总、分析风险监测数据，研判食品安全风险，形成食品安全风险监测分析报告，报本级人民政府；县级以上地方人民政府卫生行政部门还应当将食品安全风险监测分析报告同时报上一级人民政府卫生行政部门。

2. 强化食品安全风险监测结果的运用　食品安全风险监测结果表明存在食品安全隐患，食品安全监督管理等部门经进一步调查确认有必要通知相关食品生产经营者的，应当及时通知。接到通知的食品生产经营者应当立即进行自查，发现食品不符合食品安全标准或者有证据证明可能危害人体健康的，应当依照《食品安全法》第六十三条的规定停止生产、经营，实施食品召回，并报告相关情况。

四、食品安全标准

1. 规范食品安全地方标准的制定　保健食品、特殊医学用途配方食品、婴幼儿配方食品等特殊食品不属于地方特色食品，不得对其制定食品安全地方标准。以防止一些食品生产者对本应实行特殊严格管理措施的保健食品等特殊食品以地方特色食品的名义生产，逃避法定义务。

2. 方便企业安排生产经营活动　食品安全标准公布后，食品生产经营者可以在食品安全标准规定的实施日期之前实施并公开提前实施情况。

3. 明确企业标准的备案范围　食品生产企业不得制定低于食品安全国家标准或者地方标准要求的

企业标准。食品生产企业制定食品安全指标严于食品安全国家标准或者地方标准的企业标准的，应当报省、自治区、直辖市人民政府卫生行政部门备案。食品生产企业制定企业标准的，应当公开，供公众免费查阅。

五、生产经营者的食品安全主体责任

1. 细化企业主要负责人的责任　食品生产经营企业的主要负责人对本企业的食品安全工作全面负责，建立并落实本企业的食品安全责任制，加强供货者管理、进货查验和出厂检验、生产经营过程控制、食品安全自查等工作。食品生产经营企业的食品安全管理人员应当协助企业主要负责人做好食品安全管理工作。

2. 规范食品的贮存、运输　贮存、运输对温度、湿度等有特殊要求的食品，应当具备保温、冷藏或者冷冻等设备设施，并保持有效运行。

3. 禁止虚假宣传和违法发布信息误导消费者　禁止利用包括会议、讲座、健康咨询在内的任何方式对食品进行虚假宣传。任何单位和个人不得发布未依法取得资质认定的食品检验机构出具的食品检验信息，不得利用上述检验信息对食品、食品生产经营者进行等级评定，欺骗、误导消费者。

案例评析

4. 加强学校食品安全监管　学校、托幼机构、养老机构、建筑工地等集中用餐单位的食堂应当执行原料控制、餐具饮具清洗消毒、食品留样等制度，并依照《食品安全法》第四十七条的规定定期开展食堂食品安全自查。

承包经营集中用餐单位食堂的，应当依法取得食品经营许可，并对食堂的食品安全负责。集中用餐单位应当督促承包方落实食品安全管理制度，承担管理责任。

5. 完善特殊食品管理制度　对特殊食品的出厂检验、销售渠道、广告管理、产品命名等事项作出规范。

6. 委托贮存、运输食品　食品生产经营者委托贮存、运输食品的，应当对受托方的食品安全保障能力进行审核，并监督受托方按照保证食品安全的要求贮存、运输食品。受托方应当保证食品贮存、运输条件符合食品安全的要求，加强食品贮存、运输过程管理。

7. 明确回收食品定义并规定相应处置方式　回收食品，是指已经售出，因违反法律、法规、食品安全标准或者超过保质期等原因，被召回或者退回的食品，不包括依照《食品安全法》第六十三条第三款的规定可以继续销售的食品。食品生产经营者应当对变质、超过保质期或者回收的食品进行显著标示或者单独存放在有明确标志的场所，及时采取无害化处理、销毁等措施并如实记录。

8. 进一步明确易非法添加的非食用物质的相关规定　国务院食品安全监督管理部门会同国务院卫生行政等部门，根据食源性疾病信息、食品安全风险监测信息和监督管理信息等，对发现的添加或者可能添加到食品中的非食用化学物质和其他可能危害人体健康的物质，制定名录及检测方法并予以公布。食品生产经营者不得在食品生产、加工场所贮存依照上述规定制定的名录中的物质。

六、食品安全事故处置

1. 食品安全事故管理机制　食品安全事故按照国家食品安全事故应急预案实行分级管理。县级以上人民政府食品安全监督管理部门会同同级有关部门负责食品安全事故调查处理。

2. 食品安全事故处置措施　发生食品安全事故的单位应当对导致或者可能导致食品安全事故的食品及原料、工具、设备、设施等，立即采取封存等控制措施。

县级以上人民政府食品安全监督管理部门接到食品安全事故报告后，应当立即会同同级卫生行政、农业行政等部门依照《食品安全法》第一百零五条的规定进行调查处理。食品安全监督管理部门应当对事故单位封存的食品及原料、工具、设备、设施等予以保护，需要封存而事故单位尚未封存的，应当直接封存或者责令事故单位立即封存，并通知疾病预防控制机构对与事故有关的因素开展流行病学调查。疾病预防控制机构应当在调查结束后，向同级食品安全监督管理、卫生行政部门同时提交流行病学调查报告。

3. 食品安全事故的预防 国务院食品安全监督管理部门会同国务院卫生行政、农业行政等部门定期对全国食品安全事故情况进行分析，完善食品安全监督管理措施，预防和减少事故的发生。

七、完善法律责任

1. 明确违法企业负责人员的处罚措施 食品生产经营企业等单位有《食品安全法》规定的违法情形，除依照《食品安全法》的规定给予处罚外，有下列情形之一的，对单位的法定代表人、主要负责人、直接负责的主管人员和其他直接责任人员处以其上一年度从本单位取得收入的 1 倍以上 10 倍以下罚款：①故意实施违法行为；②违法行为性质恶劣；③违法行为造成严重后果。

生产经营的食品、食品添加剂的标签、说明书存在瑕疵但不影响食品安全且不会对消费者造成误导的，由县级以上人民政府食品安全监督管理部门责令改正；拒不改正的，处 2000 元以下罚款，不适用上述规定。

2. 细化属于情节严重的具体情形 有下列情形之一的，属于《食品安全法》第一百二十三～一百二十六条、第一百三十二条以及《食品安全法实施条例》第七十二～七十三条规定的情节严重情形：①违法行为涉及的产品货值金额 2 万元以上或者违法行为持续时间 3 个月以上；②造成食源性疾病并出现死亡病例，或者造成 30 人以上食源性疾病但未出现死亡病例；③故意提供虚假信息或者隐瞒真实情况；④拒绝、逃避监督检查；⑤因违反食品安全法律、法规受到行政处罚后 1 年内又实施同一性质的食品安全违法行为，或者因违反食品安全法律、法规受到刑事处罚后又实施食品安全违法行为；⑥其他情节严重的情形。对情节严重的违法行为处以罚款时，应当依法从重从严。

3. 引导食品生产经营者主动、及时采取措施控制风险、减少危害 食品生产经营者依法实施召回或者采取其他有效措施减轻、消除食品安全风险，未造成危害后果的，可以从轻或者减轻处罚。

4. 细化食品安全监管部门和公安机关的协作机制 县级以上地方人民政府食品安全监督管理等部门对有《食品安全法》第一百二十三条规定的违法情形且情节严重，可能需要行政拘留的，应当及时将案件及有关材料移送同级公安机关。公安机关认为需要补充材料的，食品安全监督管理等部门应当及时提供。公安机关经审查认为不符合行政拘留条件的，应当及时将案件及有关材料退回移送的食品安全监督管理等部门。

案例评析

5. 明确食品安全信息发布相关法律责任 发布未依法取得资质认定的食品检验机构出具的食品检验信息，或者利用上述检验信息对食品、食品生产经营者进行等级评定，欺骗、误导消费者的，由县级以上人民政府食品安全监督管理部门责令改正，有违法所得的，没收违法所得，并处 10 万元以上 50 万元以下罚款；拒不改正的，处 50 万元以上 100 万元以下罚款；构成违反治安管理行为的，由公安机关依法给予治安管理处罚。

6. 明确利用会议讲座等形式对食品进行虚假宣传的处罚措施 利用会议、讲座、健康咨询等方式对食品进行虚假宣传的，由县级以上人民政府食品安全监督管理部门责令消除影响，有违法所得的，没收违法所得；情节严重的，依照《食品安全法》第一百四十条第五款的规定进行处罚；属于单位违法的，还应当依照《食品安全法实施条例》第七十五条的规定对单位的法定代表人、主要负责人、直接负责的主管人员和其他直接责任人员给予处罚。

第二节　食品生产许可管理办法

PPT

一、概述

（一）立法情况

2010 年 4 月 7 日，国家质量监督检验检疫总局公布了《食品生产许可管理办法》，历经 2015 年修订、2017 年修正。2020 年 1 月 2 日，国家市场监督管理总局公布了新版《食品生产许可管理办法》，自 2020 年 3 月 1 日起施行。

新版《食品生产许可管理办法》加强了与法律法规之间的关联一致性，体现了"宽进严出""轻许可重监督"理念。明确了各级监管部门的职责和监管部门权限，增加检验报告的来源，缩短现场核查、审查决定、发证和注销等时限，简化生产许可证申请、变更、延续与注销材料，简化食品生产许可证上标明的内容、全面推进食品生产许可网络信息化，新增了多食品类别生产企业申请选择受理部门的原则，新增了参与审核人员的信息保密要求，进一步强化食品生产者及从业人员的法律责任。

（二）具体适用

1. 适用范围　在中华人民共和国境内，从事食品生产活动，应当依法取得食品生产许可。食品生产许可的申请、受理、审查、决定及其监督检查，适用《食品生产许可管理办法》。取得食品经营许可的餐饮服务提供者在其餐饮服务场所制作加工食品，不需要取得《食品生产许可管理办法》规定的食品生产许可。食品添加剂的生产许可管理原则、程序、监督检查和法律责任，适用《食品生产许可管理办法》有关食品生产许可的规定。

2. 适用原则　食品生产许可应当遵循依法、公开、公平、公正、便民、高效的原则。食品生产许可实行一企一证原则，即同一个食品生产者从事食品生产活动，应当取得一个食品生产许可证。

3. 分类管理　市场监督管理部门按照食品的风险程度，结合食品原料、生产工艺等因素，对食品生产实施分类许可。

（三）明确监管部门权限

国家市场监督管理总局负责监督指导全国食品生产许可管理工作。县级以上地方市场监督管理部门负责本行政区域内的食品生产许可监督管理工作。

省、自治区、直辖市市场监督管理部门可以根据食品类别和食品安全风险状况，确定市、县级市场监督管理部门的食品生产许可管理权限。保健食品、特殊医学用途配方食品、婴幼儿配方食品、婴幼儿辅助食品、食盐等食品的生产许可，由省、自治区、直辖市市场监督管理部门负责。

二、申请与受理

（一）申请

1. 申请主体　申请食品生产许可，应当先行取得营业执照等合法主体资格。企业法人、合伙企业、个人独资企业、个体工商户、农民专业合作组织等，以营业执照载明的主体作为申请人。

2. 食品类别　申请食品生产许可，应当按照以下食品类别提出：粮食加工品，食用油、油脂及其制品，调味品，肉制品，乳制品，饮料，方便食品，饼干，罐头，冷冻饮品，速冻食品，薯类和膨化食品，糖果制品，茶叶及相关制品，酒类，蔬菜制品，水果制品，炒货食品及坚果制品，蛋制品，可可及焙烤咖啡产品，食糖，水产制品，淀粉及淀粉制品，糕点，豆制品，蜂产品，保健食品，特殊医学用途配方食品，婴幼儿配方食品，特殊膳食食品，其他食品等。具体见《食品生产许可分类目录》。

3. 申请食品生产许可的条件　①具有与生产的食品品种、数量相适应的食品原料处理和食品加工、包装、贮存等场所，保持该场所环境整洁，并与有毒、有害场所以及其他污染源保持规定的距离；②具有与生产的食品品种、数量相适应的生产设备或者设施，有相应的消毒、更衣、盥洗、采光、照明、通风、防腐、防尘、防蝇、防鼠、防虫、洗涤以及处理废水、存放垃圾和废弃物的设备或者设施；保健食品生产工艺有原料提取、纯化等前处理工序的，需要具备与生产的品种、数量相适应的原料前处理设备或者设施；③有专职或者兼职的食品安全专业技术人员、食品安全管理人员和保证食品安全的规章制度；④具有合理的设备布局和工艺流程，防止待加工食品与直接入口食品、原料与成品交叉污染，避免食品接触有毒物、不洁物；⑤法律、法规规定的其他条件。

4. 食品添加剂生产许可　从事食品添加剂生产活动，应当依法取得食品添加剂生产许可。申请食品添加剂生产许可，应当具备与所生产食品添加剂品种相适应的场所、生产设备或者设施、食品安全管理人员、专业技术人员和管理制度。

（二）受理

县级以上地方市场监督管理部门对申请人提出的食品生产许可申请，应当根据情况分别作出处理。县级以上地方市场监督管理部门对申请人提出的申请决定予以受理的，应当出具受理通知书；决定不予受理的，应当出具不予受理通知书，说明不予受理的理由，并告知申请人依法享有申请行政复议或者提起行政诉讼的权利。

三、审查与决定

（一）审查

县级以上地方市场监督管理部门应当对申请人提交的申请材料进行审查。需要对申请材料的实质内容进行核实的，应当进行现场核查。

1. 提供合格报告的许可类型和检验报告的来源　市场监督管理部门开展食品生产许可现场核查时，应当按照申请材料进行核查。对首次申请许可或者增加食品类别的变更许可的，根据食品生产工艺流程等要求，核查试制食品的检验报告。开展食品添加剂生产许可现场核查时，可以根据食品添加剂品种特点，核查试制食品添加剂的检验报告和复配食品添加剂配方等。试制食品检验可以由生产者自行检验，或者委托有资质的食品检验机构检验。

2. 现场核查的进行　现场核查应当由食品安全监管人员进行，根据需要可以聘请专业技术人员作为核查人员参加现场核查。核查人员不得少于2人。核查人员应当出示有效证件，填写食品生产许可现场核查表，制作现场核查记录，经申请人核对无误后，由核查人员和申请人在核查表和记录上签名或者盖章。

申请保健食品、特殊医学用途配方食品、婴幼儿配方乳粉生产许可，在产品注册或者产品配方注册时经过现场核查的项目，可以不再重复进行现场核查。

3. 现场核查的时限　核查人员应当自接受现场核查任务之日起5个工作日内，完成对生产场所的现场核查。

（二）决定

1. 许可决定作出时限　除可以当场作出行政许可决定的外，县级以上地方市场监督管理部门应当自受理申请之日起10个工作日内作出是否准予行政许可的决定。因特殊原因需要延长期限的，经本行政机关负责人批准，可以延长 5 个工作日，并应当将延长期限的理由告知申请人。

2. 发证时限　县级以上地方市场监督管理部门应当根据申请材料审查和现场核查等情况，对符合条件的，作出准予生产许可的决定，并自作出决定之日起 5 个工作日内向申请人颁发食品生产许可证；对不符合条件的，应当及时作出不予许可的书面决定并说明理由，同时告知申请人依法享有申请行政复议或者提起行政诉讼的权利。

四、许可证管理

1. 食品生产许可证的形式和效力　食品生产许可证分为正本、副本。正本、副本具有同等法律效力。食品生产许可证发证日期为许可决定作出的日期，有效期为 5 年。市场监督管理部门制作的食品生产许可电子证书与纸制的食品生产许可证书具有同等法律效力。

2. 食品生产许可证的内容　食品生产许可证书中不再记载日常监督管理机构、日常监督管理人员、投诉举报电话、签发人、外设仓库信息，同时删除有关日常监督管理人员的相关内容。食品生产许可证应当载明：生产者名称、社会信用代码、法定代表人（负责人）、住所、生产地址、食品类别、许可证编号、有效期、发证机关、发证日期和二维码。副本还应当载明食品明细。生产保健食品、特殊医学用途配方食品、婴幼儿配方食品的，还应当载明产品或者产品配方的注册号或者备案登记号；接受委托生产保健食品的，还应当载明委托企业名称及住所等相关信息。

3. 食品生产许可证的保管使用　食品生产者应当妥善保管食品生产许可证，不得伪造、涂改、倒卖、出租、出借、转让。食品生产者应当在生产场所的显著位置悬挂或者摆放食品生产许可证正本。

五、变更、延续与注销

（一）变更

1. 变更申请　食品生产许可证有效期内，食品生产者名称、现有设备布局和工艺流程、主要生产设备设施、食品类别等事项发生变化，需要变更食品生产许可证载明的许可事项的，食品生产者应当在变化后 10 个工作日内向原发证的市场监督管理部门提出变更申请。

食品生产者的生产场所迁址的，应当重新申请食品生产许可。食品生产许可证副本载明的同一食品类别内的事项发生变化的，食品生产者应当在变化后 10 个工作日内向原发证的市场监督管理部门报告。食品生产者的生产条件发生变化，不再符合食品生产要求，需要重新办理许可手续的，应当依法办理。

2. 准予变更　市场监督管理部门决定准予变更的，应当向申请人颁发新的食品生产许可证。食品生产许可证编号不变，发证日期为市场监督管理部门作出变更许可决定的日期，有效期与原证书一致。但是，对因迁址等原因而进行全面现场核查的，其换发的食品生产许可证有效期自发证之日起计算。

（二）延续

1. 延续申请　食品生产者需要延续依法取得的食品生产许可的有效期的，应当在该食品生产许可有效期届满 30 个工作日前，向原发证的市场监督管理部门提出申请。

2. 材料审查　县级以上地方市场监督管理部门应当对变更或者延续食品生产许可的申请材料进行审查，并按照规定实施现场核查。

3. 作出决定　县级以上地方市场监督管理部门应当根据被许可人的延续申请，在该食品生产许可有效期届满前作出是否准予延续的决定。市场监督管理部门决定准予延续的，应当向申请人颁发新的食品生产许可证，许可证编号不变，有效期自市场监督管理部门作出延续许可决定之日起计算。不符合许可条件的，市场监督管理部门应当作出不予延续食品生产许可的书面决定，并说明理由。

（三）注销

食品生产者终止食品生产，食品生产许可被撤回、撤销，应当在 20 个工作日内向原发证的市场监督管理部门申请办理注销手续。食品生产者申请注销食品生产许可的，应当向原发证的市场监督管理部门提交食品生产许可注销申请书。食品生产许可被注销的，许可证编号不得再次使用。

六、法律责任

1. 未取得食品生产许可从事食品生产活动　违反《食品安全法》规定，未取得食品生产经营许可从事食品生产经营活动，或者未取得食品添加剂生产许可从事食品添加剂生产活动的，由县级以上人民政府食品安全监督管理部门没收违法所得和违法生产经营的食品、食品添加剂以及用于违法生产经营的工具、设备、原料等物品；违法生产经营的食品、食品添加剂货值金额不足 1 万元的，并处 5 万元以上 10 万元以下罚款；货值金额 1 万元以上的，并处货值金额 10 倍以上 20 倍以下罚款。

明知从事前述规定的违法行为，仍为其提供生产经营场所或者其他条件的，由县级以上人民政府食品安全监督管理部门责令停止违法行为，没收违法所得，并处 5 万元以上 10 万元以下罚款；使消费者的合法权益受到损害的，应当与食品、食品添加剂生产经营者承担连带责任。

2. 生产的食品不属于食品生产许可证载明的食品类别　食品生产者生产的食品不属于食品生产许可证上载明的食品类别的，视为未取得食品生产许可从事食品生产活动。

3. 未按照规定申请变更加大处罚力度　食品生产许可证有效期内，食品生产者名称、现有设备布局和工艺流程、主要生产设备设施等事项发生变化，需要变更食品生产许可证载明的许可事项，未按规定申请变更的，由原发证的市场监督管理部门责令改正，给予警告；拒不改正的，处 1 万元以上 3 万元以下罚款。

4. 增加对相关从业人员的处罚　与《食品安全法实施条例》相融合，食品生产者违反《食品生产许可管理办法》规定，有《食品安全法实施条例》第七十五条第一款规定的情形的，依法对单位的法定代表人、主要负责人、直接负责的主管人员和其他直接责任人员给予处罚。被吊销生产许可证的食品生产者及其法定代表人、直接负责的主管人员和其他直接责任人员自处罚决定作出之日起 5 年内不得申请食品生产经营许可，或者从事食品生产经营管理工作、担任食品生产经营企业食品安全管理人员。

第三节　食品生产许可审查通则

PPT

一、概述

（一）立法情况

2016 年 8 月 9 日，国家食品药品监管总局发布了《食品生产许可审查通则》。2022 年 10 月 8 日，国家市场监管总局发布修订后的《食品生产许可审查通则》（2022 年版），自 2022 年 11 月 1 日起施行。

（二）修订思路与变化

《食品生产许可审查通则》贯彻党中央、国务院"放管服""证照分离"的改革要求，简化许可申请材料，优化了食品生产许可工作流程。采纳地方食品生产许可工作经验做法，统一许可审查标准，规范全国食品生产许可审查工作，增强了《食品生产许可审查通则》的科学性和可操作性。

《食品生产许可审查通则》依据新修订的《食品安全法》及其实施条例、《食品生产许可管理办法》

和相关国家标准，修订了 2016 年版中与之不一致的内容，使食品生产许可审查工作要求与《食品生产许可管理办法》衔接一致。《食品生产许可审查通则》调整许可实施主体及适用范围、调整申请材料符合性的审查要求、规范核查人员组成及职责、明确新食品品种的审查要求、调整审查环节时限、明确现场核查要求、加强与特殊食品审查要求的衔接。

> ### 知识链接
>
> #### "放管服"改革
>
> 　　2021 年 8 月 11 日，中共中央、国务院印发了《法治政府建设实施纲要（2021—2025 年)》，对深入推进"放管服"改革提出要求。坚决防止以备案、登记、行政确认、征求意见等方式变相设置行政许可事项。大力归并减少各类资质资格许可事项，降低准入门槛。推动政府管理依法进行，把更多行政资源从事前审批转到事中事后监管上来。健全以"双随机、一公开"监管和"互联网＋监管"为基本手段、以重点监管为补充、以信用监管为基础的新型监管机制。加快建设服务型政府，提高政务服务效能。完善首问负责、一次告知、一窗受理、自助办理等制度。
>
> 　　法治政府建设是全面依法治国的重点任务和主体工程，是推进国家治理体系和治理能力现代化的重要支撑。

（三）适用范围

《食品生产许可审查通则》应当与相应的食品生产许可审查细则结合使用。法律、法规、规章和标准对食品生产许可审查有特别规定的，还应当遵守其规定。

食品生产许可审查包括申请材料审查和现场核查。申请材料审查应当审查申请材料的完整性、规范性、符合性；现场核查应当审查申请材料与实际状况的一致性、生产条件的符合性。

对未列入《食品生产许可分类目录》和无审查细则的食品品种，县级以上地方市场监督管理部门应当依据《食品生产许可管理办法》和通则的相关要求，结合类似食品的审查细则和产品执行标准制定审查方案（婴幼儿配方食品、特殊医学用途配方食品除外），实施食品生产许可审查。

二、申请材料审查

（一）材料审查

申请人应当具有申请食品生产许可的主体资格。申请材料应当符合《食品生产许可管理办法》规定，以电子或纸质方式提交。申请人应当对申请材料的真实性负责。符合法定要求的电子申请材料、电子证照、电子印章、电子签名、电子档案与纸质申请材料、纸质证照、实物印章、手写签名或者盖章、纸质档案具有同等法律效力。

申请食品生产许可的申请材料应当按照完整性、规范性、符合性的要求进行审查。

（二）变更食品生产许可申请材料的审查

变更食品生产许可的申请材料应当按照以下要求审查。

（1）申请材料符合《食品生产许可管理办法》要求。

（2）申请变更的事项属于通则规定的变更范畴。

（3）涉及变更事项的申请材料符合通则关于规范性及符合性的要求。

（三）延续食品生产许可申请材料的审查

申请人依法申请延续食品生产许可的，延续食品生产许可的申请材料应当按照以下要求审查。

（1）申请材料符合《食品生产许可管理办法》要求。

（2）涉及延续事项的申请材料符合《食品生产许可审查通则》关于规范性及符合性的要求。

审批部门对申请人提交的食品生产申请材料审查，符合有关要求不需要现场核查的，应当按规定程序作出行政许可决定。对需要现场核查的，应当及时作出现场核查的决定，并组织现场核查。

三、现场核查

（一）应当组织现场核查的情形

（1）应当按照申请食品生产许可要求审查的：①非因不可抗力原因，食品生产许可证有效期届满后提出食品生产许可申请的；②生产场所迁址，重新申请食品生产许可的；③生产条件发生重大变化，需要重新申请食品生产许可的。

（2）属于变更食品生产许可情形第1～5项，可能影响食品安全的。

（3）属于延续食品生产许可情形的，申请人声明生产条件或周边环境发生变化，可能影响食品安全的。

（4）需要对申请材料内容、食品类别、与相关审查细则及执行标准要求相符情况进行核实的。

（5）因食品安全国家标准发生重大变化，国家和省级市场监督管理部门决定组织重新核查的。

（6）法律、法规和规章规定需要实施现场核查的其他情形。

（二）可不再进行现场核查情形

（1）特殊食品注册时已完成现场核查的（注册现场核查后生产条件发生变化的除外）。

（2）申请延续换证，申请人声明生产条件未发生变化的。

（三）实施现场核查

1. 核查组及其人员　核查组由食品安全监管人员组成，根据需要可以聘请专业技术人员作为核查人员参加现场核查。核查人员应当具备满足现场核查工作要求的素质和能力，与申请人存在直接利害关系或者其他可能影响现场核查公正情形的，应当回避。核查组中食品安全监管人员不得少于2人，实行组长负责制。

2. 现场核查前　核查组进入申请人生产场所实施现场核查前，应当召开首次会议。核查组长向申请人介绍核查组成员及核查目的、依据、内容、程序、安排和要求等，并代表核查组作出保密承诺和廉洁自律声明。

3. 实施现场核查　核查组应当依据《食品、食品添加剂生产许可现场核查评分记录表》所列核查项目，采取核查场所及设备、查阅文件、核实材料及询问相关人员等方法实施现场核查。现场核查应当按照食品的类别分别核查、评分。

4. 计分、判定核查结果　现场核查对每个项目按照符合要求、基本符合要求、不符合要求3个等级判定得分，全部核查项目的总分为100分。某个核查项目不适用时，不参与评分，在"核查记录"栏目中说明不适用的原因。

现场核查结果以得分率进行判定。参与评分项目的实际得分占参与评分项目应得总分的百分比作为得分率。核查项目单项得分无0分项且总得分率≥85%的，该类别名称及品种明细判定为通过现场核查；核查项目单项得分有0分项或者总得分率＜85%的，该类别名称及品种明细判定为未通过现场核查。

5. 初步核查意见　根据现场核查情况，核查组长应当召集核查人员共同研究各自负责核查项目的得分，汇总核查情况，形成初步核查意见。核查组应当就初步核查意见向申请人的法定代表人（负责人）通报，并听取其意见。

6. 形成核查结论、完成现场核查　核查组对初步核查意见和申请人的反馈意见会商后，应当根据不同类别名称的食品现场核查情况分别评分判定，形成核查结论，并汇总填写《食品、食品添加剂生产许可现场核查报告》。核查组应当自接受现场核查任务之日起 5 个工作日内完成现场核查，并将《食品、食品添加剂生产许可核查材料清单》所列的相关材料上报委派其实施现场核查的市场监督管理部门。

四、审查结果与整改

（一）许可决定

审批部门应当根据申请材料审查和现场核查等情况，对符合条件的，作出准予食品生产许可的决定，颁发食品生产许可证；对不符合条件的，应当及时作出不予许可的书面决定并说明理由，同时告知申请人依法享有申请行政复议或者提起行政诉讼的权利。

（二）整改

现场核查结论判定为通过的，申请人应当自作出现场核查结论之日起 1 个月内完成对现场核查中发现问题的整改，并将整改结果向其日常监管部门书面报告。

（三）日常监管部门监督检查

申请人的日常监管部门应当在申请人取得食品生产许可后 3 个月内对获证企业开展一次监督检查。对已实施现场核查的企业，重点检查现场核查中发现问题的整改情况；对申请人声明生产条件未发生变化的延续换证企业，重点检查生产条件保持情况。

第四节　食品经营许可和备案管理办法

PPT

一、概述

（一）立法情况

2015 年 8 月 31 日，国家食品药品监督管理总局发布了《食品经营许可管理办法》，2017 年对其中的部分条款予以了修改。2023 年 6 月 15 日，国家市场监督管理总局发布了《食品经营许可和备案管理办法》，自 2023 年 12 月 1 日起施行。

新修订的《食品安全法实施条例》规定承包经营集中用餐单位食堂的，应当依法取得食品经营许可。2021 年食品安全法修改后，将"仅销售预包装食品"由许可管理改为备案管理，通过及时修订食品经营许可管理办法，将名称更改为《食品经营许可和备案管理办法》，进一步完善食品经营许可制度，解决基层日常许可工作面临的困惑和瓶颈，满足食品经营新形势对食品经营许可管理提出的更高要求。

（二）适用范围

食品经营许可的申请、受理、审查、决定，仅销售预包装食品（含保健食品、特殊医学用途配方食品、婴幼儿配方乳粉以及其他婴幼儿配方食品等特殊食品）的备案，以及相关监督检查工作，适用《食品经营许可和备案管理办法》。

二、食品经营备案

（一）备案范围

仅销售预包装食品的，应当报所在地县级以上地方市场监督管理部门备案。仅销售预包装食品的食品经营者在办理备案后，增加其他应当取得食品经营许可的食品经营项目的，应当依法取得食品经营许可；取得食品经营许可之日起备案自行失效。

食品经营者已经取得食品经营许可，增加预包装食品销售的，不需要另行备案。已经取得食品生产许可的食品生产者在其生产加工场所或者通过网络销售其生产的预包装食品的，不需要另行备案。

医疗机构、药品零售企业销售特殊医学用途配方食品中的特定全营养配方食品不需要备案，但是向医疗机构、药品零售企业销售特定全营养配方食品的经营企业，应当取得食品经营许可或者进行备案。

（二）仅销售预包装食品备案

1. 备案主体资质要求　备案人应当取得营业执照等合法主体资格，并具备与销售的食品品种、数量等相适应的经营条件。

2. 申请备案　拟从事仅销售预包装食品活动的，在办理市场主体登记注册时，可以一并进行仅销售预包装食品备案，并提交仅销售预包装食品备案信息采集表。已经取得合法主体资格的备案人从事仅销售预包装食品活动的，应当在开展销售活动之日起 5 个工作日内向县级以上地方市场监督管理部门提交备案信息材料。材料齐全的，获得备案编号。利用自动设备仅销售预包装食品的，备案人应当提交每台设备的具体放置地点、备案编号的展示方法、食品安全风险管控方案等材料。

3. 备案信息公示　县级以上地方市场监督管理部门应当在备案后 5 个工作日内将经营者名称、经营场所、经营种类、备案编号等相关备案信息向社会公开。

三、食品经营许可

（一）办理食品经营许可的范围

在中华人民共和国境内从事食品销售和餐饮服务活动，应当依法取得食品经营许可。下列情形不需要取得食品经营许可：①销售食用农产品；②仅销售预包装食品；③医疗机构、药品零售企业销售特殊医学用途配方食品中的特定全营养配方食品；④已经取得食品生产许可的食品生产者，在其生产加工场所或者通过网络销售其生产的食品；⑤法律、法规规定的其他不需要取得食品经营许可的情形。除上述情形外，还开展其他食品经营项目的，应当依法取得食品经营许可。

（二）办理食品经营许可的要求

1. 主体资质要求　申请食品经营许可，应当先行取得营业执照等合法主体资格。企业法人、合伙企业、个人独资企业、个体工商户等，以营业执照载明的主体作为申请人。机关、事业单位、社会团体、民办非企业单位、企业等申办食堂，以机关或者事业单位法人登记证、社会团体登记证或者营业执照等载明的主体作为申请人。

2. 分类提出　申请食品经营许可，应当按照食品经营主体业态和经营项目分类提出。《食品经营许可和备案管理办法》将食品经营项目分为食品销售、餐饮服务、食品经营管理三类。在食品经营项目中单独设立食品经营管理类，并明确食品经营管理包括食品销售连锁管理、餐饮服务连锁管理、餐饮服务管理等；在餐饮服务类中增加半成品制售项目，删除糕点类食品制售，将其按照加工工艺分别归入热食类食品制售和冷食类食品制售的范畴。《食品经营许可和备案管理办法》增加"利用自动设备从事食品经营的，学校、托幼机构食堂，应当在主体业态后以括号标注"的要求。

3. 食品经营许可条件 ①具有与经营的食品品种、数量相适应的食品原料处理和食品加工、销售、贮存等场所，保持该场所环境整洁，并与有毒、有害场所以及其他污染源保持规定的距离；②具有与经营的食品品种、数量相适应的经营设备或者设施，有相应的消毒、更衣、盥洗、采光、照明、通风、防腐、防尘、防蝇、防鼠、防虫、洗涤以及处理废水、存放垃圾和废弃物的设备或者设施；③有专职或者兼职的食品安全总监、食品安全员等食品安全管理人员和保证食品安全的规章制度；④具有合理的设备布局和工艺流程，防止待加工食品与直接入口食品、原料与成品交叉污染，避免食品接触有毒物、不洁物；⑤食品安全相关法律、法规规定的其他条件。

从事食品经营管理的，应当具备与其经营规模相适应的食品安全管理能力，建立健全食品安全管理制度，并按照规定配备食品安全管理人员，对其经营管理的食品安全负责。

4. 聚焦企业反映的堵点、难点问题 食品经营者从事解冻、简单加热、冲调、组合、摆盘、洗切等食品安全风险较低的简单制售的，县级以上地方市场监督管理部门在保证食品安全的前提下，可以适当简化设备设施、专门区域等审查内容。从事生食类食品、冷加工糕点、冷荤类食品等高风险食品制售的不适用前述规定。

5. 调整有关许可事项为报告事项 食品经营者从事网络经营的，外设仓库（包括自有和租赁）的，或者集体用餐配送单位向学校、托幼机构供餐的，应当在开展相关经营活动之日起10个工作日内向所在地县级以上地方市场监督管理部门报告，并在食品经营许可和备案管理信息平台中记录报告情况。同时，《食品经营许可和备案管理办法》第三十条明确了六种情形发生变化，应当报告。

6. 简化食品经营许可程序 申请食品经营许可时，不再要求申请人提交食品安全规章制度，代之以食品安全规章制度目录清单。对营业执照或者其他主体资格证明等文件，行政机关能实现网上核验的，不再要求申请人提供复印件。食品经营许可申请包含预包装食品销售的，对其中的预包装食品销售项目不需要进行现场核查。申请变更、延续许可（限经营条件未发生变化，经营项目减项或未发生变化的），可以免除现场核查，申请材料齐全、符合法定形式的，当场作出行政许可决定。食品经营者需要延续依法取得的食品经营许可有效期的，应当在该食品经营许可有效期届满前90～15个工作日期间，向原发证的市场监督管理部门提出申请。在食品经营许可有效期届满前15个工作日内提出延续许可申请的，原食品经营许可有效期届满后，食品经营者应当暂停食品经营活动，原发证的市场监督管理部门作出准予延续的决定后，方可继续开展食品经营活动。

7. 压缩食品经营许可办理时限 县级以上地方市场监督管理部门应当自受理申请之日起10个工作日内作出是否准予行政许可的决定。因特殊原因需要延长期限的，经市场监督管理部门负责人批准，可以延长5个工作日，并应当将延长期限的理由告知申请人。鼓励有条件的地方市场监督管理部门优化许可工作流程，压减现场核查、许可决定等工作时限。将许可法定时限从原定的至多30个工作日压缩至至多15个工作日。

案例评析

四、法律责任

（一）未取得食品经营许可从事食品经营活动的法律责任

未取得食品经营许可从事食品经营活动的，由县级以上地方市场监督管理部门依照《食品安全法》第一百二十二条的规定给予处罚。

（二）科学细化食品经营许可证变更的法律责任

食品经营许可证载明的主体业态、经营项目等许可事项发生变化，食品经营者未按照规定申请变更的，由县级以上地方市场监督管理部门依照《食品安全法》一百二十二条的规定给予处罚。但是，有《食品经营许可和备案管理办法》五十二条第三款规定情形之一，依照《行政处罚法》第三十二条、第三十三条的规定从轻、减轻或者不予行政处罚。

食品经营许可证载明的除许可事项以外的其他事项发生变化，食品经营者未按照规定申请变更的，由县级以上地方市场监督管理部门责令限期改正；逾期不改的，处 1000 元以上 1 万元以下罚款。

（三）违反备案管理的法律责任

未按照规定提交备案信息或者备案信息发生变化未按照规定进行备案信息更新的，由县级以上地方市场监督管理部门责令限期改正；逾期不改的，处 2000 元以上 1 万元以下罚款。备案时提供虚假信息的，由县级以上地方市场监督管理部门取消备案，处 5000 元以上 3 万元以下罚款。

（四）对相关从业人员的处罚

被吊销食品经营许可证的食品经营者及其法定代表人、直接负责的主管人员和其他直接责任人员自处罚决定作出之日起 5 年内不得申请食品生产经营许可，或者从事食品生产经营管理工作，担任食品生产经营企业食品安全管理人员。

（五）设定仅销售预包装食品违法行为法律责任

未按照规定提交备案信息或者备案信息发生变化未按照规定进行备案信息更新的，由县级以上地方市场监督管理部门责令限期改正；逾期不改的，处 2000 元以上 1 万元以下罚款。备案时提供虚假信息的，由县级以上地方市场监督管理部门取消备案，处 5000 元以上 3 万元以下罚款。

（六）强化柔性执法手段使用

把责令限期改正作为主要处罚手段，对可以改正的违法行为，多采用责令限期改正的柔性处罚手段。例如，食品经营许可证载明的除许可事项以外的其他事项发生变化，食品经营者未按照规定申请变更的，由县级以上地方市场监督管理部门责令限期改正；逾期不改的，处 1000 元以上 1 万元以下罚款。

第五节　食品召回管理办法

PPT

2015 年 3 月 11 日，国家食品药品监督管理总局公布了《食品召回管理办法》。2020 年 10 月 23 日，国家市场监督管理总局发布修订后的《食品召回管理办法》。

一、概述

（一）适用范围

在中华人民共和国境内，不安全食品的停止生产经营、召回和处置及其监督管理，适用《食品召回管理办法》。《食品召回管理办法》适用于食品、食品添加剂和保健食品。食品生产经营者对进入批发、零售市场或者生产加工企业后的食用农产品的停止经营、召回和处置，参照《食品召回管理办法》执行。

（二）概念

1. 召回　是指食品生产者按照规定程序，对由其生产原因造成的某一批次或类别的不安全食品，通过换货、退货、补充或修正消费说明、标识等方式，及时消除或减少食品安全危害的活动。

2. 不安全食品　是指食品安全法律法规规定禁止生产经营的食品以及其他有证据证明可能危害人体健康的食品。

（三）食品生产经营者的基本义务

食品生产经营者应当依法承担食品安全第一责任人的义务，建立健全相关管理制度，收集、分析食品安全信息，依法履行不安全食品的停止生产经营、召回和处置义务。

二、停止生产经营

（一）食品生产经营者

食品生产经营者发现其生产经营的食品属于不安全食品的，应当立即停止生产经营，采取通知或者公告的方式告知相关食品生产经营者停止生产经营、消费者停止食用，并采取必要的措施防控食品安全风险。食品生产经营者未依法停止生产经营不安全食品的，县级以上市场监督管理部门可以责令其停止生产经营不安全食品。

食品生产经营者生产经营的不安全食品未销售给消费者，尚处于其他生产经营者控制中的，食品生产经营者应当立即追回不安全食品，并采取必要措施消除风险。

（二）网络食品交易第三方平台提供者

网络食品交易第三方平台提供者发现网络食品经营者经营的食品属于不安全食品的，应当依法采取停止网络交易平台服务等措施，确保网络食品经营者停止经营不安全食品。

（三）其他主体

食品集中交易市场的开办者、食品经营柜台的出租者、食品展销会的举办者发现食品经营者经营的食品属于不安全食品的，应当及时采取有效措施，确保相关经营者停止经营不安全食品。

三、召　回

（一）召回方式

食品生产者通过自检自查、公众投诉举报、经营者和监督管理部门告知等方式知悉其生产经营的食品属于不安全食品的，应当主动召回。食品生产者应当主动召回不安全食品而没有主动召回的，县级以上市场监督管理部门可以责令其召回。

（二）召回级别

1. 一级召回　食用后已经或者可能导致严重健康损害甚至死亡的，食品生产者应当在知悉食品安全风险后 24 小时内启动召回，并向县级以上地方市场监督管理部门报告召回计划。

2. 二级召回　食用后已经或者可能导致一般健康损害，食品生产者应当在知悉食品安全风险后 48 小时内启动召回，并向县级以上地方市场监督管理部门报告召回计划。

3. 三级召回　标签、标识存在虚假标注的食品，食品生产者应当在知悉食品安全风险后 72 小时内启动召回，并向县级以上地方市场监督管理部门报告召回计划。标签、标识存在瑕疵，食用后不会造成健康损害的食品，食品生产者应当改正，可以自愿召回。

（三）召回计划

食品生产者应当按照召回计划召回不安全食品。县级以上地方市场监督管理部门收到食品生产者的召回计划后，必要时可以组织专家对召回计划进行评估。评估结论认为召回计划应当修改的，食品生产者应当立即修改，并按照修改后的召回计划实施召回。

（四）完成召回

实施一级召回的，食品生产者应当自公告发布之日起 10 个工作日内完成召回工作。实施二级召回的，食品生产者应当自公告发布之日起 20 个工作日内完成召回工作。实施三级召回的，食品生产者应当自公告发布之日起 30 个工作日内完成召回工作。情况复杂的，经县级以上地方市场监督管理部门同意，食品生产者可以适当延长召回时间并公布。

（五）食品经营者

食品经营者知悉食品生产者召回不安全食品后，应当立即采取停止购进、销售，封存不安全食品，在经营场所醒目位置张贴生产者发布的召回公告等措施，配合食品生产者开展召回工作。

食品经营者对因自身原因所导致的不安全食品，应当根据法律法规的规定在其经营的范围内主动召回。食品经营者召回不安全食品应当告知供货商。供货商应当及时告知生产者。食品经营者在召回通知或者公告中应当特别注明系其自身的原因导致食品出现不安全问题。因生产者无法确定、破产等原因无法召回不安全食品的，食品经营者应当在其经营的范围内主动召回不安全食品。

四、处置

食品生产经营者应当依据法律法规的规定，对因停止生产经营、召回等原因退出市场的不安全食品采取补救、无害化处理、销毁等处置措施。食品生产经营者未依法处置不安全食品的，县级以上地方市场监督管理部门可以责令其依法处置不安全食品。食品生产经营者对不安全食品处置方式不能确定的，应当组织相关专家进行评估，并根据评估意见进行处置。

1. 就地销毁　对违法添加非食用物质、腐败变质、病死畜禽等严重危害人体健康和生命安全的不安全食品，食品生产经营者应当立即就地销毁。不具备就地销毁条件的，可由不安全食品生产经营者集中销毁处理。食品生产经营者在集中销毁处理前，应当向县级以上地方市场监督管理部门报告。

2. 标签、标识等不符合食品安全标准的召回　对因标签、标识等不符合食品安全标准而被召回的食品，食品生产者可以在采取补救措施且能保证食品安全的情况下继续销售，销售时应当向消费者明示补救措施。

五、监督管理与法律责任

（一）监督管理

1. 现场监督检查　县级以上地方市场监督管理部门可以对食品生产经营者停止生产经营、召回和处置不安全食品情况进行现场监督检查。

2. 报告义务　食品生产经营者停止生产经营、召回和处置的不安全食品存在较大风险的，应当在停止生产经营、召回和处置不安全食品结束后 5 个工作日内向县级以上地方市场监督管理部门书面报告情况。县级以上地方市场监督管理部门可以要求食品生产经营者定期或者不定期报告不安全食品停止生产经营、召回和处置情况。

3. 报告评价　县级以上地方市场监督管理部门可以对食品生产经营者提交的不安全食品停止生产经营、召回和处置报告进行评价。评价结论认为食品生产经营者采取的措施不足以控制食品安全风险的，县级以上地方市场监督管理部门应当责令食品生产经营者采取更为有效的措施停止生产经营、召回和处置不安全食品。

（二）法律责任

（1）食品生产经营者不立即停止生产经营、不主动召回、不按规定时限启动召回、不按照召回计划召回不安全食品或者不按照规定处置不安全食品的，由市场监督管理部门给予警告，并处1万元以上3万元以下罚款。

（2）食品经营者不配合食品生产者召回不安全食品的，由市场监督管理部门给予警告，并处5000元以上3万元以下罚款。

（3）食品生产经营者未按规定履行相关报告义务的，由市场监督管理部门责令改正，给予警告；拒不改正的，处2000元以上2万元以下罚款。

（4）市场监督管理部门责令食品生产经营者依法处置不安全食品，食品生产经营者拒绝或者拖延履行的，由市场监督管理部门给予警告，并处2万元以上3万元以下罚款。

（5）食品生产经营者未按规定记录保存不安全食品停止生产经营、召回和处置情况的，由市场监督管理部门责令改正，给予警告；拒不改正的，处2000元以上2万元以下罚款。

食品生产经营者停止生产经营、召回和处置不安全食品，不免除其依法应当承担的其他法律责任。

食品生产经营者主动采取停止生产经营、召回和处置不安全食品措施，消除或者减轻危害后果的，依法从轻或者减轻处罚；违法情节轻微并及时纠正，没有造成危害后果的，不予行政处罚。

第六节　网络食品安全违法行为查处办法

PPT

情境导入

情景　近些年，由于电子商务的快速发展和广泛应用，网购越来越成为很多消费者生活中不可或缺的一部分，网购的优越性使网购食品也越来越受到人们的青睐。人们可以更方便快捷地购买到物美价廉的食品，网购可以使人们足不出户就可以品尝到全球的美食。只要鼠标轻轻一点，不管是北京的烤鸭还是阳澄湖的大闸蟹，甚至是智利的车厘子、菲律宾的香蕉，通通可以坐等专人送货上门。但是，有时我们通过图片、视频、直播看到的食品，跟我们收到的食品可能有差距，甚至存在食品安全问题。

思考　1. 当我们在网购过程中遇到食品安全问题，应该怎么维护自己的权益？

　　　　2. 对入网食品生产经营者食品安全违法行为的查处，你认为是由平台所在地市场监管部门还是入网食品生产经营者所在地市场监管部门进行管辖？

为贯彻落实《食品安全法》，规范网络食品交易行为，保证网络食品安全，2016年7月13日国家食品药品监督管理总局令第27号公布《网络食品安全违法行为查处办法》，自2016年10月1日起施行。2021年4月2日《国家市场监督管理总局关于废止和修改部分规章的决定》（国家市场监督管理总局令第38号）对其进行修改，自2021年6月1日起施行。

一、立法情况

随着我国电子商务经济的迅猛发展，网络食品安全与人民群众日常生活日益密切，越来越成为食品安全监管关注的焦点。首先，参与网络食品经营的主体越来越多。同一个主体，同时开展线下和线上交易的现象越来越普遍，趋势越来越明显。其次，网络食品经营法律关系相对复杂，涉及信息发布、第三方平台、线上线下结算、第三方配送等，民事法律关系更加复杂。此外，网络食品经营监管难度更大。由于网络食品经营具有虚拟性和跨地域特点，给行政管辖、案件调查、证据固定、处罚执行、消费者权益保护等带来很大挑战。

二、适用范围

在中华人民共和国境内网络食品交易第三方平台提供者以及通过第三方平台或者自建的网站进行交易的食品生产经营者（以下简称入网食品生产经营者）违反食品安全法律、法规、规章或者食品安全标准行为的查处，适用本办法。

三、内容解读

（一）强化了网络食品交易第三方平台提供者的义务

《网络食品安全违法行为查处办法》第八～十四条规定了网络食品交易第三方平台提供者和通过自建网站交易的食品生产经营者的义务。

1. 备案 网络食品交易第三方平台提供者应当在通信主管部门批准后30个工作日内，向所在地省级市场监督管理部门备案，取得备案号。

2. 保障数据和资料的可靠性与安全性 网络食品交易第三方平台提供者和通过自建网站交易的食品生产经营者应当具备数据备份、故障恢复等技术条件，保障网络食品交易数据和资料的可靠性与安全性。

3. 建立审查登记等制度 网络食品交易第三方平台提供者应当建立入网食品生产经营者审查登记、食品安全自查、食品安全违法行为制止及报告、严重违法行为平台服务停止、食品安全投诉举报处理等制度，并在网络平台上公开。

4. 审查许可证 网络食品交易第三方平台提供者应当对入网食品生产经营者食品生产经营许可证、入网食品添加剂生产企业生产许可证等材料进行审查，如实记录并及时更新。

5. 建立入网食品生产经营者档案 网络食品交易第三方平台提供者应当建立入网食品生产经营者档案，记录入网食品生产经营者的基本情况、食品安全管理人员等信息。

6. 记录、保存食品交易信息 网络食品交易第三方平台提供者和通过自建网站交易食品的生产经营者应当记录、保存食品交易信息，保存时间不得少于产品保质期满后6个月；没有明确保质期的，保存时间不得少于2年。

7. 食品安全管理机构或人员 网络食品交易第三方平台提供者应当设置专门的网络食品安全管理机构或者指定专职食品安全管理人员，对平台上的食品经营行为及信息进行检查。

8. 违法行为的制止与报告 网络食品交易第三方平台提供者发现存在食品安全违法行为的，应当及时制止，并向所在地县级市场监督管理部门报告。

（二）细化了严重违法行为的具体情形

网络食品交易第三方平台提供者发现入网食品生产经营者有下列严重违法行为之一的，应当停止向其提供网络交易平台服务：①入网食品生产经营者因涉嫌食品安全犯罪被立案侦查或者提起公诉的；②入网食品生产经营者因食品安全相关犯罪被人民法院判处刑罚的；③入网食品生产经营者因食品安全违法行为被公安机关拘留或者给予其他治安管理处罚的；④入网食品生产经营者被市场监督管理部门依法作出吊销许可证、责令停产停业等处罚的。

（三）明确了违法行为的管辖部门

《网络食品安全违法行为查处办法》第二十一～二十三条，对违法行为的管辖部门作了规定。

（1）对网络食品交易第三方平台提供者食品安全违法行为的查处，由网络食品交易第三方平台提供者所在地县级以上地方市场监督管理部门管辖。

（2）对网络食品交易第三方平台提供者分支机构的食品安全违法行为的查处，由网络食品交易第三方平台提供者所在地或者分支机构所在地县级以上地方市场监督管理部门管辖。

（3）对入网食品生产经营者食品安全违法行为的查处，由入网食品生产经营者所在地或者生产经营场所所在地县级以上地方市场监督管理部门管辖。

（4）对应当取得食品生产经营许可而没有取得许可的违法行为的查处，由入网食品生产经营者所在地、实际生产经营地县级以上地方市场监督管理部门管辖。

（5）因网络食品交易引发食品安全事故或者其他严重危害后果的，也可以由网络食品安全违法行为发生地或者违法行为结果地的县级以上地方市场监督管理部门管辖。

（6）两个以上市场监督管理部门都有管辖权的网络食品安全违法案件，由最先立案查处的市场监督管理部门管辖，对管辖有争议的，由双方协商解决。协商不成的，报请共同的上一级市场监督管理部门指定管辖。

案例评析

（7）消费者因网络食品安全违法问题进行投诉举报的，由网络食品交易第三方平台提供者所在地、入网食品生产经营者所在地或者生产经营场所所在地等县级以上地方市场监督管理部门处理。

（四）强化调查处理职责

《网络食品安全违法行为查处办法》第二十四条规定，县级以上地方市场监督管理部门，对网络食品安全违法行为进行调查处理时，可以行使下列职权。

（1）进入当事人网络食品交易场所实施现场检查。

（2）对网络交易的食品进行抽样检验。

（3）询问有关当事人，调查其从事网络食品交易行为的相关情况。

（4）查阅、复制当事人的交易数据、合同、票据、账簿以及其他相关资料。

（5）调取网络交易的技术监测、记录资料。

（6）法律、法规规定可以采取的其他措施。

（五）责任约谈的情形

《网络食品安全违法行为查处办法》第二十七条规定，网络食品交易第三方平台提供者和入网食品生产经营者有下列情形之一的，县级以上市场监督管理部门可以对其法定代表人或者主要负责人进行责任约谈。

（1）发生食品安全问题，可能引发食品安全风险蔓延的。

（2）未及时妥善处理投诉举报的食品安全问题，可能存在食品安全隐患的。

（3）未及时采取有效措施排查、消除食品安全隐患，落实食品安全责任的。

（4）县级以上市场监督管理部门认为需要进行责任约谈的其他情形。

（六）强化法律责任

《网络食品安全违法行为查处办法》第三十七条规定，网络食品交易第三方平台提供者未履行相关义务，导致发生严重危害后果的，由县级以上地方市场监督管理部门依照《食品安全法》第一百三十一条的规定责令停业，并将相关情况移交通信主管部门处理。

（七）细化"严重后果"情形

（1）致人死亡或者造成严重人身伤害的。

（2）发生较大级别以上食品安全事故的。

（3）发生较为严重的食源性疾病的。

（4）侵犯消费者合法权益，造成严重不良社会影响等。

第七节　网络餐饮服务食品安全监督管理办法

PPT

情境导入

情景　李某在某网络外卖平台点购A小吃店餐品，共花费112.74元，其在就餐时发现案涉食物中有头发丝，且被食物中的芝士包裹、缠绕。李某即与A小吃店交涉，但没有得到赔偿，李某于是致电"12315"消费者热线投诉维权。后相关部门短信告知其商家拒赔，李某将A小吃店诉至法院。

法院认为，根据李某提交的证据显示，案涉食物上的头发丝系被食物中的芝士包裹、缠绕，且A小吃店提供的店员工作照片亦无法证明头发丝非食物制作过程中混入，综合本案现有证据并结合生活常识，李某主张头发丝为A小吃店制作案涉食物过程中混入，具有高度可能性。李某向A小吃店购买案涉食物，A小吃店有义务确保提供的食品安全、卫生。A小吃店提供给李某的食物中混有异物，具有污染性，不符合食品安全要求，故判决A小吃店应退还李某餐费112.74元并赔偿1000元。

思考　1. 如果你遇到了外卖食品中有头发丝的情况，会选择维权吗？

2. 如果要保证网络餐饮服务食品安全，要从哪些方面着手？

一、制定背景

随着我国互联网经济的迅猛发展，"互联网＋餐饮服务"等新兴业态快速增长。网络餐饮服务促进了餐饮业的发展，方便了人们的生活，但也存在一些问题，主要如下：①网络餐饮服务第三方平台责任落实不到位，对入网餐饮服务者审查把关不严；②部分入网餐饮服务提供者的食品安全意识不强、经营管理水平有限、经营条件较简陋，食品安全存在隐患；③与传统餐饮服务的一手交钱一手交货相比，网络餐饮服务由于经营主体和经营环节增加，涉及信息发布、第三方平台、线上线下结算、餐食配送等，法律关系更加复杂；④监管难度较大，由于网络餐饮具有虚拟性和跨地域特点，给行政管辖、案件调查、证据固定、行政处罚、消费者权益保护等带来一些问题。

针对上述问题，制定具有针对性和操作性的管理办法非常必要。因此，根据《食品安全法》等法律法规，为顺应网络餐饮食品安全监管工作的实际需要，2017年11月6日国家食品药品监督管理总局令第36号公布了《网络餐饮服务食品安全监督管理办法》，2020年10月23日根据国家市场监督管理总局令第31号修订。

二、适用范围

在中华人民共和国境内，网络餐饮服务第三方平台提供者、通过第三方平台和自建网站提供餐饮服务的餐饮服务提供者（以下简称入网餐饮服务提供者），利用互联网提供餐饮服务及其监督管理，适用本办法。

三、内容解读

（一）网络餐饮服务第三方平台提供者和自建网站餐饮服务提供者义务

1. 备案义务 网络餐饮服务第三方平台提供者应当在通信主管部门批准后 30 个工作日内，向所在地省级市场监督管理部门备案。

2. 建立食品安全相关制度 网络餐饮服务第三方平台提供者应当建立并执行入网餐饮服务提供者审查登记、食品安全违法行为制止及报告、严重违法行为平台服务停止、食品安全事故处置等制度，并在网络平台上公开相关制度。

3. 审查登记义务 网络餐饮服务第三方平台提供者应当对入网餐饮服务提供者的食品经营许可证进行审查，登记入网餐饮服务提供者的名称、地址、法定代表人或者负责人及联系方式等信息，保证入网餐饮服务提供者食品经营许可证载明的经营场所等许可信息真实。

4. 设置机构和配备人员相关要求 网络餐饮服务第三方平台提供者应当设置专门的食品安全管理机构，配备专职食品安全管理人员，每年对食品安全管理人员进行培训和考核。培训和考核记录保存期限不得少于 2 年。经考核不具备食品安全管理能力的，不得上岗。

5. 公示义务 网络餐饮服务第三方平台提供者和入网餐饮服务提供者应当在餐饮服务经营活动主页面公示餐饮服务提供者的食品经营许可证。同时，在网上公示餐饮服务提供者的名称、地址、量化分级信息。

6. 记录义务 网络餐饮服务第三方平台提供者和自建网站餐饮服务提供者应当履行记录义务，如实记录网络订餐的订单信息，信息保存时间不得少于 6 个月。

7. 抽查和监测义务 网络餐饮服务第三方平台提供者应当对入网餐饮服务提供者的经营行为进行抽查和监测。

（二）入网餐饮服务提供者义务

1. 主体资质 要求入网餐饮服务提供者应当具有实体经营门店并依法取得食品经营许可证，按照食品经营许可证载明的主体业态、经营项目从事经营活动，不得超范围经营。

案例评析

2. 公示义务 入网餐饮服务提供者应当在网上公示菜品名称和主要原料名称，公示的信息应当真实。

3. 制定并实施原料控制要求的义务 入网餐饮服务提供者应当选择资质合法、保证原料质量安全的供货商，或者从原料生产基地、超市采购原料，做好食品原料索证索票和进货查验记录，不得采购不符合食品安全标准的食品及原料。

4. 加工过程控制要求 入网餐饮服务提供者在加工过程中应当检查待加工的食品及原料，发现有腐败变质、油脂酸败、霉变生虫、污秽不洁、混有异物、掺假掺杂或者感官性状异常的，不得加工使用。

5. 定期维护设施设备 定期维护食品贮存、加工、清洗消毒等设施、设备，定期清洗和校验保温、冷藏和冷冻等设施、设备，保证设施、设备运转正常。

（三）送餐过程要求

送餐是网络餐饮服务中的重要一环。《网络餐饮服务食品安全监督管理办法》对送餐人员和送餐过程均提出了明确要求。

1. 送餐人员要求 ①送餐人员应当保持个人卫生，使用安全、无害的配送容器，保持容器清洁，并定期进行清洗消毒；②送餐人员应当核对配送食品，保证配送过程食品不受污染；③网络餐饮服务第三方平台提供者和入网餐饮服务提供者应当加强对送餐人员的食品安全培训和管理；④委托送餐单位送餐的，送餐单位应当加强对送餐人员的食品安全培训和管理，培训记录保存期限不得少于 2 年。

2. 配送过程要求 ①入网餐饮服务提供者应当使用无毒、清洁的食品容器、餐具和包装材料，并对餐饮食品进行包装，避免送餐人员直接接触食品，确保送餐过程中食品不受污染；②网络餐饮服务第三方平台提供者提供食品容器、餐具和包装材料的，所提供的食品容器、餐具和包装材料应当无毒、清洁；③配送有保鲜、保温、冷藏或者冷冻等特殊要求食品的，应当采取能保证食品安全的保存、配送措施；④鼓励网络餐饮服务第三方平台提供者提供可降解的食品容器、餐具和包装材料。

四、与《网络食品安全违法行为查处办法》的联系

《网络餐饮服务食品安全监督管理办法》属于与《网络食品安全违法行为查处办法》并列的规章。按照新法优于旧法，特别法优于一般法的原则，对于网络餐饮服务食品安全的监督管理，优先适用《网络餐饮服务食品安全监督管理办法》。《网络餐饮服务食品安全监督管理办法》对网络餐饮服务食品安全违法行为的查处未作规定的，按照《网络食品安全违法行为查处办法》的规定执行。

第八节　食品安全抽样检验管理办法

PPT

情境导入

情景　如何让食品安全"看得见、摸得着"？国家市场监管总局指导各地开展我为群众办实事"你点我检"活动，让消费者"点"出关心的食品品种，抽群众所想、检群众所盼，以检验检测"小窗口"促进食品安全"大监管"，推进食品安全社会共治。

思考　1. 如果你有幸参加当地"你点我检"活动，你会如何选择抽样品种、检验项目和抽样场所？
　　　2. 市场监管部门工作人员到生产经营商家随机抽检样品，需要付费吗？

为贯彻党中央、国务院决策部署，落实《关于深化改革加强食品安全工作的意见》和《地方党政领导干部食品安全责任制规定》的要求，进一步规范食品安全抽样检验工作，加强食品安全监督管理，保障公众身体健康和生命安全，国家市场监督管理总局对2014年12月制定的《食品安全抽样检验管理办法》进行了修订。2019年7月30日国家市场监督管理总局第11次局务会议审议通过《食品安全抽样检验管理办法》，自2019年10月1日起实施。2022年9月29日根据国家市场监督管理总局令第61号修正。

一、实施依据

《食品安全法》第八十七条明确规定，县级以上人民政府食品安全监督管理部门应当对食品进行定期或者不定期的抽样检验，并依据有关规定公布检验结果，不得免检。

二、修订原则

落实习近平总书记关于食品安全"四个最严"要求；坚持科学、公开、公平、公正原则；细化食品生产经营者是食品安全第一责任人要求。

三、主要内容 微课

（一）食品抽样检验的分类
根据工作目标和工作方式的不同，将食品安全抽检工作分为监督抽检、风险监测、评价性抽检。

1. 监督抽检　是指市场监督管理部门按照法定程序和食品安全标准等规定，以排查风险为目的，对食品组织的抽样、检验、复检、处理等活动。

2. 风险监测　是指市场监督管理部门对没有食品安全标准的风险因素，开展监测、分析、处理的活动。

3. 评价性抽检　是指依据法定程序和食品安全标准等规定开展抽样检验，对市场上食品总体安全状况进行评估的活动。

（二）食品安全抽样检验工作计划的重点

（1）风险程度高以及污染水平呈上升趋势的食品。

（2）流通范围广、消费量大、消费者投诉举报多的食品。

（3）风险监测、监督检查、专项整治、案件稽查、事故调查、应急处置等工作表明存在较大隐患的食品。

（4）专供婴幼儿和其他特定人群的主辅食品。

（5）学校和托幼机构食堂以及旅游景区餐饮服务单位、中央厨房、集体用餐配送单位经营的食品。

（6）有关部门公布的可能违法添加非食用物质的食品。

（7）已在境外造成健康危害并有证据表明可能在国内产生危害的食品。

（8）其他应当作为抽样检验工作重点的食品。

（三）细化食品抽样检验程序

（1）要求随机选取抽样对象、随机确定抽样人员。

（2）分别明确现场抽样和网络抽样在权利义务告知、现场信息采集、封样、签字盖章确认等方面的区别和应当履行的程序要求。

（3）对网络食品抽检方式、费用支付、信息采集、样品收集等作出规定。

（4）对涉及抽样、检验、样品移交等各环节时限进一步明确和完善。

（5）食品安全监督抽检应当采用食品安全标准规定的检验项目和检验方法；没有食品安全标准的，应当采用依照法律法规制定的临时限量值、临时检验方法或者补充检验方法。

🔗 知识链接

"摇号""盲检"确保"真样品、真检验、真数据"

监管领域的自抽自检，往往会给人以"既是运动员，又是裁判员"的印象，进而影响监管的公平与权威性。浙江于全国率先深入推进食品安全抽检分离改革，切实改变以往把"抽"和"检"任务统包给承检机构的传统做法。按照"组织抽样方不知道抽样人员、抽样人员不知道被抽样企业、抽样人员不知道送检机构、检验人员不知道样品所属企业、被抽样企业不知道承检机构"等"五不"要求，食品抽检分离改革，实行全程"背靠背"。

在坚持问题导向的基础上，市场监管部门通过平台系统先"双随机"摇号确定抽样人员、抽样场所（区域）。抽样人员现场抽样时按照随机原则确定抽样对象。然后，实施样品接收、制备、检验、数据审核、报告签批"五分离"工作机制，检验人员接到按标准制备后的检验样品，只知道检测项目和检测方法，完全不知悉样品产地、企业、被抽样单位等关键信息，进行"盲检"。在整个抽检过程中，抽样人员配备执法记录仪，可全程记录轨迹和抽样现场情况。检验机构重点部位配置监控，监管部门可随时查询样品所处状态。研究推动实验室检验原始数据实时对接"浙食链"，确保"三真"，即"真样品、真检验、真数据"。

(四) 食品复检、异议程序规定

1. 异议的范围　食品生产经营者可以对其生产经营食品的抽样过程、样品真实性、检验方法、标准适用等事项依法提出异议处理申请。

2. 申请复检异议时限　①对食品抽样过程有异议的，申请人应当在抽样完成后7个工作日内提出异议申请；②对检验结论等有异议的，可以自收到检验结论之日起7个工作日内提出复检申请。

3. 不予复检的情形　①检验结论为微生物指标不合格的；②复检备份样品超过保质期的；③逾期提出复检申请的；④其他原因导致备份样品无法实现复检目的的；⑤法律、法规、规章以及食品安全标准规定的不予复检的其他情形。

4. 复检机构确定方式　市场监督管理部门遵循便捷高效原则，随机确定复检机构进行复检。复检机构不得与初检机构为同一机构。

5. 复检备份样品确认　由复检机构实施并记录，改变既往复检机构、初检机构、复检申请人三方确认的做法，提高工作效率。

6. 复检费用支付　①复检申请人应当先行向复检机构支付复检费用；②复检结论与初检结论一致的，复检费用由复检申请人承担；③复检结论与初检结论不一致的，复检费用由实施监督抽检的市场监督管理部门承担。

(五) 核查处置措施

1. 食品生产经营者的义务　在复检和异议期间，食品生产经营者不得停止履行采取风险控制措施、排查不合格原因并进行整改的义务。

2. 公布食品安全监督抽检不合格信息　包括被抽检食品产品信息、生产经营者信息，以及复检异议核实办理情况。

3. 强化信用惩戒　监督抽检结果和不合格食品核查处置的相关信息除依法公示外，并记入食品生产经营者信用档案；受到的行政处罚等信息要依法归集至国家企业信用信息公示系统；对存在严重违法失信行为的，按规定实施联合惩戒。

(六) 法律责任

1. 加大处罚力度　依法加大对食品生产经营者无正当理由拒绝、阻挠或者干涉抽样检验、风险监测和调查处理的，拒不召回或者停止经营以及提供虚假证明材料申请异议的处罚力度。

2. 强化承检机构管理责任　对存在违法行为的，除依法处理外，规定市场监督管理部门5年不得委托其承担抽样检验任务；调换样品、伪造检验数据或者出具虚假检验报告的，终身不再委托承担抽样检验任务。

3. 强化复检机构承担复检任务的约束　明确无正当理由一年内2次拒绝承担复检任务的，商有关部门后撤销其复检机构资质并向社会公布。

第九节　食品生产经营监督检查管理办法

PPT

情境导入

情景　2022年12月30日，由国家市场监督管理总局食品生产安全监督管理司、农业农村部农产品质量安全监管司、海关总署进出口食品安全局指导，中国食品安全报社主办的"第九届全国食品安全监管信息工作交流大会"在京召开。本届大会以"共治食品安全 共享美好生活"为主题，旨在贯彻落实党中央指示精神和国务院食品安全重点工作部署，加强政府监管执法、强化企业主体责任，搭建政、企、媒、产、学、研及公众"七位一体"的食品安全共建共治共享体系，推进食品安全共治共享，提高食品安全现代化治理能力和水平。

思考　1. "四个最严"在食品生产经营监督检查管理办法中是如何体现的？

　　　2. 食品安全要全社会共建共治共享，你作为一名食品从业人员，为保障食品安全，应该从哪些方面努力？

2015 年《食品安全法》修订后，国家食品药品监管总局即出台了《食品生产经营日常监督检查管理办法》，规范食品生产经营日常监督检查工作。2019 年，党中央国务院印发《关于深化改革加强食品安全工作的意见》，同年食品安全法实施条例修订出台，均对食品安全工作提出了一系列新任务新要求。为此，国家市场监管总局组织对《食品生产经营日常监督检查管理办法》进行了修订，于 2021 年 12 月 24 日发布《食品生产经营监督检查管理办法》（国家市场监督管理总局令第 49 号），自 2022 年 3 月 15 日起施行。

一、食品生产经营监督检查的原则

监督检查应当遵循"属地负责、风险管理、程序合法、公正公开"的原则。

二、突出"严"的主基调

党中央国务院多次强调，对直接涉及公共安全和人民群众生命健康等特殊重点领域，依法依规实行全覆盖的重点监管。

（一）要求从重从严处理严重违法行为

（1）市场监督检查部门发现食品生产经营者存在违法行为，涉及的产品货值金额 2 万元以上或者违法行为持续时间 3 个月以上。

（2）造成食源性疾病并出现死亡病例，或者造成 30 人以上食源性疾病但未出现死亡病例；故意提供虚假信息或者隐瞒真实情况。

（3）拒绝、逃避监督检查。

（4）因违反食品安全法律、法规受到行政处罚后 1 年内又实施同一性质的食品安全违法行为，或者因违反食品安全法律、法规受到刑事处罚后又实施食品安全违法行为等情节严重的情形，依法从严处理。

对上述行为处以罚款时，应当依法从重从严。

（二）细化并依法严惩拒绝、阻挠、干涉监督检查的违法行为

（1）食品生产经营者存在拒绝、拖延、限制检查人员进入被检查场所或者区域的，或者限制检查时间的。

（2）拒绝或者限制抽取样品、录像、拍照和复印等调查取证工作的。

（3）无正当理由不提供或者延迟提供与检查相关的合同、记录、票据、账簿、电子数据等材料的。

（4）以主要负责人、主管人员或者相关工作人员不在岗为由，或者故意以停止生产经营等方式欺骗、误导、逃避检查的；以暴力、威胁等方法阻碍检查人员依法履行职责的。

（5）隐藏、转移、变卖、损毁检查人员依法查封、扣押的财物的。

（6）伪造、隐匿、毁灭证据或者提供虚假情况等妨碍检查人员履行职责的行为的。

出现以上情形的，由市场监督管理部门责令停产停业，并处 2000 元以上 5 万元以下罚款；情节严重的，吊销许可证。违反治安管理处罚相关规定的，由市场监督管理部门依法移交公安机关处理；食品生产经营者以暴力、威胁等方法阻碍检查人员依法履行职责，涉嫌犯罪的，由市场监督管理部门依法移交公安机关处理。

案例评析

（三）实行信用监管并对严重违法行为实行联合惩戒

监督检查结果，以及市场监督管理部门约谈食品生产经营者情况和食品生产经营者整改情况应当记入食品生产经营者食品安全信用档案。对存在严重违法失信行为的，按照规定实施联合惩戒。

三、风险管理

食品安全治理的核心在于及时有效预防和控制风险，减少和消除健康危害。风险管理原则要求在风险研判的基础上，根据风险的性质、种类和程度，实行风险分类分级管理，有针对性、按比例地采取相匹配的预防和控制措施。

（一）按照风险等级对食品生产经营者实行分级管理

1. 食品生产经营者的风险等级分级　县级以上地方市场监督管理部门按照国家市场监督管理总局的规定，根据风险管理的原则，结合食品生产经营者的食品类别、业态规模、风险控制能力、信用状况、监督检查等情况，将食品生产经营者的风险等级从低到高，分为 A 级风险、B 级风险、C 级风险、D 级风险四个等级。

2. 对高风险食品生产经营者实施重点监督检查　市场监督管理部门应当对特殊食品生产者，风险等级为 C 级、D 级的食品生产者，风险等级为 D 级的食品经营者以及中央厨房、集体用餐配送单位等高风险食品生产经营者实施重点监督检查，并可以根据实际情况增加日常监督检查频次。

3. 飞行检查和体系检查　市场监督管理部门可以根据工作需要，对通过食品安全抽样检验等发现问题线索的食品生产经营者实施飞行检查，对特殊食品、高风险大宗消费食品生产企业和大型食品经营企业等的质量管理体系运行情况实施体系检查。

> **知识链接**
>
> #### 食品生产飞行检查
>
> 飞行检查是跟踪检查的一种形式，在国际上最早应用于体育赛事中的兴奋剂检查，具有突击性、独立性、高效性等特点。食品生产飞行检查是指国家和地方食品监督管理部门参照借鉴对药品和餐饮服务食品飞行检查的模式，针对获得食品生产许可证（包括食品、保健食品、食品添加剂和特殊食品）的食品生产经营者依法开展的不预先告知的监督检查。
>
> 飞行检查是在被检查单位不知晓的情况下进行的，启动慎重，行动快，因此可以及时掌握真实情况，做到心中有数。飞行检查可以发现被检查对象的实际情况，及时依法予以查处，避免出现严重的社会危害。
>
> 党的二十大作出"强化食品药品安全监管"重要部署，飞行检查的落实是进一步优化监管方式、提升监管效能的体现。

（二）对监督检查中发现的食品风险采取措施予以控制

1. 查明原因，控制风险　市场监督管理部门在监督检查中发现食品不符合食品安全法律、法规、规章和食品安全标准的，在依法调查处理的同时，应当及时督促食品生产经营者追查相关食品的来源和流向，查明原因、控制风险，并根据需要通报相关市场监督管理部门。

2. 责任约谈 监督检查中发现存在食品安全隐患，食品生产经营者未及时采取有效措施消除的，市场监督管理部门可以对食品生产经营者的法定代表人或者主要负责人进行责任约谈。

3. 违法案件线索的移送 市场监督管理部门在监督检查中发现违法案件线索，对不属于本部门职责或者超出管辖范围的，应当及时移送有权处理的部门；涉嫌犯罪的，应当依法移送公安机关。

四、食品生产经营监督检查的要求

食品生产经营者应当对其生产经营食品的安全负责，积极配合市场监督管理部门实施监督检查。

县级以上地方市场监督管理部门应当按照规定在覆盖所有食品生产经营者的基础上，结合食品生产经营者信用状况，随机选取食品生产经营者、随机选派监督检查人员实施监督检查。

市场监督管理部门应当加强监督检查信息化建设，记录、归集、分析监督检查信息，加强数据整合、共享和利用，完善监督检查措施，提升智慧监管水平。

五、构建监督检查要点表制度

习近平总书记明确要求坚持源头严防、过程严管、风险严控，加强食品安全监管。《食品安全法》要求全过程落实法律、法规、规章和食品安全标准。为抓实抓细食品安全工作，《食品生产经营监督检查管理办法》规定了食品监督检查要点表制度。

（一）总局制定国家食品生产经营监督检查要点表

国家市场监督管理总局根据法律、法规、规章和食品安全标准等有关规定，制定国家食品生产经营监督检查要点表，明确监督检查的主要内容。按照风险管理的原则，检查要点表分为一般项目和重点项目。

（二）省级市场监管部门制定省级食品生产经营监督检查要点表

省级市场监督管理部门可以按照国家食品生产经营监督检查要点表，结合实际细化，制定本行政区域食品生产经营监督检查要点表。

（三）食品生产环节监督检查要点内容

食品生产环节监督检查要点应当包括食品生产者资质、生产环境条件、进货查验、生产过程控制、产品检验、贮存及交付控制、不合格食品管理和食品召回、标签和说明书、食品安全自查、从业人员管理、信息记录和追溯、食品安全事故处置等情况。

（四）食品销售环节监督检查要点内容

食品销售环节监督检查要点应当包括食品销售者资质、一般规定执行、禁止性规定执行、经营场所环境卫生、经营过程控制、进货查验、食品贮存、食品召回、温度控制及记录、过期及其他不符合食品安全标准食品处置、标签和说明书、食品安全自查、从业人员管理、食品安全事故处置、进口食品销售、食用农产品销售、网络食品销售等情况。

（五）餐饮服务环节监督检查要点内容

餐饮服务环节监督检查要点应当包括餐饮服务提供者资质、从业人员健康管理、原料控制、加工制作过程、食品添加剂使用管理、场所和设备设施清洁维护、餐饮具清洗消毒、食品安全事故处置等情况。餐饮服务环节的监督检查应当强化学校等集中用餐单位供餐的食品安全要求。

六、贯彻全过程预防控制原则，构建全流程监督检查程序

食品安全风险往往会产生严重、不可逆转甚至是不可救治的健康损害，有些风险是累积的、潜伏

的，有些风险损害的时间跨度较长、空间跨度较宽。为此，全过程预防控制原则是食品安全治理最重要、最基本的原则之一。《食品生产经营监督检查管理办法》落实全过程预防控制原则，积极构建全流程监督检查程序。

七、着力提升治理能力，构建监督检查分类制度

近年来，随着食品安全监管水平的不断提升，监管手段日趋完善，体系检查、飞行检查等国际通行的检查方式，因其系统性、靶向性、突击性正逐步形成常态化、制度化的监管安排。《食品生产经营监督检查管理办法》落实党中央国务院要求，将飞行检查、体系检查的监督检查方式纳入法制轨道，并分别明确了日常监督检查、飞行检查、体系检查的具体含义。

1. 日常监督检查　是指市级、县级市场监督管理部门按照年度食品生产经营监督检查计划，对本行政区域内食品生产经营者开展的常规性检查。

2. 飞行检查　是指市场监督管理部门根据监督管理工作需要以及问题线索等，对食品生产经营者依法开展的不预先告知的监督检查。

3. 体系检查　是指市场监督管理部门以风险防控为导向，对特殊食品、高风险大宗食品生产企业和大型食品经营企业等的质量管理体系执行情况依法开展的系统性监督检查。

第十节　食用农产品市场销售质量安全监督管理办法

PPT

情境导入

情景　当事人从××县的某供应商处购进长豆角 3.5kg，进价每千克 1.75 元。经检验，当事人该批次长豆角的克百威实测值为 0.97mg/kg，标准指标为 ≤0.02mg/kg，不符合 GB 2763—2021《食品安全国家标准 食品中农药最大残留限量》要求，检验结果为不合格。当事人在法定时间内对检验结果未提出异议，也未申请复检。违法货值金额 31.5 元，违法所得 31.5 元。其行为涉嫌违反了《食用农产品市场销售质量安全监督管理办法》的规定，构成了经营农药残留含量超过食品安全标准限量的食用农产品的违法行为。

鉴于当事人没有经济来源，靠摆摊卖菜维持生计，首次违法，积极配合市场监督管理部门抽检和调查工作，如实陈述违法事实，货值金额及违法所得很少，积极改正违法行为，该局没有收到群众反映购买食用上述不合格长豆角后产生不良反应的情况，违法行为轻微并及时改正，没有造成危害后果，且提供了供货商的名称、地址、联系方式，能够对上述不合格长豆角追根溯源，依据《中华人民共和国行政处罚法》第三十三条第一款，决定不予行政处罚。此次执法实现了法理与情理相结合，彰显了市场监管行政执法的人性温度。

思考　1. 当事人的行为，按照《食用农产品市场销售质量安全监督管理办法》，要受到什么处罚？
　　　　2. 如果你是当事人，以后会怎么避免发生此类违法行为？

2023 年 7 月 21 日，国家市场监督管理总局公布《食用农产品市场销售质量安全监督管理办法》，自 2023 年 12 月 1 日起施行。"从农田到餐桌"，食用农产品质量安全与广大人民群众身体健康和生命安全息息相关，2022 年 9 月，新修订的《农产品质量安全法》发布，对食用农产品市场销售提出了新的要求。

一、修订背景

（1）《中华人民共和国食品安全法实施条例》《中华人民共和国农产品质量安全法》相继修订，对

食品安全和农产品质量安全作出新规定。

（2）新修订的《农产品质量安全法》提出建立实施农产品承诺达标合格证制度，需要从食用农产品市场销售环节明确相应衔接要求。

（3）食用农产品市场销售涌现新模式，现有监管办法和工作举措与行业发展要求和监管需求不相适应的问题日益明显，有必要及时修订《食用农产品市场销售质量安全监督管理办法》。

二、适用范围

1. 食用农产品市场销售　指通过食用农产品集中交易市场、商场、超市、便利店等固定场所销售食用农产品的活动，不包括食用农产品收购行为。

2. 食用农产品　指来源于种植业、林业、畜牧业和渔业等供人食用的初级产品，即在农业活动中获得的供人食用的植物、动物、微生物及其产品，不包括法律法规禁止食用的野生动物产品及其制品。根据《中华人民共和国农产品质量安全法释义》（中国民主法制出版社 2023 年 3 月第 1 版），"植物、动物、微生物及其产品"包括在农业活动中直接获得的未经加工的以及经过分拣、去皮、剥壳、粉碎、清洗、切割、冷冻、打蜡、分级、包装等初加工，但未改变其基本自然性状和化学性质的初加工产品，区别于经过加工已基本不能辨认其原有形态的"食品"或"产品"。鱼干、菜干、果干等"干货"若仅经过简单晾晒，未经过其他加工工艺，可以作为食用农产品上市销售。

三、主要修订内容

（一）衔接落实法律法规要求

根据《农产品质量安全法》有关规定，将承诺达标合格证列为采购食用农产品的有效凭证之一，并鼓励优先采购带证的食用农产品；落实新修订《食品安全法实施条例》中食品安全管理人员培训和考核、委托贮存和运输、集中交易市场开办者报告等规定。

（二）强化市场开办者和销售者食品安全责任

1. 规定集中交易市场开办者义务　履行入场销售者登记建档、签订协议、入场查验、场内检查、信息公示、食品安全违法行为制止及报告、食品安全事故处置、投诉举报处置等管理义务。

2. 食用农产品销售者的责任　履行进货查验、定期检查、标示信息等主体责任。

3. 对鲜切果蔬等即食食用农产品的要求　《食用农产品市场销售质量安全监督管理办法》第十四条规定："销售者通过去皮、切割等方式简单加工、销售即食食用农产品的，应当采取有效措施做好食品安全防护，防止交叉污染。"

4. 销售场所照明等设施的设置和使用要求　对群众反映"生鲜灯"误导消费者问题，《食用农产品市场销售质量安全监督管理办法》第七条规定："销售生鲜食用农产品，不得使用对食用农产品的真实色泽等感官性状造成明显改变的照明等设施误导消费者对商品的感官认知。"

（三）完善法律责任

结合食用农产品市场销售以个体散户为主的突出特点，按照"警示为主，拒不改正再处罚"的基本原则设置法律责任，将部分条款的罚款起点适度下调。

四、进货凭证和产品质量合格凭证

（一）进货凭证

进货凭证是指销售者采购食用农产品时，向供货者索取并保存,能够体现食用农产品名称、数量、进货日期以及供货者名称、地址、联系方式等内容的相关凭证，如供货者提供的销售凭证、食用农产品采购协议等。

（二）产品质量合格凭证主要表现形式

（1）食用农产品生产者或者供货者出具的农产品承诺达标合格证。

（2）供货者出具的自检合格证明。

（3）有关部门出具的检验检疫合格证明。

其中，供货者出具的自检合格证明既包括供货者自行检验后开具的合格证明，也包括供货者委托检验机构开展检验后开具的合格证明。

五、体现与承诺达标合格证制度衔接

（1）将《农产品质量安全法》中规定的农产品承诺达标合格证作为产品质量合格凭证的具体表现形式之一，并鼓励从事连锁经营和批发业务的食用农产品销售企业优先采购带证的食用农产品。

（2）规定集中交易市场开办者应当查验入场食用农产品的进货凭证和产品质量合格凭证。对无法提供承诺达标合格证或者其他产品质量合格凭证的食用农产品，由集中交易市场开办者进行抽样检验或者快速检测，结果合格的，方可允许进入市场销售。

（3）市场监督管理部门和农业农村部门建立承诺达标合格证问题通报协查机制。市场监管部门发现农产品生产经营主体未按照规定出具承诺达标合格证、承诺达标合格证存在虚假信息、带证食用农产品不合格等情形，应当及时通报所在地同级农业农村部门；根据农业农村部门提供的不合格带证食用农产品流向信息，及时追查不合格产品并依法处理。

第十一节 学校食品安全与营养健康管理规定

PPT

情境导入

情景 某校分管后勤的副校长亲自深入学生食堂，实地查看了供餐保障情况，并与学生共进午餐，倾听学生的真实感受和建议。在与学生的互动中，校长细致地询问了饭菜的口味、食堂的就餐环境等，得到了学生们的积极响应和高度评价。

校长还特别强调了均衡饮食的重要性，鼓励学生们注意营养搭配，以适应新学期紧张的学习节奏。此外，他还对食堂工作人员提出了明确的要求，包括严格维护食品卫生安全、控制饭菜价格、丰富菜品种类，以提供更优质的餐饮服务。

学校实行的领导陪餐制度，确保了每餐都有学校相关负责人与学生共同用餐，这不仅有助于及时发现和解决用餐过程中的问题，而且能够收集学生的反馈，促进食堂服务的持续改进。校领导对食堂服务质量的监督和指导，加强了食品卫生安全，提升了师生的就餐体验。

通过校长的实地考察和陪餐，学校展现了对学生饮食健康和生活质量的深切关怀，以及对提升校园服务水平的坚定承诺。

思考 1. 为什么校长要走进学生食堂"陪餐"？

2. 如果你是该学校食堂的食品安全管理人员，主要从哪些方面保证食品安全？

为适应新时期加强学校食品安全与营养健康管理、推进健康中国建设的新要求，保障学生和教职工在校集中用餐的食品安全与营养健康，教育部、国家市场监督管理总局、卫生健康委员会联合印发了《学校食品安全与营养健康管理规定》，自 2019 年 4 月 1 日实施。

一、出台背景

（一）贯彻落实"四个最严"要求，适应新时期学校食品安全工作新形势新任务的重要举措

伴随经济社会的发展，学校用餐人数日渐增多，供餐形式更加多元，供餐品种日益丰富，学校食品安全引发的社会关注也在不断提升。《学校食品安全与营养健康管理规定》确立了学校集中用餐预防为主、全程监控、属地管理、学校落实的总体原则，建立了教育、食品安全监督管理和卫生健康等部门分工负责的管理体制，明确了学校的主要职责，围绕采购、贮存、加工、配送、供餐等关键环节，健全学校食品安全风险防控体系，有利于更好地保障学校广大师生在校集中用餐的食品安全。

（二）贯彻落实健康中国战略，提升学校食品营养健康水平的必然要求

党的十九大报告提出，实施健康中国战略，倡导健康文明生活方式。党的二十大报告指出，要推进健康中国建设，把保障人民健康放在优先发展的战略位置。如何让孩子们在学校不仅吃得安全，还要吃得有营养，已经成为当前学校食品管理面临的一个重要任务。《学校食品安全与营养健康管理规定》认真落实健康中国战略的具体要求，从加强营养健康监测、开展营养健康专业人员培训、加强食品营养健康宣传教育、鼓励公布学生餐带量食谱等许多方面作出了制度性安排，有利于培养学生健康的饮食习惯，引导学生科学营养用餐，更好地促进青少年学生健康成长。

> **知识链接**
>
> ### 健康中国行动（2019—2030 年）15 个重大行动
>
> 1. 健康知识普及行动
> 2. 合理膳食行动
> 3. 全民健身行动
> 4. 控烟行动
> 5. 心理健康促进行动
> 6. 健康环境促进行动
> 7. 妇幼健康促进行动
> 8. 中小学健康促进行动
> 9. 职业健康保护行动
> 10. 老年健康促进行动
> 11. 心脑血管疾病防治行动
> 12. 癌症防治行动
> 13. 慢性呼吸系统疾病防治行动
> 14. 糖尿病防治行动
> 15. 传染病及地方病防控行动

（三）深入贯彻全面依法治教、健全完善学校食品安全依法治理机制的迫切需要

2015 年，《食品安全法》进行了全面修订。《学校食品安全与营养健康管理规定》研究吸纳了新修订《食品安全法》的重要精神和具体要求，针对实践中学校在集中用餐食品安全工作中可能存在的监管不力、沟通不畅等问题，在学校食品安全的监管理念、机制、方式等方面进行了许多探索与创新，着力加强学校食品安全监管能力建设，有利于进一步提升学校食品安全治理体系的科学性和有效性。

二、适用范围

实施学历教育的各级各类学校、幼儿园集中用餐的食品安全与营养健康管理。《学校食品安全与营养健康管理规定》所称集中用餐，是指学校通过食堂供餐或者外购食品（包括从供餐单位订餐）等形式，集中向学生和教职工提供食品的行为。对提供用餐服务的教育培训机构，可以参照《学校食品安全与营养健康管理规定》管理。此外，对于供餐人数较少，难以建立食堂的学校，以及以简单加工学生自带粮食、蔬菜或者以为学生热饭为主的小规模学校的食品安全，《学校食品安全与营养健康管理规定》也明确可以参照《食品安全法》第三十六条的规定实施管理。

三、明确各部门责任

（一）县级以上地方人民政府责任

依法统一领导、组织、协调学校食品安全监督管理工作以及食品安全突发事故应对工作，将学校食品安全纳入本地区食品安全事故应急预案和学校安全风险防控体系建设。

（二）教育部门责任

应当指导和督促学校建立健全食品安全与营养健康相关管理制度，将学校食品安全与营养健康管理工作作为学校落实安全风险防控职责、推进健康教育的重要内容，加强评价考核；指导、监督学校加强食品安全教育和日常管理，降低食品安全风险，及时消除食品安全隐患，提升营养健康水平，积极协助相关部门开展工作。

（三）食品安全监督管理部门责任

应当加强学校集中用餐食品安全监督管理，依法查处涉及学校的食品安全违法行为；建立学校食堂食品安全信用档案，及时向教育部门通报学校食品安全相关信息；对学校食堂食品安全管理人员进行抽查考核，指导学校做好食品安全管理和宣传教育；依法会同有关部门开展学校食品安全事故调查处理。

应当将学校校园及周边地区作为监督检查的重点，定期对学校食堂、供餐单位和校园内以及周边食品经营者开展检查；每学期应当会同教育部门对本行政区域内学校开展食品安全专项检查，督促指导学校落实食品安全责任。

（四）卫生健康主管部门责任

应当组织开展校园食品安全风险和营养健康监测，对学校提供营养指导，倡导健康饮食理念，开展适应学校需求的营养健康专业人员培训；指导学校开展食源性疾病预防和营养健康的知识教育，依法开展相关疫情防控处置工作；组织医疗机构救治因学校食品安全事故导致人身伤害的人员。

四、建立集中用餐陪餐制度

（一）用餐陪餐制度

为保障学生在校用餐的质量，《学校食品安全与营养健康管理规定》第十三条提出："中小学、幼

儿园应当建立集中用餐陪餐制度，每餐均应当有学校相关负责人与学生共同用餐，做好陪餐记录，及时发现和解决集中用餐过程中存在的问题。"

陪餐制度有助于推动学校校领导更加重视学校食品质量的日常监管，及时发现问题、反馈问题和解决问题，更好地保障学生用餐安全与营养健康。

（二）对学校食堂的特殊要求

针对学校用餐人员相对集中、学生体质较为敏感等特点，结合近年来学校食品安全事件发生原因，《学校食品安全与营养健康管理规定》对学校提出了一些特殊要求。《学校食品安全与营养健康管理规定》第三十六条规定："学校食堂不得采购、贮存、使用亚硝酸盐（包括亚硝酸钠、亚硝酸钾）。中小学、幼儿园食堂不得制售冷荤类食品、生食类食品、裱花蛋糕，不得加工制作四季豆、鲜黄花菜、野生蘑菇、发芽土豆等高风险食品。"

案例评析

五、严防严控食品安全风险

（一）食堂加工制作全过程控制

《学校食品安全与营养健康管理规定》结合学校特点，专设"第四章 食堂管理"，规范食堂加工制作全过程控制，对学校食堂设施设备配备、布局流程、从业人员管理，以及食品采购、进货查验、食品贮存、加工制作、餐饮具清洗消毒、食品留样等各环节作出详细规定，力求建立贯穿采购、贮存、加工制作、供应全过程的学校食品安全风险防控体系。

（二）强化学校食品安全社会共治

1. 家长陪餐制度 《学校食品安全与营养健康管理规定》第十三条指出："有条件的中小学、幼儿园应当建立家长陪餐制度，健全相应工作机制，对陪餐家长在学校食品安全与营养健康等方面提出的意见建议及时进行研究反馈。"鼓励家长参与陪餐，有利于家长和社会更好地了解学生用餐情况，减轻不必要的疑虑，结合实际提出各类改进建议，推动学校集中用餐相关工作良性发展。

2. 学校建立集中用餐信息公开制度 及时向师生家长公开食品进货来源、供餐单位等信息。《学校食品安全与营养健康管理规定》第十六条要求："学校应当建立集中用餐信息公开制度，利用公共信息平台等方式及时向师生家长公开食品进货来源、供餐单位等信息，组织师生家长代表参与食品安全与营养健康的管理和监督。"

3. 强化家校交流 《学校食品安全与营养健康管理规定》第二十一条提出："学校在食品采购、食堂管理、供餐单位选择等涉及学校集中用餐的重大事项上，应当以适当方式听取家长委员会或者学生代表大会、教职工代表大会意见，保障师生家长的知情权、参与权、选择权、监督权。学校应当畅通食品安全投诉渠道，听取师生家长对食堂、外购食品以及其他有关食品安全的意见、建议。"

4. 公开加工过程 《学校食品安全与营养健康管理规定》第四十四条提出："有条件的学校食堂应当做到明厨亮灶，通过视频或者透明玻璃窗、玻璃墙等方式，公开食品加工过程。"

六、加强食品安全与营养健康教育

（1）根据《学校食品安全与营养健康管理规定》第五条，学校应当开展食品安全与营养健康的宣传教育。

（2）根据《学校食品安全与营养健康管理规定》第十七条，有条件的中小学、幼儿园应当每周公布学生餐带量食谱和营养素供给量。

（3）根据《学校食品安全与营养健康管理规定》第十八条，学校应当根据卫生健康主管部门发布的学生餐营养指南等标准，针对不同年龄段在校学生营养健康需求，因地制宜引导学生科学营养用餐。学校应当将食品安全与营养健康相关知识纳入健康教育教学内容，通过主题班会、课外实践等形式开展经常性宣传教育活动。

（4）《学校食品安全与营养健康管理规定》第十九条，中小学、幼儿园应当培养学生健康的饮食习惯，加强对学生营养不良与超重、肥胖的监测、评价和干预，利用家长学校等方式对学生家长进行食品安全与营养健康相关知识的宣传教育。

实训六　与法有约——食品生产经营许可管理案例分享

一、实训目的

1. 熟悉食品生产经营许可管理的法律条文。
2. 能够运用食品安全配套法规规章的相关法律条文进行案例分析，对相关法律问题进行正确分析和解决。
3. 培养学生的法治思维，具备正确应用法律规范的能力。

二、实训原理

结合近期热点案例和典型案件，更好地把握食品生产、经营许可管理规章条文的具体内容。

三、实训内容

1. 案例筛选　教师对选择案例的原则和主题进行指导，提供查找案例的工具和平台。

2. 团队组建　学生进行分组活动，明确人员分工，各组在老师的指导下选择案例。

3. 案例分析　各小组认真查阅资料、查找相关配套法规规章，了解案情事实及处理结果。制作完成 PPT，由小组代表发言，从食品生产者、经营者、消费者、监管者等多角度分析案件产生的原因和后果，剖析案件中的主要违法行为，正确适用法律依据，明确其违反食品安全管理的具体法律责任，阐释由案例引发的法律思考，探讨如何运用《食品安全法》配套法规规章进行食品生产经营活动。

4. 学生互评　小组发言展示后，各组同学可以共同进行学理探讨和实践感悟交流。

5. 教师总结　学生讨论结束后，教师进行点评，并以案例为切入点进行知识拓展和思政引导，对实训活动进行总结。

实训七　明德尚法、笃行宣法

一、实训目的

1. 能够运用《食品安全法实施条例》进行食品安全法律知识的宣传。
2. 树立正确的法治思维和法律信仰，形成依法生产经营的执业理念和职业素养。

二、实训原理

《食品安全法实施条例》的主要条文。

三、实训内容

1. 确定主题 教师对宣讲内容的选择和要求进行指导，提供查找法律条文、实践素材的工具和平台。

2. 团队组建 学生进行分组活动，明确人员分工，各组在老师的指导下选择《食品安全法实施条例》的相关条文和案例素材。

3. 宣法释法 各小组认真查阅资料、查找相关法条，设计制作、发放调查报告，制作食品安全普法宣传单、微电影、短视频等，在学校、社区进行食品安全法律宣传，并通过学校宣传栏、朋友圈、抖音、微博等途径进行宣传。

4. 学生互评 小组完成食品安全调查报告分析，制作活动视频花絮，由小组代表在课堂上进行经验分享，全体同学进行学理探讨和实践感悟交流。

5. 教师总结 教师进行点评，对实训活动进行总结。

实训八　食品安全召回

一、实训目的

1. 掌握食品召回管理的法律规定和基本程序。
2. 树立正确的法治思维，能够运用食品召回管理办法进行案例分析。

二、实训原理

《食品召回管理办法》的主要条文。

三、实训内容

1. 团队组建 学生进行分组活动，明确人员分工。

2. 案例研习 教师提供查找案例的工具和平台，指导同学收集关于食品召回的典型案例及其召回处置，了解食品召回计划和召回公告的主要内容。

3. 学思践悟 理解食品召回的法律意义，掌握食品召回的分类、级别以及基本流程。团队按照自行设计的食品召回情景案例，制作食品召回的流程图、食品召回计划和召回公告，完成不安全食品的处置。

4. 教师总结 教师进行点评，对实训活动进行总结。

实训九　寻找身边的案例——填写食品生产经营监督检查要点表

一、实训目的

1. 能够按照法规要求规范填写食品生产经营监督检查要点表。
2. 树立知法守法的正确价值观，培养学生依法依规生产经营的职业素养。

二、实训内容

查询最新版的食品生产经营监督检查要点表，规范填写食品生产经营监督检查要点表。

三、实训要求

在教师指导下学生找到熟悉的生产经营主体，体验填写食品生产经营监督检查要点表，为规范生产经营提供指南。

练 习 题

答案解析

一、单选题

1. 市场监督管理部门按照食品的（　　），结合食品原料、生产工艺等因素，对食品生产实施分类许可。

　　A. 风险程度　　　　　　　B. 销售数量　　　　　　C. 销售渠道　　　　　　D. 销售规模

2. 县级以上地方市场监督管理部门应当自受理申请之日起（　　）个工作日内作出是否准予行政许可的决定。

　　A. 5　　　　　　　　　　B. 10　　　　　　　　　C. 15　　　　　　　　　D. 20

3. 对入网食品生产经营者食品安全违法行为的查处，是由（　　）。

　　A. 网络食品交易第三方平台提供者所在地县级以上地方市场监督管理部门管辖

　　B. 入网食品生产经营者所在地县级以上地方市场监督管理部门管辖

　　C. 网络食品交易第三方平台提供者所在地省级市场监督管理部门管辖

　　D. 网络食品交易第三方平台分支机构所在地县级以上地方市场监督管理部门管辖

4. 网络食品交易第三方平台提供者和通过自建网站交易食品的生产经营者应当记录、保存食品交易信息，保存时间不得少于产品保质期满后（　　）。

　　A. 6 个月　　　　　　　　　　　　　　B. 9 个月

　　C. 12 个月　　　　　　　　　　　　　D. 2 年

二、多选题

1. 食品生产经营企业等单位有食品安全法规定的违法情形，除依照食品安全法的规定给予处罚外，有（　　）情形之一的，对单位的法定代表人、主要负责人、直接负责的主管人员和其他直接责任人员处以其上一年度从本单位取得收入的 1 倍以上 10 倍以下罚款。

　　A. 故意实施违法行为　　　　　　　　　B. 违法行为性质恶劣

　　C. 违法行为造成严重后果　　　　　　　D. 过失实施违法行为

2. 食品召回公告应当包括（　　）。

　　A. 食品生产经营者停止生产经营、召回和处置不安全食品，不免除其依法应当承担的其他法律责任

　　B. 食品生产经营者停止生产经营、召回和处置不安全食品，免除其依法应当承担的其他法律责任

　　C. 食品生产经营者主动采取停止生产经营、召回和处置不安全食品措施，消除或者减轻危害后果的，依法从轻或者减轻处罚

　　D. 食品生产经营者主动采取停止生产经营、召回和处置不安全食品措施，消除或者减轻危害后果的，依法不予处罚

3. 以下属于《网络食品安全违法行为查处办法》规定的"严重后果"情形的有（   ）。

    A. 致人死亡或者造成严重人身伤害的

    B. 发生较大级别以上食品安全事故的

    C. 发生较为严重的食源性疾病的

    D. 侵犯消费者合法权益，造成严重不良社会影响

4. 食品抽样检验程序中的"双随机"是指（   ）。

    A. 随机确定委托抽样单位   B. 随机选取抽样对象

    C. 随机选取抽样食品类别   D. 随机确定抽样人员

三、简答题

简述申请食品生产许可的条件。

书网融合……

本章小结	微课	题库

第五章

中国食品相关其他法律法规 <small>e 微课</small>

学习目标

知识目标

1. **掌握** 《产品质量安全法》《农产品质量安全法》的主要内容和要求。
2. **熟悉** 《商标法》《计量法》《进出口商品检验法》《标准化法》等的基本内容和要求。
3. **了解** 我国食品相关其他法律法规的立法背景和意义。

能力目标

1. 能够运用我国食品相关其他法律法规分析典型食品违法案件。
2. 具备依据我国食品相关其他法律法规指导食品企业生产经营活动的能力。

素质目标

通过本章的学习，树立知法守法的正确价值观，具有依法诚信生产经营的职业素养。

第一节 产品质量法

PPT

情境导入

情景 2020 年 9 月，某市质量技术监督局根据群众举报，对该市某土产品采购供应站的 1 吨蜂蜜进行监督抽查。结果查明，该批蜂蜜中含有一定量的硫酸铵，被认定为劣质品。2021 年 3 月，市质量技术监督局发出 2 号处罚决定书，按照《中华人民共和国产品质量法》的有关规定，对土产品采购供应站作出"没收全部蜂蜜，直接责任者罚款 2000 元"的处罚。行政相对人不服。同年 7 月，市质量技术监督局又发出 6 号处罚决定书，撤销 2 号处罚决定书中对直接责任者进行罚款的决定，没收全部蜂蜜的处罚仍予保留。相对人接到 6 号处罚决定书后，即向当地市人民法院提起行政诉讼，要求市质量技术监督局撤销 6 号处罚决定书，解除已扣压 10 个多月的 50 吨蜂蜜，并要求市质量技术监督局赔偿所造成的经济损失。

思考 1. 对采购站行为的处罚是否适用于《产品质量法》？

2. 依据相关法律法规规定，可给予其怎样的行政处罚？

一、概述

《中华人民共和国产品质量法》（以下简称《产品质量法》）于 1993 年 2 月 22 日第七届全国人民代表大会常务委员会第三十次会议通过，自 1993 年 9 月 1 日起施行。根据 2000 年 7 月 8 日第九届全国人民代表大会常务委员会第十六次会议《关于修改〈中华人民共和国产品质量法〉的决定》第一次修正，根据 2009 年 8 月 27 日第十一届全国人民代表大会常务委员会第十次会议《关于修改部分法律的决定》第二次修正。根据 2018 年 12 月 29 日第十三届全国人民代表大会常务委员会第七次会议《关于修改〈中华人民共和国产品质量法〉等五部法律的决定》第三次修正。

二、内容解读

(一) 含义

《产品质量法》是调整产品生产者、销售者、用户和消费者以及政府有关行政管理部门之间，因产品质量问题而形成的权利义务关系的法律。主要包括：产品质量责任、产品质量监督管理、产品质量损害赔偿、处理产品质量争议等。

制定、实施《产品质量法》的意义：①加强对产品质量的监督管理；②提高产品质量水平，明确产品质量责任；③保护消费者的合法权益，维护社会经济秩序。

(二) 调整对象

1. 产品质量监督管理关系　各级市场监督管理部门在产品质量的监督检查、行使行政惩罚权时与市场经营主体所发生的法律关系。

2. 产品质量责任关系　因产品质量问题引起的消费者与生产者、销售者之间的法律关系，包括因产品缺陷导致的人身、财产损害，在生产者、销售者、消费者之间所产生的损害赔偿法律关系。

3. 产品质量检验、认证关系　因中介服务所产生的中介机构与市场经营主体之间的法律关系，及因产品质量检验和认证不实损害消费者利益而产生的法律关系。

(三) 适用范围

1. 产品范围　《产品质量法》所称产品的范围指经过加工、制作，用于销售的产品。建筑工程产品不适用本法规定。本法第七十三条规定："军工产品质量监督管理办法，由国务院、中央军事委员会另行制定。因核设施、核产品造成损害的赔偿责任，法律、行政法规另有规定的，依照其规定。"《产品质量法》适用的产品范围主要从以下几个方面理解。

(1) 本法所称产品是指经过加工、制作，用于销售的产品。加工、制作是指改变原材料、毛坯或者半成品的形状、性质或表面状态，使之达到规定要求的各种工作的统称。加工方法的种类很多，分类方法各有不同，按加工工艺可分为切削加工、电加工、火焰加工、化学加工、焊接加工、激光（镭射）加工、超声波加工、热加工、食品加工、服装加工等。加工是产品产出的过程，产品质量的优劣，直接与加工制作有关。

根据本法的规定，产品必须具备两个条件：①必须经过加工、制作，这就排除了未经加工过程的天然品，如原矿、原煤、原油及初级农产品等；②必须用于销售，这是确立本法法律意义上产品的重要特征，不是为销售而加工制作的物品就不是本法所指的产品。

(2) 本法所规定的产品不包括建设工程产品。建设工程是指工业建筑和民用建筑物的建造，为生产和生活提供不可缺少的场所。建设工程产品包括：各种房屋、管道、采矿业建设工程，交通、水利、防空设施的建设工程、各种构筑物，为施工而进行建筑场地布置等。建设工程有自己的技术经济特点：①单一性，即建筑物的造型结构、体积、面积，采用的建筑材料，是根据建筑单位提出的用途和要求进行设计与施工的。②固定性，即建筑物都是固着在一定地点，不能随便移动。③建设工程产品为一个体积庞大的整体产品，生产周期长、露天作业多、受自然条件影响大，属于不动产的范畴，难以与经过加工、制作的工业产品共同适用于本法。为了与国际上大多数国家的产品规范和理论相衔接，也为了使国内产品责任的民事责任赔偿问题与国际产品规范保持一致，本法中所规定的产品不包括建设工程产品。

建设工程的质量问题由《中华人民共和国建筑法》和《建设工程质量管理条例》调整。

（3）经过加工、制作、用于销售的建筑材料、建筑构配件和设备适用本法。《产品质量法》第二条规定："建设工程不适用本法规定；但是，建设工程使用的建筑材料、建筑构配件和设备，属于前款规定的产品范围，适用本法规定。"在未形成整体的建设工程之前，建筑材料、建筑构配件和设备在生产和销售中与其他工业品的属性是相同的，因此，经过加工制作、用于销售的建筑材料、建筑构配件和设备适用本法。

（4）本法规定不适用初级农产品。产品是指经过工业加工、手工制作等方式，获得的具有特定使用性能，用于销售的产品。原国家技术监督局发布的《中华人民共和国产品质量法条文释义》中指出："未经加工天然形成的物品，如原矿、原煤、石油、天然气等；以及初级农产品，如农、林、牧、渔等产品，不适用本法规定。"

（5）本法规定不适用军工产品。军工产品是指武器装备、弹药及其配套产品，包括专用的原材料、元器件。由于军工产品一般不进入市场销售，因此军工产品不适用本法。

（6）在中华人民共和国境内销售的属于本法所称产品范围的进口产品，适用本法的有关规定。对于进口产品的质量要求，往往都订有合同，应该首先适用合同调整质量。但是，合同约定的质量要求，不得与本法等法律规定的默示担保条件相抵触。对于进口产品还有一种特殊情况，即货物到达中国市场后，进口合同关系即不存在，再继续进行生产、销售的，属于本法的调整范围。出口转内销产品，也适用本法的规定。

需要注意的是，本法中所称的产品，包括药品、食品、计量器具等特殊产品。但是，本法与《中华人民共和国药品管理法》《中华人民共和国食品安全法》《中华人民共和国计量法》有不同规定的，应当分别适用其规定。

2. 主客体范围

（1）主体的适用范围　根据原国家技术监督局《中华人民共和国产品质量法条文释义》规定："本法适用的主体为在中华人民共和国境内的公民，企业、事业单位，国家机关、社会组织以及个体工商业经营者等。企业包括国有企业、集体所有制企业、私营企业以及中外合资经营企业、中外合作经营企业和外资企业。个体工商业经营者包括个体工商户、个体合伙等。"由此可见，本法调整的主体，主要有三种：①生产者、销售者；②监督管理产品质量的行政机关及从事产品质量监督管理工作的国家工作人员；③消费者以及虽不是产品的消费者，但受到产品缺陷损害的人。

（2）客体的适用范围　产品的经营活动，主要包括四个环节：生产、运输、仓储、销售以及产品的售后维修等。产品有下列情形之一的，其生产者、仓储者、运输者、销售者应当依法承担产品质量责任：①不符合国家有关法律、法规规定的质量要求的；②不符合合同约定的质量指标，不符合明示采用的产品标准、产品说明及以实物样品等方式表明的质量指标的：③产品存在缺陷，给用户、消费者造成损害的。

根据"从事产品生产、销售活动，必须遵守本法"的规定，本法只调整生产和销售这两个环节中的质量问题，仓储、运输过程中的质量问题不包括在内。因为在仓储、运输当中发生的产品质量问题，不和消费者发生直接关系。消费者发现购买的产品存在质量问题，即使这个质量问题是在运输和仓储过程中发生的，消费者也不可能直接向产品的承运人或者仓储的保管人查询，而是要向销售者、生产者要求赔偿。然后生产者、销售者再向承运人或者仓储保管人追偿。产品在运输、仓储过程中发生的质量问题，主要表现为损坏、变质、污染，这类问题的处理一般在货物运输合同或者仓储保管合同中进行约定，没有约定或者约定不明确的，可以依照《中华人民共和国合同法》（以下简称《合同法》）处理。

《合同法》也涉及产品质量问题。依法成立并生效的合同中，有质量约定的，首先适用合同的约定；合同没有约定的，适用本法的规定，但是法律有强制规定的除外。简言之，凡是订有合同的，首先适用《合同法》的规定，《合同法》中没有规定的，适用本法。

3. 空间范围　《产品质量法》第二条规定："在中华人民共和国境内从事产品的生产、销售活动的，必须遵守本法。"包括生产出口产品的生产者和销售进口产品的销售者。在中华人民共和国境外从事产品生产销售活动的，不适用本法，应当适用所在国家的法律。

（四）产品质量监督管理制度

1. 标准化管理制度　《产品质量法》第十二条规定："产品质量应当检验合格，不得以不合格产品冒充合格产品。"第十三条规定："可能危及人体健康和人身、财产安全的工业产品，必须符合保障人体健康和人身、财产安全的国家标准、行业标准；未规定国家标准、行业标准的，必须符合保障人体健康和人身、财产安全的要求。禁止生产、销售不符合保障人体健康和人身、财产安全的标准和要求的工业产品。"

2. 企业质量体系认证制度

（1）企业质量体系的概念　质量体系是指为实施质量管理所需的组织机构、职责、程序、过程和资源。质量体系按其建立的目的的不同分为两种：①企业根据与需方签订的合同的要求建立起的质量体系，保证产品质量满足合同的要求，这种合同环境下的质量体系也称为质量保证体系；②企业出于自身的需要，为取得广大消费者对产品质量的信任，获得经济利益，赢得市场而根据市场的需要建立起的质量体系，这种在非合同环境条件下的质量体系称为质量管理体系。

（2）企业质量体系的认证　认证机构根据企业申请，对企业的产品质量保证能力和质量管理水平所进行的综合性检查和评定，并对符合质量体系认证标准的企业颁发认证证书的活动。

企业质量体系的认证制度，是国务院市场监督管理部门或者由它授权的部门认可的认证机构，依据国际通用的"质量管理和质量保证"系列标准，对企业的质量体系和质量保证能力进行审核，对合格者颁发企业质量体系认证证书，以兹证明的制度。

《产品质量法》第十四条规定："国家根据国际通用的质量管理标准，推行企业质量体系认证制度。企业根据自愿原则可以向国务院市场监督管理部门认可的或者国务院市场监督管理部门授权的部门认可的认证机构申请企业质量体系认证。经认证合格的，由认证机构颁发企业质量体系认证证书。

3. 产品质量认证制度　是指用合格证书或合格标准证明某一产品或服务，符合特定标准或其他技术规范的活动。产品质量认证分为安全认证和合格认证。实行安全认证的产品，必须符合《产品质量法》《中华人民共和国标准化法》（以下简称《标准化法》）的有关规定。实行合格认证的产品，必须符合《标准化法》规定的国家或者行业标准要求。未制定国家标准、行业标准的，以社会普遍公认的安全、卫生要求为依据。

《产品质量法》第十四条规定："企业根据自愿原则，可以向国务院市场监督管理部门或者国务院市场监督管理部门授权的部门认可的认证机构申请产品质量认证。经认证合格者，由认证机构颁发产品质量体系认证证书。准许企业在产品或者其包装上使用产品质量认证标志。"

4. 产品质量监督检查制度　《产品质量法》第十五条规定："国家对产品质量实行以抽查为主要方式的监督检查制度，对可能危及人体健康和人身、财产安全的产品，影响国计民生的重要工业产品以及消费者、有关组织反映有质量问题的产品进行抽查。抽查的样品应当在市场上或者企业成品仓库内的待销产品中随机抽取。监督检查工作由国务院市场监督管理部门规划和组织。县级以上地方市场监督管理部门在本行政区域内也可以组织监督抽查。法律对产品质量的监督检查另有规定的，依照有关法律的规定执行。"

（五）产品质量法律责任

产品质量法律责任指生产者、销售者以及对产品质量负有直接责任的责任者，因违反《产品质量法》规定的产品质量义务所承担的法律责任。

1. 生产者的产品质量责任和义务

（1）生产者应当对其生产的产品质量负责。

（2）产品及包装上的标识必须真实。产品包装上的标识内容：产品质量检验合格证，中文标明的产品名称、生产厂厂名和厂址，产品的特点和使用要求，生产日期和安全使用期或者失效日期，中文警示说明。

（3）不得生产国家明令淘汰的产品；不得伪造产地，伪造或冒用他人的厂名、厂址；不得伪造或者冒用认证标志、名优标志等质量标志；生产产品不得掺杂、掺假、以假冒真、以次充好。

2. 销售者的产品质量责任和义务

（1）执行进货检查验收制度，保持销售产品的质量。

（2）执行产品质量标识制度。

（3）不得销售国家明令淘汰并停止销售的产品和失效、变质的产品；不得伪造产品，伪造或冒用他人的厂名、厂址；不得伪造或者冒用认证标志、名优标志等质量标志；销售产品不能掺杂、掺假、不得以假冒真，不得以不合格产品冒充合格产品。

3. 产品质量的合同责任　亦称瑕疵责任或瑕疵担保责任。它是指产品不具备应有的使用性能，不符合明示采用的质量标准，或不符合产品说明、实物样品等方式标明的质量状况而产生的法律责任。

产品合同责任的具体责任形式：负责修理、更换；给消费者、用户造成损害的，还应负责赔偿；销售者未按该规定给予修理、更换、退货或赔偿损失的，由市场监督管理部门责令改正。

4. 侵权责任　也就是通常说的产品责任，是基于产品存在缺陷并导致消费者、用户和相关第三人人身、财产遭受损害的前提而发生的，而且特指的仅仅是民事赔偿责任。

（1）产品责任的规责原则　我国《产品质量法》规定，产品责任适用无过错责任原则。

（2）产品责任的构成要件　产品责任由三个要件构成：①产品有缺陷；②损害事实存在；③产品缺陷与损害事实之间有因果关系。

（3）产品责任的免除　生产者能够证明有下列情形之一的，不承担赔偿责任：①未将产品投入流通；②产品投入流通时，引起损害的缺陷尚不存在；③将产品投入流通时的科学技术水平尚不能发现缺陷的存在。

（4）产品责任的诉讼时效　《产品质量法》第四十五条规定："因产品存在缺陷造成损害要求赔偿的诉讼时效期间为二年，自当事人知道或者应当知道其权益受到损害时起计算；因产品存在缺陷造成损害要求赔偿的请求权，在造成损害的缺陷产品交付最初用户、消费者满十年丧失；但是，尚未超过明示的安全使用期的除外。"

（5）纠纷处理　《产品质量法》第四十七条规定："因产品质量发生民事纠纷时，当事人可以通过协商或者调解解决。当事人不愿通过协商、调解解决或者协商、调解不成的，可以根据当事人的协议向仲裁机构申请仲裁；当事人各方没有达成仲裁协议的，可以向人民法院起诉。"

第二节　农产品质量安全法

PPT

情境导入

情景　某区动物卫生监督所驻××肉制品有限公司检疫员，对当地运猪户朱某运到屠宰场屠宰的15头生猪进行快速抽检，发现2份尿样盐酸克仑特罗呈阳性。经查，该批次15头生猪10头来自个体养殖户李某。经进一步调查，李某2年前从流动药贩手中购买了500片有瘦肉精成分的药品，用于治疗生猪咳喘。随后，区动物卫生监督所对不合格的猪肉产品及养殖户李某饲养的盐酸克仑特罗超标的23头生猪进行了无害化处理。区畜牧兽医主管部门后将案件移送公安机关查处。最终，被告人李某因犯生产、销售有毒、有害食品罪，一审被判处有期徒刑2年，并处罚金人民币5万元；禁止其自刑罚执行完毕之日或假释之日起3年内从事畜产品养殖、销售。

思考　1. 李某的行为违反了《农产品质量安全法》的哪些条款？
　　　2. 处罚是否得当？

《中华人民共和国农产品质量安全法》（以下简称《农产品质量安全法》）于2005年10月22日由国务院审议通过并提请全国人大审议，半年之后，全国人大常务委员会经过三次审议，于2006年4月29日第十届全国人民代表大会常务委员会第二十一次会议通过，自2006年11月1日起施行。2022年9月2日，根据第十三届全国人民代表大会常务委员会第三十六次会议修订通过，自2023年1月1日起施行，全文共8章81条。

一、含义

《农产品质量安全法》第二条规定："所称农产品，是指来源于种植业、林业、畜牧业和渔业等的初级产品，即在农业活动中获得的植物、动物、微生物及其产品。为保障农产品质量安全，维护公众健康，促进农业和农村经济发展而制定本法。本法所称农产品质量安全，是指农产品质量达到农产品质量安全标准，符合保障人的健康、安全的要求。"

二、调整范围

《农产品质量安全法》调整的范围包括三个方面。

1. 调整的农产品的范围　是指来源于种植业、林业、畜牧业和渔业等的初级产品，即在农业活动中获得的植物、动物、微生物及其产品。

2. 调整的行为主体　既包括农产品的生产经营者，也包括农产品质量安全管理者和相应的检测机构和人员等。

3. 调整的管理环节问题　既包括产地环境、农业投入品的科学合理使用、农产品生产和产后处理的标准化管理，也包括农产品的销售，农产品的包装或附加承诺和市场准入管理。可以说，《农产品质量安全法》对涉及农产品质量安全的方方面面都进行了相应的规范，调整的对象全面、具体，符合中国的国情和农情。

三、法律解析

（一）《农产品质量安全法》的主要内容

《农产品质量安全法》共分8章81条，内涵相当丰富。第一章是总则，对农产品的定义，农产品质量安全的内涵，适用范围，经费投入，农产品质量安全风险评估、风险管理、全程控制，质量安全责任，安全信息公布，公众质量安全教育等方面作出了规定；第二章是农产品质量安全风险管理和标准制定，对农产品质量安全风险监测、风险评估制度的建立，农产品质量安全标准体系的建立、性质，农产品质量安全标准的发布、实施和要求等进行了规定；第三章是农产品产地，对特定农产品禁止生产区域的确定、农产品产地管理、农业投入品的合理使用等方面作出了规定；第四章是农产品生产，对农产品生产技术规范的制定、农产品质量安全技术培训与推广、农产品生产记录、农业投入品的生产许可与监督抽查、农产品产地冷链物流基础设施建设等方面进行了规定；第五章是农产品销售，对销售农产品的检测，所使用的保鲜剂、防腐剂、添加剂、包装材料等，农产品运输、储存的容器和设备，禁止销售的农产品，销售农产品的包装或者附加承诺，网络平台销售农产品，转基因农产品标识，农产品质量安全追溯等进行了规定；第六章是监督管理，为确保农产品从生产到消费环节的质量安全，对农产品的风险分级管理、监督抽查制度、检测机构资质、社会监督、信用体系建设、现场检查、事故报告、责任追溯等进行了明确规定；第七章是法律责任，对各种违法行为的处理、处罚作出了规定；第八章是附则。

（二）新修订的《农产品质量安全法》十大亮点

2023年1月1日起施行的新版《农产品质量安全法》是贯彻落实党中央决策部署，按照"四个最严"的要求，完善农产品质量安全监督管理制度，回应社会关切，做好与《食品安全法》的衔接，实现从田间地头到百姓餐桌的全过程、全链条监管。主要的亮点如下：①将农户纳入法律调整范围，实现农产品生产经营主体监管全覆盖；②推行承诺达标合格证制度；③强化基层监管，夯实"最初一公里"；明确乡镇人民政府落实农产品质量安全监管责任，鼓励基层组织建立农产品质量安全信息员制度；④健全风险监测、风险评估制度；⑤明确农产品质量安全标准范围；⑥突出绿色优质，加强地理标志农产品保护；⑦加强农产品质量安全追溯；⑧推进农产品质量安全信用体系建设；⑨建立责任约谈制度，防患风险，压实责任；⑩加大对违法行为的处罚力度，增加"拘留"处罚形式。

（三）对农产品质量安全风险管理和标准制定的规定

国家建立农产品质量安全风险监测制度，明确部、省两级开展风险监测的重点。国家建立农产品质量安全风险评估制度，赋予国务院卫生健康和市场监督管理等部门发现需要对农产品进行质量安全风险评估提出建议的职责，建立风险评估信息通报机制，细化风险评估专家委员会的科学领域。同时，国家建立健全农产品质量安全标准体系，确保严格实施。

（四）对农产品产地管理的规定

农产品产地环境是影响农产品质量安全的源头，抓好农产品产地环境的管理，是保障农产品质量安全的前提。

县级以上地方人民政府农业农村主管部门应当会同同级生态环境、自然资源等部门按照保障农产品质量安全的要求，根据农产品品种特性和产地安全调查、监测、评价结果，依照土壤污染防治等法规的规定提出划定特定农产品禁止生产区域的建议，报本级人民政府批准后实施。任何单位和个人不得在特定农产品禁止生产区域种植、养殖、捕捞、采集特定农产品和建立特定农产品生产基地。县级以上人民政府应当采取措施，加强农产品基地建设，推进农业标准化示范建设，改善农产品的生产条件。任何单位和个人不得违反有关法规的规定向农产品产地排放或者倾倒废水、废气、固体废物或者其他有毒有害物质。农产品生产者应当科学合理使用农药、兽药、肥料、农用薄膜等农业投入品，防止对农产品产地造成污染。

（五）对农产品质量安全的规定

该法明确农产品生产经营者应当对其生产经营的农产品质量安全负责，落实主体责任。把农户、农民专业合作社、农业生产企业及收储运环节等都纳入监管范围。

1. 依照规定对农业投入品实行许可制度与监督抽查 农产品生产经营者应当依照有关法规和国家有关强制性标准、国务院农业农村主管部门的规定，科学合理使用农药、兽药、饲料和饲料添加剂、肥料等农业投入品，严格执行农业投入品使用安全间隔期或者休药期的规定；不得超范围、超剂量使用农业投入品危及农产品质量安全。禁止在农产品生产经营过程中使用国家禁止使用的农业投入品以及其他有毒有害物质。

2. 依照规定建立农产品生产记录　农产品生产企业、农民专业合作社、农业社会化服务组织应当建立农产品生产记录，如实记载使用农业投入品的名称、来源、用法、用量和使用、停用的日期；动物疫病、农作物病虫害的发生和防治情况；收获、屠宰或者捕捞的日期等情况。农产品生产记录应当至少保存 2 年。

3. 加强农产品质量安全管理　农产品生产企业、农民专业合作社、农业社会化服务组织应当加强农产品质量安全管理。农产品生产企业应当建立农产品质量安全管理制度，配备相应的技术人员。建立和实施危害分析和关键控制点体系，实施良好农业规范，提高农产品质量安全管理水平。

4. 鼓励发展"绿特优"农产品　国家鼓励和支持农产品生产经营者选用优质特色农产品品种，采用绿色生产技术和全程质量控制技术，生产绿色优质农产品，实施分等分级，提高农产品品质，打造农产品品牌。

（六）对农产品销售的规定

销售的农产品应当符合农产品质量安全标准。农产品生产企业、农民专业合作社应当根据质量安全控制要求自行或者委托检测机构对农产品质量安全进行检测；经检测不符合农产品质量安全标准的农产品，应当及时采取管控措施，且不得销售。

（1）农产品在包装、保鲜、储存、运输中所使用的保鲜剂、防腐剂、添加剂、包装材料等，应当符合国家有关强制性标准以及其他农产品质量安全规定。储存、运输农产品的容器、工具和设备应当安全、无害。

（2）农产品批发市场应当按照规定设立或者委托检测机构，对进场销售的农产品质量安全状况进行抽查检测；发现不符合农产品质量安全标准的，应当要求销售者立即停止销售，并向所在地市场监督管理、农业农村等部门报告。农产品销售企业对其销售的农产品，应当建立健全进货检查验收制度。

（3）农产品生产企业、农民专业合作社以及从事农产品收购的单位或者个人销售的农产品，按照规定应当包装或者附加承诺达标合格证等标识的，必须经包装或者附加标识后方可销售。包装物或者标识上应当按照规定标明产品的品名、产地、生产者、生产日期、保质期、产品质量等级等内容；使用添加剂的，还应当按照规定标明添加剂的名称。

（4）通过网络平台销售农产品的，应当依照本法和《中华人民共和国电子商务法》《中华人民共和国食品安全法》等法律法规的规定，严格落实质量安全责任，保证其销售的农产品符合质量安全标准。国家对列入农产品质量安全追溯目录的农产品实施追溯管理。农产品质量符合国家规定的有关优质农产品标准的，可以申请使用农产品质量标志。属于农业转基因生物的农产品，应当按照农业转基因生物安全管理的有关规定进行标识。依法需要实施检疫的动植物及其产品，应当附具检疫标志、检疫证明。

（七）对监督管理的规定

县级以上人民政府农业农村主管部门和市场监督管理等部门应当建立健全农产品质量安全全程监督管理协作机制，确保农产品从生产到消费各环节的质量安全。根据农产品质量安全风险监测、风险评估结果和农产品质量安全状况等，制定监督抽查计划，确定监督抽查的重点、方式和频次，并实施农产品质量安全风险分级管理。加强对农产品生产的监督管理，开展日常检查，重点检查农产品产地环境、农业投入品购买和使用、农产品生产记录、承诺达标合格证开具等情况，建立健全随机抽查机制。

开展农产品质量安全监督检查，有权采取下列措施：①进入生产经营场所进行现场检查，调查了解农产品质量安全的有关情况；②查阅、复制农产品生产记录、购销台账等与农产品质量安全有关的资料；③抽样检测生产经营的农产品和使用的农业投入品以及其他有关产品；④查封、扣押有证据证明存在农产品质量安全隐患或者经检测不符合农产品质量安全标准的农产品；⑤查封、扣押有证据证明可能危及农产品质量安全或者经检测不符合产品质量标准的农业投入品以及其他有毒有害物质；⑥查封、扣押用于违法生产经营农产品的设施、设备、场所以及运输工具；⑦收缴伪造的农产品质量标志。

（八）对检测机构的规定

农产品质量安全检测应当充分利用现有的符合条件的检测机构。检测机构应当具备相应的检测条件和能力，由省级以上人民政府农业农村主管部门或者其授权的部门考核合格。监督抽查检测不得收取费用，被抽查人对抽查检测结果有异议的，可在 5 个工作日内申请复检。

（九）对质量安全信息、风险防患的规定

县级以上人民政府农业农村等部门应当加强农产品质量安全信用体系建设，建立农产品生产经营者信用记录。鼓励消费者协会和其他单位或者个人对农产品质量安全进行社会监督，并根据规定制定本行政区域的农产品质量安全突发事件应急预案。县级以上地方人民政府市场监督管理部门依照法规规定，对农产品进入批发、零售市场或者生产加工企业后的生产经营活动进行监督检查。发现农产品质量安全违法行为涉嫌犯罪的，应当及时将案件移送公安机关。

（十）对法律责任的规定

（1）对违反本法规定，在特定农产品禁止生产区域种植、养殖、捕捞、采集特定农产品或者建立特定农产品生产基地的，由县级以上地方人民政府农业农村主管部门责令停止违法行为，没收农产品和违法所得，并处违法所得 1 倍以上 3 倍以下罚款。

（2）违反法律、法规规定，向农产品产地排放或者倾倒废水、废气、固体废物或者其他有毒有害物质的，依照有关环境保护法律、法规的规定处理、处罚；造成损害的，依法承担赔偿责任。

（3）农药、肥料、农用薄膜等农业投入品的生产者、经营者、使用者未按照规定回收并妥善处置包装物或者废弃物的，由县级以上地方人民政府农业农村主管部门依照有关法律、法规的规定处理、处罚。

（4）农产品生产企业、农民专业合作社、农业社会化服务组织未依照本法规定建立、保存农产品生产记录，或者伪造、变造农产品生产记录的，由县级以上地方人民政府农业农村主管部门责令限期改正；逾期不改正的，处 2000 元以上 20000 元以下罚款。

第三节　其他相关法律法规

PPT

情境导入

情景　呼和浩特市一家以"蒙牛"为企业字号的酒业公司对外宣称与蒙牛乳业（集团）股份有限公司是一家，被蒙牛乳业以侵犯注册商标专用权及不正当竞争为由告上法庭。北京市第一中级人民法院一审判决，被告蒙牛酒业在合理清理期满 2 个月后，停止使用含有"蒙牛"字样的企业名称，并赔偿原告经济损失 400 万元。判决作出后，蒙牛酒业并未提出上诉。

思考　1. 案例中的行为违反《中华人民共和国商标法》哪些条款？

2. 法院判处是否得当？

一、商标法

（一）概念和目的

《中华人民共和国商标法》（以下简称《商标法》）于 1982 年 8 月 23 日第五届全国人民代表大会常务委员会第二十四次会议通过，自 1983 年 3 月 1 日起实施。1993 年 2 月 22 日第七届全国人民代表大会常务委员会第三十次会议通过《商标法》第一次修正。为了完善我国商标专用权保护制度，适应我国加入 WTO 的需要，2001 年 10 月 27 日，第九届全国人民代表大会常务委员会第二十四次会议通过《商标法》的第二次修正，自 2001 年 12 月 1 日起实施。2013 年 8 月 30 日十二届全国人大常委会第四次会议《关于修改〈中华人民共和国商标法〉的决定》完成了对《商标法》的第三次修正，自 2014 年 5 月 1 日起施行。2019 年 4 月 23 日，第十三届全国人民代表大会常务委员会第十次会议通过《商标法》的第四次修正决定，自 2019 年 11 月 1 日起实施。

《商标法》是指在调整确认、保护商标专用过程中发生的社会关系的法律规范的总称。制定的目的是加强商标管理，保护商标专用权，促使生产、经营者保证商品和服务质量，维护商标信誉，以保障消费者和生产、经营者的利益，促进社会主义市场经济的发展。

（二）主要内容

1. 总则　主要对本法的立法目的、主管部门、注册商标的含义及范围、商标注册的取得及权利人的权利和责任、可以和不得作为商标使用并申请注册的情形、驰名商标的认定和保护、商标不予注册并禁止使用的情形、涉外商标注册、商标代理机构及该行业的义务和责任等作出规定。

2. 商标注册的申请　自然人、法人或者其他组织对其生产、制造、加工、拣选或者经销的商品或提供的服务项目，需要取得商标专用权的，应当向商标局申请商品商标注册。国家规定必须使用注册商标的商品，必须申请商标注册，未经核准注册的，不得在市场销售。申请商标注册的，应当按规定的商品分类表填报使用商标的商品类别和商品名称。为申请商标注册所申报的事项和所提供的材料应当真实、准确、完整。

3. 商标注册的审查和核准　申请注册的商标，凡符合本法有关规定的，由商标局初步审定，予以公告。凡不符合本法有关规定或者同他人在同一种商品或者类似商品上已经注册的或者初步审定的商标相同或者近似的，由商标局驳回申请，不予公告。

4. 注册商标的续展、变更、转让和使用许可　注册商标的有效期为 10 年，自核准注册之日起计算。注册商标有效期满，需要继续使用的，应当在期满前 12 个月内申请续展注册；在此期间未能办理的，可以给予 6 个月的宽展期。宽展期满仍未提出申请的，注销其注册商标。每次续展注册的有效期为 10 年。转让注册商标的，转让人和受让人应当签订转让协议，并共同向商标局提出申请。受让人应当保证使用该注册商标的商品质量。

5. 注册商标的无效宣告　违反有关商标禁用标志规定或者是以欺骗手段或者其他不正当手段取得注册的商标，由商标局宣告该注册商标无效；其他单位或者个人可以请求商标评审委员会宣告该注册商标无效。

6. 商标使用的管理

（1）对注册商标的使用管理　商标注册人在使用注册商标的过程中，自行改变注册商标、注册人名义、地址或者其他注册事项的，由地方市场监督管理部门责令限期改正；期满不改正的，由商标局撤销其注册商标。注册商标成为其核定使用的商品的通用名称或者没有正当理由连续 3 年不使用的，任何单位或者个人可以向商标局申请撤销该注册商标。商标局应当自收到申请之日起 9 个月内作出决定。

（2）对未注册商标的管理　使用未注册商标时不符合规定的，由地方市场监督管理部门予以制止，限期改正，并可以予以通报或者处以罚款。

（3）对商标局撤销注册商标的决定　当事人不服商标局撤销注册商标的决定，可以在收到通知之日起15天内申请复审，由商标评审委员会作出决定，并书面通知申请人；对市场监督管理部门作出的罚款决定，当事人不服的，可以在收到通知之日起30日内，向人民法院起诉。法定期限届满，当事人对商标局作出的撤销注册商标的决定不申请复审或者对商标评审委员会作出的复审决定不向人民法院起诉的，撤销注册商标的决定、复审决定生效。

7. 注册商标专用权的保护

（1）商标权的保护范围　注册商标的专用权，以核准注册的商标和核定使用的商品为限。

（2）商标侵权行为　根据《商标法》第五十七条规定侵犯注册商标专用权的行为。

（3）对商标侵权行为的处理　市场监督管理部门有权责令侵权人立即停止侵权行为，没收、销毁侵权商品和专门用于制造侵权商品、伪造注册商标标识的工具，并处以罚款。对侵犯注册商标专用权的，被侵权人也可以直接向人民法院起诉，制止侵权行为；假冒注册商标等行为，构成犯罪的，除赔偿损失外被侵权机关可依法追究刑事责任。

案例评析

8. 附则　本章共2条，规定了两方面的内容：①对申请商标注册等事宜应当缴纳费用作了规定；②规定了本法的施行日期，并明确了本法施行前已经注册的商标继续有效。

二、计量法

（一）概念和目的

《中华人民共和国计量法》（以下简称《计量法》）于1985年9月6日经第六届全国人民代表大会常务委员会第十二次会议通过，自1986年7月1日起正式实施。根据2009年8月27日第十一届全国人民代表大会常务委员会第十次会议《关于修改部分法律的决定》第一次修正。根据2013年12月28日第十二届全国人民代表大会常务委员会第六次会议《关于修改〈中华人民共和国海洋环境保护法〉等七部法律的决定》第二次修正。根据2015年4月24日第十二届全国人民代表大会常务委员会第十四次会议《关于修改〈中华人民共和国计量法〉等五部法律的决定》第三次修正。根据2017年12月27日第十二届全国人民代表大会常务委员会第三十一次会议《关于修改〈中华人民共和国招标投标法〉、〈中华人民共和国计量法〉的决定》第四次修正。根据2018年10月26日第十三届全国人民代表大会常务委员会第六次会议《关于修改〈中华人民共和国野生动物保护法〉等十五部法律的决定》第五次修正。

《计量法》是调整计量关系法律规范的总称，凡在中华人民共和国境内，建立计量基准器具、计量标准器具，进行计量检定，制造、修理、销售、使用计量器具，都必须遵守《计量法》。其制定的目的是加强计量监督管理，保障国家计量单位制的统一和量值的准确可靠，有利于生产、贸易和科学技术的发展，适应社会主义现代化建设的需要，维护国家、人民的利益。

根据《计量法》规定，我国采用国际单位制计量单位和国家选定的其他计量单位，为国家法定计量单位。国家废除非法定计量单位。自1991年1月起，除个别特殊领域外，不允许再使用非法定计量单位。国务院计量行政部门对全国计量工作实施统一监督管理。县级以上地方人民政府计量行政部门对行政区域内的计量工作实施监督管理。《计量法》对使用国家法定计量单位，建立计量基准器具、计量标准器具，进行计量检定。开发、制造、修理、销售、使用和进口计量器具，以及计量监督和法律责任等作出了明确规定。

1. 计量

（1）计量的定义　根据国家计量技术规范JJF1001—2011《通用计量术语及定义》，计量的定义为实现单位统一和量值准确可靠的测量。从定义可以看出，计量属于测量的范畴，计量源于测量，而又严于一般的测量，是测量的一种特定形式。它以现代科学技术所能达到的最高准确度，建立计量基准和计量标准，并用以核准工作计量器具，实现对全国计量业务的国家监督。

（2）计量的特点　计量具有统一性、准确性和强制性。统一是目的，准确是基础，强制是手段。目前我国已制定出《计量法》等一整套的法律、行政法规、规章。要求在生产活动、商品交换、科学文化等一切领域，都必须认真遵守、严格执行，必要时实行强制管理。

（3）计量的意义　计量工作是推行标准化，加强质量工作的基础。凡经计量认证合格的产品质量监督检验机构提供的数据，用于贸易出证、产品质量评价、成果鉴定等的公证数据，都具有法律效力。

2. 《计量法》的立法原则

（1）着重于为单位制统一和量值准确可靠及维护经济秩序的问题立法的原则。

（2）统一立法，区别管理的原则（他律与自律）。

（3）政府管公共计量活动，部门和单位管自我的计量活动原则。

（4）凡经济调节可解决的，不用行政手段解决的原则。

（5）短期中无法解决的，就不急于立法的原则。

（二）主要内容

1. 立法宗旨　保障国家计量单位制的统一和量值的准确可靠，有利于生产、贸易和科学技术的发展，适应社会主义现代化建设的需要，维护国家、人民的利益。

2. 适用范围　在中华人民共和国境内，建立计量基准器具、计量标准器具，进行计量检定，制造、修理、销售、使用计量器具，必须遵守本法。

3. 法定计量单位　国家采用国际单位制。国际单位制计量单位和国家选定的其他计量单位，为国家法定计量单位。

4. 计量检定　计量检定必须按照《国家计量检定系统表》进行。《国家计量检定系统表》由国务院计量行政部门制定。计量检定必须执行计量检定规程。没有国家计量检定规程的，由国务院有关主管部门和省、自治区、直辖市人民政府计量行政部门分别制定部门计量检定规程和地方计量检定规程，并向国务院计量行政部门备案。计量检定工作应当按照经济合理的原则，就地就近进行。

5. 计量基准　国务院计量行政管理部门负责建立各种计量基准器具，作为统一全国量值的最高依据。

6. 计量认证　《计量法》第二十二条规定："为社会提供公证数据的产品质量检验机构，必须经省级以上人民政府计量行政部门对其计量检定、测试的能力和可靠性考核合格。"

7. 违反《计量法》法律制度应承担的法律责任

（1）未取得《制造计量器具许可证》《修理计量器具许可证》制造或修理计量器具的，责令停止生产、停止营业，没收违法所得，可以并处罚款。

（2）制造、销售未经考核合格的计量器具新产品的，责令停止；制造、销售该种新产品，没收违法所得，可以并处罚款。

（3）制造、修理、销售的计量器具不合格的，没收违法所得，可以并处罚款。

（4）属于强制检定范围的计量器具，未按照规定申请检定或者检定不合格继续使用的，责令停止使用，可以并处罚款。

（5）使用不合格的计量器具或者破坏计量器具准确度，给国家和消费者造成损失的，责令赔偿损失，没收计量器具和违法所得，可以并处罚款。

（6）制造、销售、使用以欺骗消费者为目的的计量器具的，没收计量器具和违法所得，处以罚款；

情节严重的，并对个人或者单位直接责任人员依照刑法有关规定追究刑事责任。

（7）违反本法规定，制造、修理、销售的计量器具不合格，造成人身伤亡或者重大财产损失的，依照刑法有关规定，对个人或者单位直接责任人员追究刑事责任。

（8）计量监督人员违法失职，情节严重的，依照《刑法》有关规定追究刑事责任；情节轻微的，给予行政处分。

（9）本法规定的行政处罚，由县级以上地方人民政府计量行政部门决定。

（10）当事人对行政处罚决定不服的，可以在接到处罚通知之日起15日内向人民法院起诉；对罚款、没收违法所得的行政处罚决定期满不起诉又不履行的，由作出行政处罚决定的机关申请人民法院强制执行。

三、进出口商品检验法

（一）概念和目的

《中华人民共和国进出口商品检验法》（以下简称《进出口商品检验法》），中国现行有效的经济法之一，1989年2月21日第七届全国人民代表大会常务委员会第六次会议通过，1989年2月21日中华人民共和国主席令第14号公布，历经2002年、2013年、2018年4月、2018年12月、2021年五次修正，共6章节39条。

《进出口商品检验法》的制定目的是加强进出口商品检验工作，规范进出口商品检验行为，维护社会公共利益和进出口贸易有关各方的合法权益，促进对外经济贸易关系的顺利发展。它以法律的形式明确了对进出口商品实施法定检验、办理进出口商品鉴定业务，以及监督管理进出口商品检验工作等基本职责。《进出口商品检验法》同时规定了法定检验的内容、标准，以及质量认证、质量许可、认可国内外检验机构等监管制度，并规定了相应的法律责任。

《中华人民共和国进出口商品检验法实施条例》（以下简称《商检法实施条例》）作为《进出口商品检验法》的配套法规，具体规定了商检部门主管进出口商品检验工作的法律地位，规定了法定检验、鉴定业务的范围、监督管理的各项制度，并在符合《进出口商品检验法》基本原则的基础上规定了商检部门可以制定行业标准、开展外商投资财产鉴定、质量体系评审等业务。《进出口商品检验法》以及《商检法实施条例》的发布施行，对于进一步加强进出口商品检验把关、维护国家利益和信誉、促进外贸发展具有重大意义。现行版本根据2022年3月29日《国务院关于修改和废止部分行政法规的决定》修订。

（二）主要内容

1. 进出口商品检验管理机构 国务院设立进出口商品检验部门（以下简称国家商检部门），主管全国进出口商品检验工作。国家商检部门设在各地的进出口商品检验机构（以下简称商检机构）管理所辖地区的进出口商品检验工作。

2. 商品检验管理的内容

（1）进口商品检验 根据《进出口商品检验法》的规定，必须经商检机构检验的进口商品的收货人或者其代理人，应当在商检机构规定的地点和期限内，接受商检机构对进口商品的检验。对重要的进口商品和大型的成套设备，收货人应当依据对外贸易合同约定在出口国装运前进行预检验、监造或者监装，主管部门应当加强监督；商检机构根据需要可以派出检验人员参加。前款规定的进口商品未经检验的，不准销售、使用。

（2）出口商品检验 根据《进出口商品检验法》的规定，必须经商检机构检验的出口商品的发货人或者其代理人，应当在商检机构规定的地点和期限内，向商检机构报检。经商检机构检验合格发给检验证单的出口商品，应当在商检机构规定的期限内报关出口；超过期限的，应当重新报检。为出口危险货物生产包装容器的企业，必须申请商检机构进行包装容器的性能鉴定。生产出口危险货物的企业，必须申请商检机构进行包装容器的使用鉴定。使用未经鉴定合格的包装容器的危险货物，不准出口。对装运出口易腐烂变质食品的船舱和集装箱，承运人或者装箱单位必须在装货前申请检验。未经检验合格的，不准装运。

（3）检验鉴定　经国家商检部门许可的检验机构，可以接受对外贸易关系人或者外国检验机构的委托，办理进出口商品检验鉴定业务。进出口商品鉴定业务的范围包括：进出口商品的质量、数量、重量、包装鉴定和货载衡量；进出口商品的监视装载和监视卸载；进出口商品的积载鉴定、残损鉴定、载损鉴定和海损鉴定；装载出口商品的船舶、车辆、飞机、集装箱等运载工具的适载鉴定；装载进出口商品的船舶封舱、舱口检视、空距测量；其他进出口商品检验鉴定业务。

3. 商品检验管理的方法　①法定检验、地方性法定检验和自行检验；②报检、检验与出证；③检验鉴定申请与鉴定证书；④派员驻厂；⑤处罚。

4. 法律责任

（1）《商检机构实施检验的进出口商品类表》中的商品必须经商检机构检验的，进口商品未报经检验而擅自销售或者使用的，出口商品未报经检验合格而擅自出口的，由商检机构处以罚款；情节严重，造成重大经济损失的，对直接责任人员比照《刑法》第一百八十七条的规定追究刑事责任。

（2）对于国家商检机构工作人员的法律责任，《进出口商品检验法》规定，国家商检部门、商检机构的工作人员滥用职权，徇私舞弊，伪造检验结果的，或者玩忽职守，延误检验出证的，根据情节轻重，给予行政处分或者依法追究刑事责任。

四、标准化法

《中华人民共和国标准化法》（以下简称《标准化法》）由 1988 年 12 月 29 日第七届全国人民代表大会常务委员会第五次会议通过，2017 年 11 月 4 日第十二届全国人民代表大会常务委员会第三十次会议修订，自 2018 年 1 月 1 日起施行。

《标准化法》是为了加强标准化工作，提升产品和服务质量，促进科学技术进步，保障人身健康和生命财产安全，维护国家安全、生态环境安全，提高经济社会发展水平而制定的。本法所称标准（含标准样品）是指农业、工业、服务业以及社会事业等领域需要统一的技术要求。

五、环境保护法

《中华人民共和国环境保护法》（以下简称《环境保护法》）由 1989 年 12 月 26 日第七届全国人民代表大会常务委员会第十一次会议通过，2014 年 4 月 24 日第十二届全国人民代表大会常务委员会第八次会议修订，自 2015 年 1 月 1 日起施行。

《环境保护法》是为了保护和改善环境，防治污染和其他公害，保障公众健康，推进生态文明建设，促进经济社会可持续发展而制定。本法所称环境，是指影响人类生存和发展的各种天然的和经过人工改造的自然因素的总体，包括大气、水、海洋、土地、矿藏、森林、草原、湿地、野生生物、自然遗迹、人文遗迹、自然保护区、风景名胜区、城市和乡村等。

六、反食品浪费法

2021 年 4 月 29 日，中华人民共和国第十三届全国人民代表大会常务委员会第二十八次会议通过

《中华人民共和国反食品浪费法》（以下简称《反食品浪费法》），自公布之日起施行。

　　《反食品浪费法》是为了防止食品浪费，保障国家粮食安全，弘扬中华民族传统美德，践行社会主义核心价值观，节约资源，保护环境，促进经济社会可持续发展，根据宪法制定的法律。

实训十　以案读法——《产品质量法》案例评析

一、实训目的

1. 熟悉《产品质量法》法律条文。
2. 能够运用《产品质量法》相关法律条文进行案例分析。
3. 培养学生的辩证思维，使学生能够依法合规地从事生产经营活动。

二、实训内容

结合当下热点案例，学习《产品质量法》条文。

三、实训要求

　　1. 案例筛选　教师提前筛选好一些产品质量事件案例，学生分组，各组可以选择教师筛选的案例，也可自行选择案例。

　　2. 案例分析　学生小组课前讨论查阅资料，了解事件的起因经过及相关处罚，制作 PPT，课上小组代表发言，从食品生产者、经营者、消费者、监管者等多角度分析事件，指出事件的主要违法行为，违反了哪些法律条款的规定，相应的处罚依据又是哪些条款，针对此类事件有哪些好的改善建议。

　　3. 教师总结　学生发言后教师进行指正和总结。

实训十一　以案读法——《农产品质量安全法》案例评析

一、实训目的

1. 熟悉《农产品质量安全法》法律条文。
2. 能够运用农产品质量安全法相关法律条文进行案例分析。
3. 培养学生的辩证思维，使学生学会依据法规正确的分析处理农产品质量安全事件。

二、实训内容

结合当前热点案例，学习《农产品质量安全法》法律条文。

三、实训要求

　　1. 案例筛选　教师提前筛选好一些农产品质量安全事件案例，学生分组，各组可以选择教师筛选的案例，也可自行选择案例。

　　2. 案例分析　学生小组课前讨论查阅资料，了解事件的起因经过及相关处罚，制作 PPT，课上小组代表发言，从农产品生产者、经营者、消费者、监管者等多角度分析事件，指出事件的主要违法行为，违反了哪些法律条款的规定，相应的处罚依据又是哪些条款，针对此类事件有哪些好的改善建议。

3. 教师总结　学生发言后教师进行指正和总结。

实训十二　分析《商标法》违法案例

一、实训目的

1. 熟悉《商标法》法律条文。

2. 能够运用《商标法》相关法律条文进行案例分析。

3. 培养学生的辩证思维，使学生学会用采用法律的方法维护自身合法权益。

二、实训内容

结合当前热点案例，学习《商标法》法律条文。

三、实训要求

1. 案例筛选　教师提前筛选好一些有关商品商标的事件，学生分组，各组可以选择教师筛选的案例，也可自行选择案例。

2. 案例分析　学生小组课前讨论查阅资料，了解事件的起因经过及相关处罚，制作 PPT，课上小组代表发言，从食品生产者、经营者、消费者、监管者等多角度分析事件，指出事件的主要违法行为，违反了哪些法律条款的规定，相应的处罚依据又是哪些条款，针对此类事件有哪些好的改善建议。

3. 教师总结　学生发言后教师进行指正和总结。

练 习 题

答案解析

一、单选题

1. 《产品质量法》所称的产品不包括（　　）。

    A. 建筑工程　　　　B. 建筑材料　　　　C. 建筑配件　　　　D. 建筑设备

2. 生产者、销售者应当建立健全（　　），严格实施岗位质量规范、质量责任以及相关的考核办法。

    A. 内部财务制度　　　　　　　　　　B. 内部人事管理制度

    C. 内部管理制度　　　　　　　　　　D. 内部产品质量管理制度

3. （　　）应当对其生产的产品质量负责。

    A. 生产者　　　　B. 销售者　　　　C. 消费者　　　　D. 运输者

4. 从事农产品质量安全检测的机构必须由（　　）以上人民政府农业行政主管部门或者其授权的部门考核合格。

    A. 县级　　　　B. 省级　　　　C. 市级　　　　D. 乡（镇）级

5. 注册商标的有效期为（　　）。

    A. 10 年　　　　B. 15 年　　　　C. 20 年　　　　D. 30 年

二、多选题

1. 制定、实施《产品质量法》的意义是（   ）。

    A. 明确产品责任，维护社会经济秩序   B. 强化产品质量的监督管理

    C. 提高产品质量水平   D. 保护消费者合法权益

2. 县级以上农业行政主管部门在农产品质量安全监督检查中，可以（   ）。

    A. 对生产、销售的农产品进行现场检查

    B. 查阅、复制与农产品质量安全有关的记录和其他资料

    C. 对经检测不符合农产品质量安全标准的农产品，有权查封、扣押

    D. 监督抽查检测，应向被抽查人收取费用

3.《计量法》规定，在中华人民共和国境内，（   ）和使用计量器具，必须遵守本法。

    A. 建立计量基准器具   B. 建立计量标准器具

    C. 制造计量器具   D. 进行计量检定

三、简答题

1. 国家实施监督抽查的重点产品有哪些？

2. 哪个部门承担农产品质量安全的管理工作？

书网融合……

本章小结   微课   题库

第六章

标准与标准化

学习目标

知识目标

1. **掌握** 标准的构成及各要素编写的基本要求。
2. **熟悉** 标准的分类方法及标准制定的基本程序。
3. **了解** 标准和标准化的基本概念。

能力目标

1. 能够读懂并应用现行标准解决实际问题。
2. 具备利用标准化文件编写工具软件（SET 2020）编制标准的能力。

素质目标

通过本章的学习，树立正确价值观，理解标准化对于食品行业的重要意义，培养学生将食品标准知识应用于食品加工、食品检测的意识；帮助学生养成乐于自主查询、学习食品标准及相关法规的习惯。

情境导入

情景 2021年10月，中共中央、国务院印发了《国家标准化发展纲要》。文件指出，标准是经济活动和社会发展的技术支撑，是国家基础性制度的重要方面。标准化在推进国家治理体系和治理能力现代化中发挥着基础性、引领性作用。

2022年，全国各地各部门大力实施《国家标准化发展纲要》，不断健全推动高质量发展的标准体系，提升市场主体标准创新能力，推进标准制度型开放，在助力高技术创新、促进高水平开放、引领高质量发展上发挥了积极作用。根据《中国标准化发展年度报告（2022年）》数据统计：2022年，国家标准委批准发布国家标准2266项。按照标准性质划分，强制性标准82项，推荐性标准2099项，指导性技术文件85项；2022年，备案行业标准3501项。截至2022年底，共批准设立73类行业标准，备案行业标准共78431项。2022年，备案地方标准8600项。截至2022年底，备案地方标准共61969项。2022年，企业通过企业标准信息公共服务平台自我声明公开标准470738项，涵盖产品721585种。截至2022年底，共有402284家企业通过企业标准信息公共服务平台自我声明公开标准2621816项，涵盖产品4358182种。

思考 1. 何为"国家标准""行业标准""地方标准"及"企业标准"？

2. 为什么有些食品没有国家标准？

第一节 标准化基础知识

PPT

一、标准化的定义

GB/T 20000.1—2014《标准化工作指南 第1部分：标准化和相关活动的通用术语》对"标准化"的定义："为了在既定范围内获得最佳秩序，促进共同效益，对现实问题或潜在问题确立共同使用和重复使用的条款以及编制、发布和应用文件的活动。"标准化包括编制、发布和实施标准的过程。标准化的主要作用在于为了其预期目的改进产品、过程或服务的适用性，防止贸易壁垒，并促进技术使用。

1. 标准化过程不是一个单独的、孤立的个体，而是一个系列活动过程 标准化是一个制定标准、实施标准和修订标准的过程。这个过程是一个循环的、螺旋运动的过程。每完成一个周期，标准水平就会提高一步。标准是标准化活动的产物。

2. 标准化是一项有目的的活动标准化 可以有一个或多个具体目的，如品种控制、产品可用性、兼容性、互换性、环境保护、产品保护、安全、健康、相互理解、经济效益、贸易等。标准化的主要作用之一是改进产品、工艺或服务的适用性，以实现预期目的，包括贸易壁垒和促进技术合作等问题。

3. 标准化活动是建立规范的活动 "条款"的定义是规范性内容的表达。标准化活动建立了通用和可重用的规范。术语或规范不仅针对当前的问题，而且针对潜在的问题，这是信息时代的一个重大变化和标准化的一个重要特征。

二、标准化的原则

1. 超前预防的原则 标准作为共同使用和重复使用的一种规范性文件，需要具有一定的稳定性，为了更好地适应科技的快速发展，标准化的对象不仅要在依存主体的实际问题中选取，更应从潜在问题中选取，以有效地预防其多样化和复杂化，以避免该对象非标准化造成的损失。

2. 协商一致的原则 标准是通过标准化活动，按照规定的程序经协商一致制定，是大家共同使用和重复使用的一种规范性文件。基于"共同使用"和"重复使用"，标准化的成果应建立在相关各方协商一致的基础上，最终形成一致的标准，这个标准才能在实际生产和工作中得到顺利的贯彻实施。例如许多食品标准为国内从事该行业的主要协会和生产企业联合协商制定。例如 GB/T 10789—2015《饮料通则》由起草单位中国饮料工业协会技术工作委员会、可口可乐饮料（上海）有限公司、康师傅饮品投资（中国）有限公司、杭州娃哈哈集团有限公司、农夫山泉股份有限公司、北京汇源饮料食品集团有限公司、百事亚洲研发中心有限公司、统一企业（中国）投资有限公司、四川蓝剑饮品集团有限公司、华润怡宝食品饮料（深圳）有限公司、雀巢（中国）有限公司等联合协商制定。

3. 统一有度的原则 技术指标反映标准水平，要根据科学技术的发展水平和产品、管理等方面实际情况来确定技术指标，必须坚持统一有度的原则。如同一类食品，食品安全标准中应有统一的上限（食品中污染物、微生物等）、统一的下限（食品中营养成分的含量）。同一类产品的企业标准，要与相应的行业标准、地方标准以及国家标准相统一，可严于相应的行业、地方及国家标准，不得松于其规定的指标。

4. 动变有序的原则 标准应依据其所处环境的变化，按规定的程序适时修订，才能保证标准的先进性。一个标准制定完成之后，并不是一成不变的，应随着科学技术的发展、人民生活水平的提高以及人民对食品安全要求的不断提高，进行标准的修订。国家标准一般每5年修订一次，企业标准一般每3

年修订一次。

5. 互相兼容的原则　标准应尽可能使不同的产品、过程或服务实现互换和兼容，以扩大标准化经济效益和社会效益。在标准中要统一计量单位、统一制图符号，对同一类的产品在核心技术上应制定统一的技术要求。如在食品中微生物指标限量表示方法中菌落总数的单位均为 CFU/g 或 CFU/mL，检验参考标准为统一的 GB 4789.2—2022《食品安全国家标准 食品微生物学检验 菌落总数测定》。单位和检测方法的兼容统一利于资源、技术共享。

6. 系列优化的原则　标准化的对象应该优先考虑其所依存主体系统能获得最佳效益。在标准制定中尤其是系列标准的制定中，一定应坚持系列优化的原则。例如《食品中农药残留量的测定方法》（GB 23200.1～121）、《食品微生物学检验方法》（GB 4789.1～44）以及《食品理化分析检验方法》（GB 5009.1～287），都是一系列通用的方法，是不断完善、系列优化的检验标准，不同种类的食品都可以引用这些检验方法，也便于测定结果的相互比较，保证食品质量。

7. 阶梯发展的原则　标准的发展是一个阶梯发展的过程。科学技术的发展和进步以及人们认识水平的提高，对标准化的发展有明显的促进作用。例如目前适用的标准 GB 4789.2—2022《食品安全国家标准 食品微生物学检验 菌落总数测定》，从 1984 年至今历经了 7 次修订，每一次修订都是该标准的一次进步与发展，使其更适应社会及产业技术的发展，水平不断提高，检测方法更科学合理。GB 4789.2 在 2022 年修订版中，增加了"附录 B 示例"的内容，总结了检测工作者在实际检测过程中可能遇到的具体情况并给出示例，增强了标准的实用性。

8. 滞阻即废的原则　当标准制约或阻碍依存主体的发展时，应及时进行更正、修订或废止，以适应社会经济的发展需要。近些年，国家一直进行食品标准的清理工作，食品安全标准体系也初步形成。

第二节　标准分类

一、按标准实施的约束力分类

（一）强制性标准

国家通过法律的形式明确要求对于一些标准所规定的技术内容和要求必须执行，不允许以任何理由或方式加以违反、变更，这样的标准称之为强制性标准。如 GB 7101—2022《食品安全国家标准 饮料》、GB 2762—2022《食品安全国家标准 食品中污染物限量》、GB 1903.40—2022《食品安全国家标准 食品营养强化剂 低聚果糖》等，强制性标准必须执行。

（二）推荐性标准

强制性标准以外的标准都是推荐性标准。推荐性标准是倡导性、指导性、自愿性的标准。国家鼓励企业采用推荐性标准，但企业一旦采用了某推荐性标准作为产品标准，则对于该企业这个标准同样具备强制标准的约束力，标准中规定的产品各项指标必须满足后方可出厂。如 GB/T 10784—2020《罐头食品分类》、GB/T 10781.2—2022《白酒质量要求 第 2 部分：清香型白酒》、GB/T 23970—2022《卤蛋质量通则》等。推荐性国家标准、行业标准、地方标准、团体标准、企业标准的技术要求不得低于强制性国家标准的相关技术要求。

二、按标准制定的主体分类

根据标准制定的主体，从世界范围来看，标准分为国际标准、区域性标准、国家标准、行业标准、地方标准与企业标准。按照《标准化法》，我国目前将标准分为国家标准、行业标准、地方标准、团体标准和企业标准。国家标准分为强制性标准、推荐性标准，行业标准、地方标准是推荐性标准。

（一）国家标准

1. 强制性国家标准　《标准化法》规定，对保障人身健康和生命财产安全、国家安全、生态环境安全以及满足经济社会管理基本需要的技术要求，应当制定强制性国家标准。

国务院有关行政主管部门依据职责负责强制性国家标准的项目提出、组织起草、征求意见和技术审查。国务院标准化行政主管部门负责强制性国家标准的立项、编号和对外通报。国务院标准化行政主管部门应当对拟制定的强制性国家标准是否符合前款规定进行立项审查，对符合前款规定的予以立项。

省、自治区、直辖市人民政府标准化行政主管部门可以向国务院标准化行政主管部门提出强制性国家标准的立项建议，由国务院标准化行政主管部门会同国务院有关行政主管部门决定。社会团体、企业事业组织以及公民可以向国务院标准化行政主管部门提出强制性国家标准的立项建议，国务院标准化行政主管部门认为需要立项的，会同国务院有关行政主管部门决定。

强制性国家标准由国务院批准发布或者授权批准发布。法律、行政法规和国务院决定对强制性标准的制定另有规定的，从其规定。食品安全标准是《中华人民共和国食品安全法》中明确规定的唯一强制性食品标准。

强制性国家标准代号由大写字母"GB"表示，强制性国家标准的编号由国家标准代号、标准顺序号和发布年代号组成，见图6-1。如 GB 2716—2018《食品安全国家标准 植物油》。

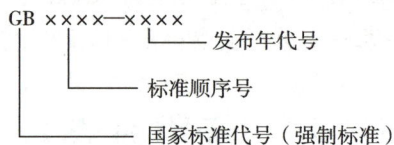

图 6-1　强制性国家标准编号

2. 推荐性国家标准　对满足基础通用、与强制性国家标准配套、对各有关行业起引领作用等需要的技术要求，可以制定推荐性国家标准。推荐性国家标准由国务院标准化行政主管部门制定。

推荐性国家标准代号由大写字母"GB/T"表示。推荐性国家标准的编号由国家标准代号、标准顺序号和发布年代号组成，见图6-2。如 GB/T 23968—2022《肉松质量通则》。

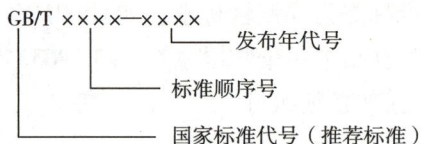

图 6-2　推荐性国家标准编号

（二）行业标准

对没有国家标准、需要在全国某个行业范围内统一的技术要求，可以制定行业标准。行业标准是对国家标准的补充，是专业性、技术性较强的标准。行业标准由国务院有关行政主管部门制定，报国务院标准化行政主管部门备案。行业标准由行业标准归口部门统一管理。行业标准在相应的国家标准实施后，即行废止。

行业标准的实施范围主要是需要在行业范围内统一的技术要求，下列技术要求可以制定行业标准（含标准样品的制作）。

（1）技术术语、符号、代号（含代码）、文件格式、制图方法等通用技术语言。

（2）工、农业产品的品种、规格、性能参数、质量指标、试验方法以及安全、卫生要求。

（3）工、农业产品的设计、生产、检验、包装、储存、运输、使用、维修方法以及生产、储存、运输过程中的安全、卫生要求。

（4）通用零部件的技术要求。

（5）产品结构要素和互换配合要求。

（6）工程建设的勘察、规划、设计、施工及验收的技术要求和方法。

（7）信息、能源、资源、交通运输的技术要求及其管理技术等要求。

不同的行业标准具有不同的代号，国家规定了 58 个行业标准的代号，具体见表 6 - 1。

表 6 - 1　中华人民共和国行业标准代号

序号	行业标准名称	行业标准代号	序号	行业标准名称	行业标准代号
1	农业	NY	30	劳动和劳动安全	LD
2	水产	SC	31	电子	SJ
3	水利	SL	32	通信	YD
4	林业	LY	33	广播电影电视	GY
5	轻工	QB	34	电力	DL
6	纺织	FZ	35	金融	JR
7	医药	YY	36	海洋	HY
8	民政	MZ	37	档案	DA
9	教育	JY	38	商检	SN
10	烟草	YC	39	文化	WH
11	黑色冶金	YB	40	体育	TY
12	有色冶金	YS	41	国内贸易	SB
13	石油天然气	SY	42	物资管理	WB
14	化工	HG	43	环境保护	HJ
15	石油化工	SH	44	稀土	XB
16	建材	JC	45	城镇建设	CJ
17	地质矿产	DZ	46	建筑工业	JG
18	土地管理	TD	47	新闻出版	CY
19	测绘	CH	48	煤炭	MT
20	机械	JB	49	卫生	WS
21	汽车	QC	50	公共安全	GA
22	民用航空	MH	51	包装	BB
23	兵工民品	WJ	52	地震	DB
24	船舶	CB	53	旅游	LB
25	航空	HB	54	气象	QX
26	航天	QJ	55	外经贸	WM
27	核工业	EJ	56	海关	HS
28	铁路运输	TB	57	邮政	YZ
29	交通	JT	58	认证认可	RB

根据《标准化法》规定，行业标准均为推荐性标准，推荐性行业标准的代号是在行业标准代号后面加"/T"，如 NY/T 表示农业行业标准代号。行业标准的编号由行业标准代号、标准顺序号和发布年代号组成，见图 6 - 3。如农业行业标准 NY/T 595—2022《食用籼米》、国内贸易行业标准 SB/T 10808—2022《便利店运营规范》、轻工行业标准 QB/T 2829—2022《螺旋藻碘盐》。

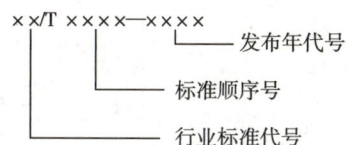

××/T ××××—××××
发布年代号
标准顺序号
行业标准代号

图 6 - 3　行业标准编号

（三）地方标准

我国地方标准是指在某个省、自治区、直辖市范围内需要统一的标准。没有国家标准和行业标准而又需要在省、自治区、直辖市范围内统一的食品安全、卫生要求，为满足地方自然条件、风俗习惯等特殊技术要求，可以制定地方标准。地方标准只在本行政区域内使用。

地方标准由省、自治区、直辖市人民政府标准化行政主管部门制定；设区的市级人民政府标准化行政主管部门根据本行政区域的特殊需要，经所在地省、自治区、直辖市人民政府标准化行政主管部门批准，可以制定本行政区域的地方标准。地方标准由省、自治区、直辖市人民政府标准化行政主管部门报国务院标准化行政主管部门备案，由国务院标准化行政主管部门通报国务院有关行政主管部门。

对地方特色食品，没有食品安全国家标准的，省、自治区、直辖市人民政府卫生行政部门可以制定并公布食品安全地方标准，报国务院卫生行政部门备案。食品安全国家标准制定后，该地方标准即行废止。

地方标准的编号由地方标准代号、标准顺序号和发布年代号组成，见图6-4。地方标准代号为"DB+行政区代码/T"，如天津地方标准 DB12/T 914—2019《中小学学生餐营养指南》；食品安全地方标准代号为"DBS"加上省、自治区、直辖市行政区划代码再加斜线，见图6-5。如广西食品安全地方标准 DBS45/ 076—2022《食品安全地方标准 五色糯米饭》。

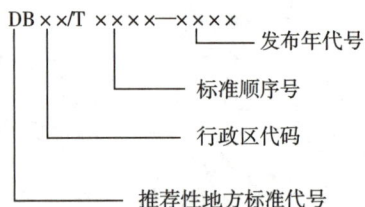

图6-4 推荐性地方标准编号

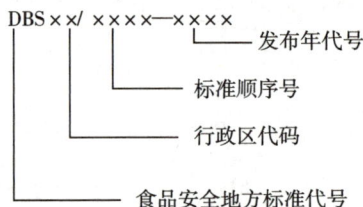

图6-5 食品安全地方标准编号

各省、自治区、直辖市行政区划代码见表6-2。

表6-2 省、自治区、直辖市行政区划代码

序号	行政区	行政区代码	序号	行政区	行政区代码
1	北京市	11	18	湖南省	43
2	天津市	12	19	广东省	44
3	河北省	13	20	广西壮族自治区	45
4	山西省	14	21	海南省	46
5	内蒙古自治区	15	22	重庆	50
6	辽宁省	21	23	四川省	51
7	吉林省	22	24	贵州省	52
8	黑龙江省	23	25	云南省	53
9	上海市	31	26	西藏自治区	54
10	江苏省	32	27	陕西省	61
11	浙江省	33	28	甘肃省	62
12	安徽省	34	29	青海省	63
13	福建省	35	30	宁夏回族自治区	64
14	江西省	36	31	新疆维吾尔自治区	65
15	山东省	37	32	台湾省	71
16	河南省	41	33	香港特别行政区	81
17	湖北省	42	34	澳门特别行政区	82

（四）企业标准

企业可以根据需要自行制定企业标准或者与其他企业联合制定企业标准。企业标准有以下几种。

（1）为没有国家标准、行业标准和地方标准的企业产品制定的企业产品标准。

（2）为提高产品质量和技术进步制定的，严于国家标准、行业标准或地方标准的企业产品标准。

（3）对国家标准、行业标准的选择或补充的标准。

（4）工艺、包装、半成品和方法标准。

（5）生产、经营活动中的管理标准和工作标准。

企业标准的代号用"Q/"加企业代号组成，企业代号可用汉语拼音大写字母或阿拉伯数字或两者兼用组成，一般常见企业代号为大写字母。企业标准的编号由企业标准代号、企业代号、标准顺序号和发布年代号组成，见图6-6。如 Q/ZJSG 0001 S—2023《腊肉制品》。

国家鼓励食品生产企业制定严于食品安全国家标准或者地方标准的企业标准，在本企业适用，并报省、自治区、直辖市人民政府卫生行政部门备案。

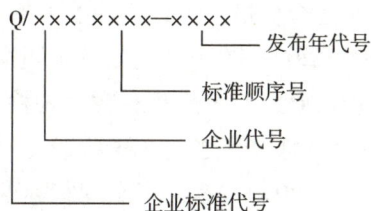

图6-6　企业标准编号

（五）团体标准

国家鼓励学会、协会、商会、联合会、产业技术联盟等社会团体协调相关市场主体共同制定满足市场和创新需要的团体标准，由本团体成员约定采用或者按照本团体的规定供社会自愿采用。

制定团体标准，应当遵循开放、透明、公平的原则，保证各参与主体获取相关信息，反映各参与主体的共同需求，并应当组织对标准相关事项进行调查分析、实验、论证。国务院标准化行政主管部门会同国务院有关行政主管部门对团体标准的制定进行规范、引导和监督。

团体标准编号由团体标准代号、社会团体代号、团体标准顺序号和发布年代号组成，见图6-7。社会团体代号由社会团体自主拟定，可使用大写拉丁字母或大写拉丁字母与阿拉伯数字的组合。社会团体代号应当合法，不得与现有标准代号重复。

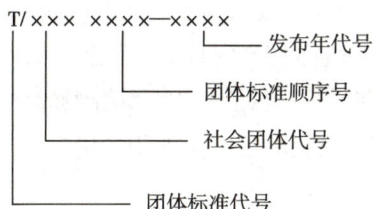

图6-7　团体标准编号

三、按标准对象的基本属性分类

根据标准对象的基本属性，可将标准分为技术标准、管理标准和工作标准。

（一）技术标准

技术标准为对标准化领域中需要统一的技术事项所制定的标准，主要是事物的技术性内容。技术标准形式多样，主要包括基础标准，产品标准，设计标准，工艺标准，检验和试验标准，信息标识、包装、搬运、贮存、安装标准，安全标准，环境标准等。

1. 基础标准　在一定范围内作为其他标准的基础并普遍使用，具有广泛指导意义的标准，称为基础标准。基础标准可以直接应用，也可以作为其他标准的基础。如 GB/T 10789—2015《饮料通则》、GB/T 21171—2018《香料香精术语》、GB/T 19000—2016《质量管理体系 基础和术语》等。

2. 产品标准　指对产品必须达到的某些或全部特性要求所制定的标准。产品标准主要作用是规定产品的质量要求，包括品种、规格、技术要求、试验方法、检验规则、包装、标志、运输和贮存要求等。如 GB 13102—2022《食品安全国家标准 浓缩乳制品》、GB/T 317—2018《白砂糖》、GB/T 8233—2018《芝麻油》及 GB 2717—2018《食品安全国家标准 酱油》等。

3. 工艺标准 指依据产品标准要求，对产品实现过程中原材料、零部件、元器件进行加工、制造、装配的方法，以及有关技术要求的标准，以利于生产出符合规定要求的产品。如 SB/T 11169—2016《川点制作工艺》、NY/T 4280—2023《食用蛋粉生产加工技术规程》及 SC/T 3061—2023《冻虾加工技术规程》等。

4. 检验和试验标准 指通过观察和判断，适当结合测量、试验所进行的符合性评价，检验的目的是判断是否合格。理化检验检测标准，如 GB 5009.3—2016《食品安全国家标准 食品中水分的测定》、GB 5009.267—2020《食品安全国家标准 食品中碘的测定》及 GB 5009.5—2016《食品安全国家标准 食品中蛋白质的测定》等；微生物检验检测标准，如 GB 4789.2—2022《食品安全国家标准 食品微生物学检验 菌落总数测定》、GB 4789.3—2016《食品安全国家标准 食品微生物学检验 大肠菌群计数》及 GB 4789.15—2016《食品安全国家标准 食品微生物学检验 霉菌和酵母计数》等；其他检验检测标准，如 GB 23200.113—2018《食品安全国家标准 植物源性食品中 208 种农药及其代谢物残留量的测定 气相色谱 – 质谱联用法》、GB 23200.88—2016《食品安全国家标准 水产品中多种有机氯农药残留量的检测方法》及 GB 31659.5—2022《食品安全国家标准 牛奶中利福昔明残留量的测定 液相色谱 – 串联质谱法》等。

5. 信息标识、包装、搬运、贮存、安装标准 如 GB/T 36192—2018《活水产品运输技术规范》、GB/T 32950—2016《鲜活农产品标签标识》、NY/T 2554—2014《生咖啡 贮存和运输导则》及 NY/T 3220—2018《食用菌包装及贮运技术规范》等。

（二）管理标准

管理标准为对标准化领域中需要统一的技术事项所制定的标准，主要针对管理目标、项目、程序、组织。食品行业常用的管理体系标准有 GB/T 22000—2006《食品安全管理体系 食品链中各类组织的要求》、GB/T 19001—2016《质量管理体系要求》及 GB/T 24001—2016《环境管理体系 要求及使用指南》等。

（三）工作标准

工作标准为对标准化领域中需要统一的工作事项所制定的标准，包括部门工作标准和岗位（个人）工作标准，对工作责任、权利、范围、质量要求、程序、效果、检查方法所制定的标准。如 WB/T 1059—2016《肉与肉制品冷链物流作业规范》。

第三节 标准的制定

PPT

一、标准制定的程序

（一）国家标准的制定程序

我国以世界贸易组织（WTO）关于标准制定阶段划分的要求为基础，参考国际标准化组织（ISO）和国际电工委员会（IEC）的《ISO/IEC 导则 第 1 部分：技术工作程序》，提出了我国国家标准制定程序的阶段划分及代码。把我国国家标准的制定程序分为 9 个阶段，并对每个阶段给出阶段任务、阶段成果和完成周期。国家标准的制定程序参考国际标准将对促进国际贸易、技术和经济交流以及加强我国标准制定工作的管理与协调起到积极的作用。国家标准制定程序的阶段划分见表 6 – 3。

表 6 – 3　国家标准制定程序的阶段划分

阶段代码	阶段名称	阶段任务	阶段成果	完成周期（月）
00	预阶段	提出新工作项目建议	PWI（新工作项目建议）	—
10	立项阶段	提出新工作项目	NP（新工作项目）	3
20	起草阶段	提出标准草案征求意见稿	WD（标准草案征求意见稿）	10
30	征求意见阶段	提出标准草案送审稿	CD（标准草案送审稿）	5
40	审查阶段	提出标准草案报批稿	DS（标准草案报批稿）	5
50	批准阶段	提出标准出版稿	FDS（标准出版稿）	8
60	出版阶段	提出标准出版物	GB，GB/T，GB/Z（强制性国家标准、推荐性国家标准、国家标准化指导性技术文件）	3
90	复审阶段	定期复审	确认、修改、修订	60
95	废止阶段	—	废止	—

1. 预阶段　是对标准计划项目提出的阶段，对将要立项的新工作项目进行研究及必要的论证，并在此基础上提出新工作项目建议，包括标准草案或标准大纲（如标准的范围、结构及其相互关系等）（00 阶段的成果：PWI——新工作项目建议）。在这个阶段全国专业标准化技术委员会或技术归口单位根据编制国家标准计划项目的原则、要求，提出国家标准计划项目的建议，报其主管部门；国务院有关行政主管部门审查、协调后，提出国家标准计划项目草案和项目任务书报国务院标准化行政主管部门。

2. 立项阶段　该阶段对新工作项目建议进行审查、汇总、协调、确定，直至下达《国家标准制、修订项目计划》（10 阶段的成果：NP——新工作项目）。在立项阶段，国务院标准化行政主管部门对上报的国家标准计划项目草案，统一汇总、审查、协调后，将批准后的下年度国家标准计划项目下达。药品、兽药、食品卫生、环境保护和工程建设的国家标准计划，由国务院有关行政主管部门报国务院标准化行政主管部门审查后下达。立项的目的是保证标准的统一协调性，避免标准的交叉和重复制定。时间周期不超过 3 个月。

3. 起草阶段　主要任务：制订工作计划，广泛调查研究，收集与起草标准有关的资料，确定标准的技术内容或技术指标，对需要试验验证的项目，要选择有条件的单位承担，并提出试验报告和结论意见。该阶段自技术委员会收到新的工作项目计划起，落实项目实施，至标准起草工作组完成标准征求意见稿止。应按《标准化工作导则》的要求起草国家标准征求意见稿，项目负责人组织标准起草工作直至完成标准草案征求意见稿（20 阶段的成果：WD——标准草案征求意见稿）。时间周期不超过 10 个月。

4. 征求意见阶段　国家标准征求意见稿和"编制说明"及有关附件，经起草单位的技术负责人审查后，印发各有关部门的主要生产、经销、使用、科研、检验等单位及大专院校征求意见。可列出征求意见的表格，方便对意见的综合、整理。在回复意见的日期截止后，标准起草工作组应根据返回的意见，完成意见汇总处理表和标准草案送审稿（30 阶段的成果：CD——标准草案送审稿）。时间周期不超过 5 个月。

制定食品安全国家标准，应当依据食品安全风险评估结果并充分考虑食用农产品安全风险评估结果，参照相关的国际标准和国际食品安全风险评估结果，并将食品安全国家标准草案向社会公布，广泛听取食品生产经营者、消费者、有关部门等方面的意见。

若回复意见要求对征求意见稿进行重大修改，则应分发第二征求意见稿（甚至第三征求意见稿）征求意见。此时，项目负责人应主动向有关部门提出延长或终止该项目计划的申请报告。

5. 审查阶段 对标准草案送审稿组织审查（会审或函审），并在（审查）协商一致的基础上，形成标准草案报批稿和审查会议纪要或函审结论（40 阶段的成果：DS——标准草案报批稿）。时间周期不超过 5 个月。

国家标准送审稿的审查，凡已成立技术委员会的，由技术委员会按《全国专业标准化技术委员会章程》组织进行。未成立技术委员会的，由项目主管部门或其委托的技术归口单位组织进行。审查可采用会议审查或函审。对技术、经济意义重大，涉及面广，分歧意见较多的国家标准送审稿可会议审查；其余的可函审。会议审查，应写出"会议纪要"，并附参加审查会议的单位和人员名单及未参加审查会议的有关部门和单位名单；函审，应写出"函审结论"，并附"函审单"。

食品安全国家标准应当经国务院卫生行政部门组织的食品安全国家标准审评委员会审查通过。食品安全国家标准审评委员会由医学、农业、食品、营养、生物、环境等方面的专家以及国务院有关部门、食品行业协会、消费者协会的代表组成，对食品安全国家标准草案的科学性和实用性等进行审查。

若标准草案送审稿没有被通过，则应分发第二标准草案送审稿，并再次进行审查。此时，项目负责人应主动向有关部门提出延长或终止该项目计划的申请报告。

6. 批准阶段 自国务院有关行政主管部门、国务院标准化行政主管部门收到标准草案报批稿起，至国务院标准化行政主管部门批准发布国家标准止。批准阶段主要包括以下阶段。

（1）主管部门对标准草案报批稿及报批材料进行程序、技术审核。对不符合报批要求的，一般应退回有关标准化技术委员会或起草单位，限时解决问题后再行审核。时间周期不超过 4 个月。

（2）国家标准技术审查机构对标准草案报批稿及报批材料进行技术审查，在此基础上对报批稿完成必要的协调和完善工作。时间周期不超过 3 个月。

（3）国务院标准化行政主管部门批准、发布国家标准（50 阶段的成果：FDS——标准出版稿）。时间周期不超过 1 个月。

国务院卫生行政部门依照《中华人民共和国食品安全法》和国务院规定的职责，组织开展食品安全风险监测和风险评估；国务院卫生行政部门会同国务院食品监督管理部门制定、公布，国务院标准化行政部门提供国家标准编号。

7. 出版阶段 自国家标准出版单位收到国家标准出版稿起，至国家标准正式出版止。此阶段将国家标准出版稿编辑出版，提供标准出版物（60 阶段的成果：GB，GB/T，GB/Z）。时间周期不超过 3 个月。

8. 复审阶段 国家标准实施一定阶段后，应当根据科学技术的发展和经济建设的需要，由该国家标准的主管部门组织有关单位适时进行复审，国家标准的复审周期一般不超过五年。复审的目的是确定标准是否继续有效、修改、修订或废止。需要制定、修订相关食品安全国家标准的，国务院卫生行政部门应当会同国务院食品监督管理部门立即制定、修订。一般国家、行业、地方标准复审年限不超 5 年，企业标准为 3 年。

9. 废止阶段 对于经复审后确定为无存在必要的标准，予以废止。

（二）行业标准的制定程序

行业标准的制定包括立项、起草、审查、报批、批准公布、出版、复审、修订、修改等工作。行业标准由行业标准归口部门审批、编号、发布。

行业标准报批时，应有"标准报批稿""标准编制说明""标准审查会议纪要"或"函审结论"及其"函审单""意见汇总处理表"和其他有关附件。采用国际标准或国外先进标准时，应附有该标准的原文或译文。行业标准实施后，应根据科学技术的发展和经济建设的需要适时进行复审；复审周期一般不超过 5 年，确定其继续有效、修订或废止。具体内容参见"行业标准制定管理办法"。

二、标准制定的基本原则

1. 统一性 每项标准或系列标准（或一项标准的不同部分）内，标准的文体和术语应保持一致。系列标准的每项标准（或一项标准的不同部分）的结构及其章、条的编号应尽可能相同。类似的条款应使用类似的措辞来表述；相同的条款应使用相同的措辞来表述。如 GB 4789《食品微生物学检验方法》系列标准中，各微生物检测的标准章节编写均为：范围；术语和定义；设备和材料；培养基和试剂；检验程序；操作步骤；结果和步骤。

每项标准或系列标准（或一项标准的不同部分）内，对于同一个概念应使用同一个术语。对于已定义的概念应避免使用同义词。每个选用的术语应尽可能只有唯一的含义。

2. 协调性 为了达到所有标准整体协调的目的，标准的编写应遵守现行基础标准的有关条款，尤其涉及下列方面：①标准化原理和方法；②标准化术语；③术语的原则和方法；④量、单位及其符号；⑤符号、代号和缩略语；⑥参考文献的标引；⑦技术制图和简图；⑧技术文件编制；⑨图形符号。

对于某些技术领域，标准的编写还应遵守涉及下列内容的现行基础标准的有关条款。如极限、配合和表面特征；尺寸公差和测量的不确定度；优先数；统计方法；环境条件和有关试验；安全；电磁兼容；符合性和质量等。

3. 适用性 标准的内容应便于实施，并且易于被其他的标准或文件所引用。充分考虑使用要求，并兼顾全社会的综合效益。满足使用要求是制定标准的重要目的。

4. 一致性 如果有相应的国际文件，起草标准时应以其为基础并尽可能保持与国际文件相一致。积极采用国际标准和国外先进标准，有利于促进对外经济技术合作和发展对外贸易，有利于我国标准化与国际接轨。如 GB/T 19001—2016/ISO 9001：2015《质量管理体系 要求》，在标准的封面标注有 ISO 9001：2015，IDT，说明标准 GB/T 19001—2016 与所采用的国际标准 ISO 9001：2015 一致性程度为等同采用。

5. 规范性 在起草标准之前应确定标准的预计结构和内在关系，尤其应考虑内容的划分。通常针对一个标准化对象应编制成一项标准并作为整体出版，特殊情况下，可编制成若干个单独的标准或在同一个标准顺序号下将一项标准分成若干个单独的部分。标准分成部分后，需要时，每一部分可以单独修订。如果标准分为多个部分，则应预先确定各个部分的名称。为了保证一项标准或一系列标准的及时发布，从起草工作开始到随后的所有阶段均应遵守 GB/T 1 规定的程序，根据编写标准的具体情况还应遵守 GB/T 20000、GB/T 20001 和 GB/T 20002 等标准中相应部分的规定。

三、标准制定的要求

制定标准的目标是规定明确且无歧义的条款，以便促进贸易和交流。为此，标准应具备以下要求。

（1）在其范围所规定的界限内按需要力求完整。

（2）清楚和准确。

（3）充分考虑最新技术水平。

（4）为未来技术发展提供框架。

（5）能被未参加标准编制的专业人员所理解。

四、采用国际标准

（一）采用国际标准的目的和意义

为了发展社会主义市场经济、减少技术性贸易壁垒和适应国际贸易的需要，提高我国产品质量和技术水平，促进采用国际标准工作的发展，依据《标准化法》及其实施条例，参照 WHO 和 ISO 的有关规定，并结合我国的实际情况，制定了《采用国际标准管理办法》。"采用"是指"以对应 ISO 或 IEC 标准化文件为基础编制，并说明和标示了两者之间变化的国家标准化文件的发布"。采用国际标准是将国际标准的内容，经过分析研究和试验验证，等同或修改转化为我国标准（包括国家标准、行业标准、地方标准和企业标准），并按我国标准审批发布程序审批发布。国际标准是指国际标准化组织（ISO）、国际电工委员会（IEC）和国际电信联盟（ITU）制定的标准，以及 ISO 确认并公布的其他国际组织制定的标准。

采用国际标准最明显的益处有两个：①能协调国际贸易中有关各方的要求，减少和避免与贸易各方的争端；②可使本国的产品或服务更容易打入和占领国际市场。采用国际标准还是促进技术进步，提高产品质量，扩大对外开放，加快与国际准则或惯例接轨，发展社会主义市场经济的重要措施。

（二）采用国际标准的原则

根据《采用国际标准管理办法》的规定，我国采用国际标准的原则如下。

（1）采用国际标准，应当符合我国有关法律、法规，遵循国际惯例，做到技术先进、经济合理、安全可靠。

（2）制定（包括修订，下同）我国标准应当以相应国际标准（包括即将制定完成的国际标准）为基础。对于国际标准中通用的基础性标准、试验方法标准应当优先采用。采用国际标准中的安全标准、卫生标准、环保标准制定我国标准，应当以保障国家安全、防止欺骗、保护人体健康和人身财产安全、保护动植物的生命和健康、保护环境为正当目标；除非这些国际标准由于基本气候、地理因素或者基本的技术问题等原因而对我国无效或者不适用。

（3）采用国际标准时，应当尽可能等同采用国际标准。由于基本气候、地理因素或者基本的技术问题等原因，对国际标准进行修改时，应当将与国际标准的差异控制在合理的、必要的并且是最小的范围之内。

（4）我国的一个标准应当尽可能采用一个国际标准。当我国一个标准必须采用几个国际标准时，应当说明该标准与所采用的国际标准的对应关系。

（5）采用国际标准制定我国标准，应当尽可能与相应国际标准的制定同步，并可以采用标准制定的快速程序。

（6）采用国际标准，应当同我国的技术引进、企业的技术改造、新产品开发、老产品改进相结合。

（7）采用国际标准的我国标准的制定、审批、编号、发布、出版、组织实施和监督，同我国其他标准一样，按我国有关法律、法规和规章规定执行。

（8）企业为了提高产品质量和技术水平，提高产品在国际市场上的竞争力，对于贸易需要的产品标准，如果没有相应的国际标准或者国际标准不适用时，可以采用国外先进标准。

（三）采用国际标准的一致性程度分类和起草步骤

1. 一致性程度分类　根据 GB/T 1.2—2020《标准化工作导则 第 2 部分：以 ISO/IEC 标准化文件为基础的标准化文件起草规则》，国家标准化文件与对应 ISO/IEC 标准化文件的一致性程度分为：等同、修改和非等效。其中，等同、修改属于采用 ISO/IEC 标准化文件。

（1）等同　国家标准化文件与对应 ISO/IEC 标准化文件的一致性程度为"等同"时，应同时具备下述 3 种情况：①文本结构相同；②技术内容相同；③最小限度的编辑性改动（具体内容参见 GB/T 1.2，4.1.2.2）。我国标准等同采用国际标准程度的代号为 IDT。

（2）修改　国家标准化文件与对应 ISO/IEC 标准化文件的一致性程度为"修改"时，至少存在下述两种情况之一：①结构调整，并且清楚地说明了这些调整；②技术差异，并且清楚地说明了这些差异及其产生的原因。一致性程度为"修改"时，可包含编辑性改动。我国标准修改采用国际标准程度的代号为 MOD。

（3）非等效　国家标准化文件与对应 ISO/IEC 标准化文件的一致性程度为"非等效"时，至少存在下述 3 种情况之一：①结构调整，并且没有清楚地说明这些调整；②技术差异，并且没有清楚地说明这些差异及其产生的原因；③只保留了数量较少或重要性较小的 ISO/IEC 标准化文件的条款。非等效代号为 NEQ。

2. 一致性程度标识　一致性程度标识由"对应的 ISO/IEC 标准化文件编号""，""一致性程度代号"构成，例如 ISO 9000：2015，IDT。

3. 起草步骤　起草与 ISO/IEC 标准化文件有一致性对应关系的国家标准化文件主要步骤如下。

（1）翻译 ISO/IEC 标准化文件　忠实于 ISO/IEC 标准化文件的内容，形成准确的译文。

（2）研究并评估技术内容　研究（1）的译文，包括正文、附录，以及涉及的所有规范性引用文件，若我国现行法律法规或强制性标准已有具体规定的，则作出删除相应技术内容的判断；评估技术内容（包括规范性引用文件）对我国的适用性，判断是否需要改变以及改变的程度。

（3）改变相应的内容　根据（2）作出的判断，进行必要的结构、技术内容或编辑性的改变。

（4）判定一致性程度　对比（1）的译文，尽可能列出结构调整、技术差异对照表，并说明产生技术差异的原因；依据 GB/T 1.2 中 4.1.2、4.1.3 或 4.1.4 对一致性程度的界定，判定国家标准化文件与对应 ISO/IEC 标准化文件的一致性程度。

（5）编写要素和附录　依据判定的一致性程度，按照 GB/T 1.2 中第 7 章和第 8 章的规定编写具体要素和附录。

第四节　标准的结构与编写

PPT

一、标准文件的名称

（一）标准名称的构成

标准的名称是标准总的标题，应简练并明确表示出标准的主题，使之与其他标准相区分。标准名称不应涉及不必要的细节，必要的补充说明应在范围中给出。标准名称由 1~3 个尽可能短的要素组成，其顺序由一般到特殊。通常所使用的要素不多于下述三种。

1. 引导要素（可选）　表示标准文件所属的领域，反映文件的专业领域类别。如果标准有归口的标准化委员会，则可用技术委员会的名称作为依据来起草标准名称的引导要素。引导要素是一个可选要素，可根据实际情况来确定标准名称中是否有引导要素。

2. 主体要素（必备）　表示在上述领域内标准所涉及的标准化对象，反映文件的对象类别。主体要素是一个必备要素，即在文件名称中一定要有该要素。

3. 补充要素（可选） 表示上述标准化对象的特定方面，或给出区分该标准（或该部分）与其他标准（或其他部分）的细节。对于未分部分的文件，补充要素是一个可选要素，可根据情况酌情取舍。然而，对于分成部分的标准文件的各个部分，补充要素是一个必备要素。

标准名称的一般构成要素是引导要素、主体要素和补充要素，其中主体要素为标准的主题，是必须存在的。引导要素与补充要素视情况而定。这三个要素在名称中的顺序排列是：引导要素 + 主体要素 + 补充要素。标准名称的具体结构有以下三种形式。

一段式：只有主体要素，如咖啡研磨机、果味酸奶、速冻野葱、山楂饮料、食品中蛋白质的测定等。

二段式：引导要素 + 主体要素，如"化学试剂 苯"；主体要素 + 补充要素，如"食用酒精 密度测定"。

三段式：引导要素 + 主体要素 + 补充要素，如"叉车 钩式叉臂 词汇"。

（二）标准名称示例

例1：GB/T 19883—2018《果冻》

主体要素：果冻

释义：标准所涉及的主要对象为果冻，只用主体要素可以明确表达标准主题。

例2：GB 2716—2018《食品安全国家标准 植物油》

引导要素：食品安全国家标准

主体要素：植物油

释义：标准所涉及的主要对象为"植物油"，该标准所属领域为"食品安全国家标准"。

例3：QB/T 5037—2017《坚果与籽类食品设备 带式干燥机》

引导要素：坚果与籽类食品设备

主体要素：带式干燥机

释义：标准所涉及的主要对象为"带式干燥机"，如果没有引导要素"坚果与籽类食品设备"，该标准主体要素所表示的对象就不明确。

例4：GB/T 10221—2021《感官分析 术语》

主体要素：感官分析

补充要素：术语

释义：标准所涉及的主要对象为"感官分析"，而此标准只是主体要素"感官分析"中非常小的一方面"术语"，所以标准题目中加入"术语"作为补充要素。

例5：GB/T 13738.1—2017《红茶 第1部分：红碎茶》

主体要素：红茶

补充要素：第1部分：红碎茶

释义：标准所涉及的主要对象为"红茶"，而此标准划分为部分，应该使用补充要素区分和识别每个部分。该标准的第1部分为"红碎茶"。

例6：GB 23200.11—2018《食品安全国家标准 植物源性食品中氯吡脲残留量的测定 液相色谱－质谱联用法》

引导要素：食品安全国家标准

主体要素：植物源性食品中氯吡脲残留量的测定

补充要素：液相色谱－质谱联用法

释义：标准所涉及的主要对象为"植物源性食品中氯吡脲残留量的测定"，补充要素"液相色谱 – 质谱联用法"明确了该标准中使用的检测方法。

如果标准名称中含有"规范"，则标准中应包含要素"要求"以及相应的验证方法；标准名称中含有"规程"，则标准宜以推荐和建议的形式起草；标准名称中含有"指南"，则标准中不应包含要求型条款，可采用建议的形式。如强制性国家标准 GB 14881—2013《食品安全国家标准 食品生产通用卫生规范》，标准名称中含有"规范"，则标准内容中含有"要求"。具体见图 6 – 8。

6.3.2 食品加工人员卫生要求

6.3.2.1 进入食品生产场所前应整理个人卫生，防止污染食品。

6.3.2.2 进入作业区域应规范穿着洁净的工作服，并按要求洗手、消毒，头发应藏于工作帽内或使用发网约束。

6.3.2.3 进入作业区域不应配戴饰物、手表，不应化妆、染指甲、喷洒香水；不得携带或存放与食品生产无关的个人用品。

6.3.2.4 使用卫生间、接触可能污染食品的物品，或从事与食品生产无关的其他活动后，再次从事接触食品、食品工器具、食品设备等与食品生产相关的活动前应洗手消毒。

图 6 – 8　GB 14881 要求部分示例

二、标准的结构

国家标准 GB/T 1.1—2020《标准化工作导则 第 1 部分：标准化文件的结构和起草规则》确立了标准化文件的结构及其起草的总体原则和要求，并规定了标准化文件名称、层次、要素的编写和表述规则以及标准化文件的编排格式。GB/T 1.1—2020 适用于国家、行业和地方标准化文件的起草，其他标准化文件的起草参照使用。

（一）按层次划分

按照标准文件内容的从属关系，可以将文件划分为若干层次。一项标准可能具有的层次有部分、章、条、段等，具体示例见表 6 – 4。

表 6 – 4　层次及编号示例

层次	编号示例
部分	××××.1
章	5
条	5.1
条	5.1.1
段	［无编号］
列项	列项符号"—"和"·"；列项编号 a)、b) 和 1)、2)

表 6 – 4 所示的层次是一个标准文件可能具有的所有层次。文件中实际的层次要根据具体的标准文件而定。但无论什么样的标准文件，都至少具备章、条、段三个层次。

（二）按要素划分

任何一项标准，无论其规范哪些方面的内容，涉及什么领域的活动，都应该根据规定的内容范围和叙述的先后顺序，将标准的内容划分为各个不重复的结构要素，作为编写标准内容的依据。以下以单独

111

标准为例进行阐述。

1. 要素的分类　为了更好地搭建标准文件的结构，按照相关属性对文件中的要素进行划分，将有助于更好地发挥要素的作用，为进一步编写文件的内容打下良好的基础。通常依据两种属性对要素进行划分，即按照要素所起的作用和要素存在的状态（图6-9）。

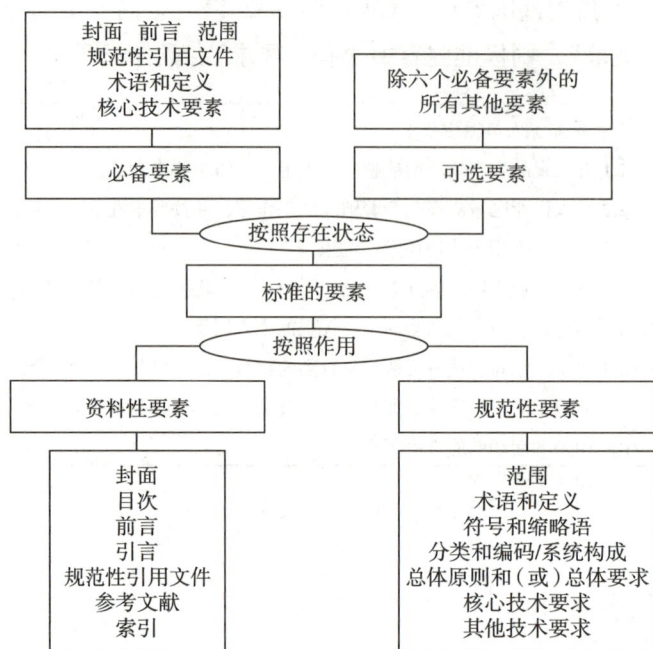

图6-9　文件中的要素分类

（1）按要素所起的作用划分　可分为规范性要素和资料性要素。

1）规范性要素：是"界定文件范围或设定条款的要素"（GB/T 1.1—2020）。从该定义可看出，规范性要素具有两方面的功能。①"界定"文件的范围：通过陈述文件的标准化对象、涉及的技术内容、适用的领域和文件使用者等对文件的边界进行界定。②"设定"条款：这是规范性要素的主要功能，它的作用是将条款固定下来。换句话说，设定条款就是将条款聚集在一起形成具有某种功能的要素。条款就是需要文件使用者遵守、理解或作出选择的内容，或者需要产品、过程或服务符合的内容。规范性要素是声明符合标准而需要遵守的条款的要素。规范性要素包括标准的范围、术语和定义、符号和缩略语、分类和编码/系统构成、总体原则和（或）总体要求、核心技术要求及其他技术要求等。

2）资料性要素：是"给出有助于文件的理解或使用的附加信息的要素"（GB/T 1.1—2020）。从该定义可看出，对于资料性要素的理解有两个关键点："有助于"和"附加信息"。资料性要素提供的不是供文件使用者直接"理解或使用"的条款，而是帮助"理解或使用"的信息，并且是依附于条款的附加信息。资料性要素是指标示标准、介绍标准、提供标准附加信息的要素。资料性要素包括位于文件正文之前的封面、目次、前言、引言，位于文件正文的规范性引用文件，位于文件正文之后的参考文献、索引等。

（2）按要素必备的或可选的状态划分　可分为必备要素和可选要素。

1）必备要素：是指"在文件中必不可少的要素"（GB/T 1.1—2020）。所有的标准文件中一定存在所有的必备要素，包括规范性要素中的范围、术语和定义、核心技术要素，以及资料性要素中的封面、前言及规范性引用文件。

2）可选要素：是指"在文件中存在与否取决于起草特定文件的具体需要的要素"（GB/T 1.1—

2020）。也就是说，可选要素是那些在某些文件中可能存在，而在另外的文件中就可能不存在的要素。可选要素在标准中存在与否取决于特定标准的具体需求。文件中除了封面、前言、范围、规范性引用文件、术语和定义以及核心技术要素这六个必备要素之外，其他要素都是可选要素。

这里需要说明的是，文件中的"规范性引用文件"和"术语和定义"这两个要素，其章编号和标题的设置是必备的，然而其内容的有无需要根据文件的具体情况进行选择，即在有些文件中可以出现"规范性引用文件""术语和定义"标题下具体内容为空白的情况。

2. 要素的构成和表述　标准文件中各要素的类别、构成及表述形式见表6-5。

表6-5　标准文件中各要素的类别、构成及表述形式

要素的编排	要素类别		要素的构成	要素所允许的表述形式
	必备或可选	规范性或资料性		
封面	必备	资料性	附加信息	标明标准文件的信息
目次	可选			列表（自动生成的内容）
前言	必备			条文、注、脚注、指明附录
引言	可选			条文、图、表、数学公式、注、脚注、指明附录
范围	必备	规范性	条款、附加信息	条文、表、注、脚注
规范性引用文件	必备/可选	资料性	附加信息	清单、注、脚注
术语和定义	必备/可选	规范性	条款、附加信息	条文、图、数学公式、示例、注、引用、提示
符号、代号和缩略语	可选	规范性	条款、附加信息	条文、图、表、数学公式、示例、注、脚注、引用、提示、指明附录
分类和编码/系统构成	可选			
总体原则和(或)总体要求	可选			
核心技术要求	必备			
其他技术要求	可选			
参考文献	可选	资料性	附加信息	清单、脚注
索引	可选			列表（自动生成的内容）

3. 要素的选择　规范性要素中范围、术语和定义、核心技术要素是必备要素，其他是可选要素，其中术语和定义内容的有无可根据具体情况进行选择。不同功能类型标准具有不同的核心技术要素。规范性要素中的可选要素可根据所起草文件的具体情况在表6-5中选取，或者进行合并或拆分，要素的标题也可调整，还可设置其他技术要素。

资料性要素中的封面、前言、规范性引用文件是必备要素，其他是可选要素，其中规范性引用文件内容的有无可根据具体情况进行选择。资料性要素在文件中的位置、先后顺序以及标题均应与表6-5所呈现的相一致。

三、标准的编写

（一）层次的编写

1. 部分　通常，针对一个标准化对象应编制成一项标准并作为整体出版，特殊情况下，可编制成若干个单独的标准或在同一个标准顺序号下将一项标准分成若干个单独的部分。标准分成部分后，如有需要时，每一部分可以单独修订。

（1）部分的划分　一项标准分成若干个单独的部分时，通常有如下原因：标准篇幅过长；后续的

内容相互关联；标准的某些内容可能被法规引用；标准的某些内容拟用于认证。除此之外，划分部分时还需要考虑以下因素。

1）标准文件的每个部分都能够单独使用：将标准化对象分为若干个特殊方面，每个部分分别涉及其中的一两个方面，并且都能够单独使用。例如：GB/T 13738.1—2017《红茶 第1部分：红碎茶》，GB/T 13738.2—2017《红茶 第2部分：工夫红茶》，GB/T 13738.3—2012《红茶 第3部分：小种红茶》。红碎茶、工夫红茶、小种红茶为三种类型的红茶，每一个标准均可以单独使用。

2）通用和特殊部分配合使用：通用方面通常作为文件的第1部分，特殊方面作为标准的其他各部分。由于通用部分规定的是其余部分中都涉及的通用规定，所以涉及特殊方面的部分都不再规定通用的内容，而采取引用通用部分的表述形式，这样避免了不同部分都各自规定相关通用内容而导致的不一致、不协调问题。例如：RB/T 242.1—2018《绿色产品认证机构要求 第1部分：通则》，RB/T 242.2—2018《绿色产品认证机构要求 第2部分：环境保护和资源节约》，RB/T 242.3—2018《绿色产品认证机构要求 第3部分：可再生能源利用》及 RB/T 242.4—2018《绿色产品认证机构要求 第4部分：有机产品》。

（2）部分的编写　部分编号应置于标准文件编号中的顺序号之后，应使用阿拉伯数字从1开始对部分编号，并用下脚点与标准顺序号隔开。如5009.1、5009.2等）。部分可以连续编号，也可以分组编号。部分不应再分成分部分。例如：绿茶标准包括六个部分，依次分别为 GB/T 14456.1—2017《绿茶 第1部分 基本要求》、GB/T 14456.2—2018《绿茶 第2部分 大叶种绿茶》、GB/T 14456.3—2016《绿茶 第3部分 中小叶种绿茶》、GB/T 14456.4—2016《绿茶 第4部分 珠茶》、GB/T 14456.5—2016《绿茶 第5部分 眉茶》、GB/T 14456.6—2017《绿茶 第6部分 蒸青茶》等。

部分的名称的组成方式应符合标准名称起草规定。同一标准的各个部分名称的引导要素（如果有）和主体要素应相同，而补充要素应不同，以便区分各个部分。在每个部分的名称中，补充要素前均应使用部分编号标明"第×部分："（×为与部分编号完全相同的阿拉伯数字）。如上述绿茶国家标准中主体要素为绿茶，每个部分都含有相同的主体部分，不同的部分为所采用的补充要素，如第2部分为大叶种绿茶，第6部分为蒸青茶。另外，如《粮油检验 粮食感官检验辅助图谱》标准包括三个部分，分别为 GB/T 22504.1《粮油检验 粮食感官检验辅助图谱 第1部分 小麦》、GB/T 22504.2《粮油检验 粮食感官检验辅助图谱 第2部分 玉米》、GB/T 22504.3《粮油检验 粮食感官检验辅助图谱 第3部分 稻谷》。三个不同部分的标准名称中，引导要素——粮油检验、主体要素——粮食感官检验辅助图谱相同，而补充要素不同。

2. 章　是每个标准内容划分的基本单元，是标准或部分中分离出来的第一层次，构成了标准的基本框架。章包括编号、题目，应使用阿拉伯数字从1开始对章编号。编号应从"范围"一章开始，一直连续到附录之前。每一章均应有章标题，并应置于编号之后。

3. 条　是章的细分。应使用阿拉伯数字对条编号（图6-10），条的编号只在其所属章内或上一层次的条内进行编号。第一层次的条（例如5.1、5.2等）下可编第二层次的条。如条5.1下分第二层次的条（例如5.1.1、5.1.2等），需要时，一直可分到第五层次（例如5.1.1.1.1.1、5.1.1.1.1.2等）。

一个层次中有两个或两个以上的条时才可设条，例如，第10章中如果没有10.2，就不应设10.1。对于无标题的条，如果需要强调某些关键术语，则可以用黑体突出显示条文首句中的关键术语或短语，以标明所涉及的主题。注意应避免对无标题条再分条。

第一层次的条一般应该给出条标题，并应置于编号之后。第二层次的条可同样处理。某一章或条中，其下一个层次上的各条，有无标题应统一，例如，第10章的下一层次，10.1有标题，则10.2、

10.3 等也应有标题。如在 GB 8950—2016《食品安全国家标准 罐头食品生产卫生规范》中 5.1、5.2 为第一层次，均有标题。5.2.1、5.2.2、5.2.3 为第二层次的条，统一没有标题。具体见图 6-10。

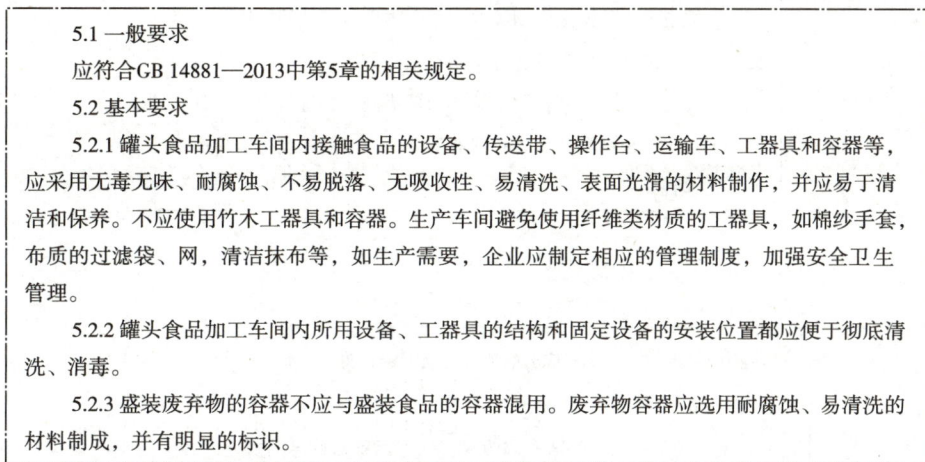

> 5.1 一般要求
> 应符合GB 14881—2013中第5章的相关规定。
> 5.2 基本要求
> 5.2.1 罐头食品加工车间内接触食品的设备、传送带、操作台、运输车、工器具和容器等，应采用无毒无味、耐腐蚀、不易脱落、无吸收性、易清洗、表面光滑的材料制作，并应易于清洁和保养。不应使用竹木工器具和容器。生产车间避免使用纤维类材质的工器具，如棉纱手套、布质的过滤袋、网、清洁抹布等，如生产需要，企业应制定相应的管理制度，加强安全卫生管理。
>   5.2.2 罐头食品加工车间内所用设备、工器具的结构和固定设备的安装位置都应便于彻底清洗、消毒。
>   5.2.3 盛装废弃物的容器不应与盛装食品的容器混用。废弃物容器应选用耐腐蚀、易清洗的材料制成，并有明显的标识。

图 6-10　条的示例

4. 段　是章或条的细分，段不编号。为了不在引用时产生混淆，应避免在章标题或条标题与下一层次条之间设段（称为"悬置段"）。详见图 6-11。

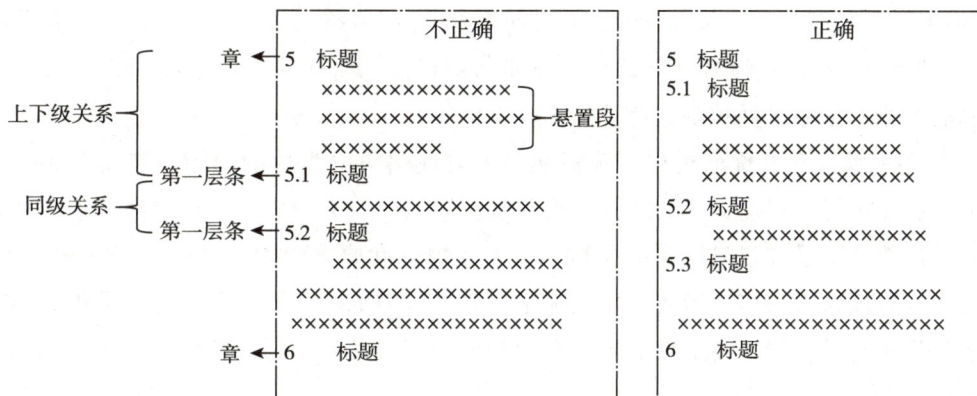

图 6-11　悬置段示例

如图 6-11 左侧所示，按照隶属关系，第 5 章不仅包括所标出的"悬置段"，还包括 5.1 和 5.2，鉴于这种情况，在引用这些悬置段时有可能发生混淆：有人认为只提及了悬置段，而另外一些人会认为还包括 5.1 和 5.2。图 6-11 右侧示出避免混淆的方法之一：将左侧的悬置段编号并加标题"5.1　××（标题）"，并且将左侧的 5.1 和 5.2 重新编号，依次改为 5.2 和 5.3。避免混淆的其他方法还有将悬置段移到别处或删除。

5. 列项　是段中的子层次，用于强调细分的并列各项中的内容。列项的形式具有其独特性，即列项应由引语和被引出的并列的各项组成。

（1）列项的形式　列项有两种具体形式：①后跟句号的完整句子引出后跟句号的各项（图 6-12，来源 GB 12693—2023《食品安全国家标准 乳制品良好生产规范》），即引出的各项结尾均使用句号；②后跟冒号的文字引出后跟分号（图 6-13，来源 GB 5009.12—2023《食品安全国家标准 食品中铅的测定》）或逗号的各项。引出的所有各项中都不应使用句号，只有最后一项的结尾使用句号。不论是哪种形式，列项的最后一项均由句号结束。

8.1.4形成产品独立包装之前，应根据产品特点和工艺需求，制定有效的温度和时间控制措施，基本要求如下。

　　a）规定用于杀灭微生物或抑制微生物生长繁殖的方法，如热处理、冷冻或冷藏保存等，并实施有效的监控。

　　b）建立温度、时间控制措施和纠偏措施，并进行定期验证。

　　c）对严格控制温度和时间的加工环节，应制定实时监控措施，并保留监控记录

图 6 – 12　列项示例 1

本标准代替GB 5009.12—2017《食品安全国家标准　食品中铅的测定》。

本标准与GB 5009.12—2017相比，主要变化如下：

——增加了第一法石墨炉原子吸收光谱法中需除盐样品的前处理方法；

——删除了第四法二硫腙比色法；

——修改了第一法石墨炉原子吸收光谱法的检出限和定量限。

图 6 – 13　列项示例 2

　　（2）列项中各项的编号　在列项的各项之前应标明列项符号或列项编号。列项符号为破折号（——）或间隔号（·）；列项编号为字母编号［即后带半圆括号的小写拉丁字母，如 a）、b）等］或数字编号［即后带半圆括号的阿拉伯数字，如1）、2）等］。

　　6. 附录　是用来承接和安置不便在文件正文、前言或引言中表述的内容，它是对正文、前言或引言的补充或附加，其设置可以使文件的结构更加平衡。附录的内容源自正文、前言或引言中的内容。附录按其作用分为规范性附录和资料性附录两类。当正文规范性要素中的某些内容过长或属于附加条款，可以将一些细节或附加条款移出，形成规范性附录。当文件中的示例、信息说明或数据等过多，可以将其移出，形成资料性附录。规范性附录给出正文的补充或附加条款；资料性附录给出有助于理解或使用文件的附加信息。

　　附录应位于正文之后，参考文献之前。附录的顺序取决于其被移作附录之前所处位置的前后顺序。也就是说，附录的顺序为附录内容在正文、前言或引言中指明附录时所处的位置在文件中的先后顺序，附录的顺序与附录的规范性或资料性的作用无关。

　　每个附录均应有附录编号。附录编号由"附录"和随后表明顺序的大写拉丁字母组成，字母从 A 开始编号，例如"附录 A""附录 B""附录 C"等。只有一个附录时，也应给出附录编号，即"附录 A"。附录编号之下，即附录的第二行需要标明附录的作用，如"（规范性）"或"（资料性）"，第三行为附录的标题。

　　附录可以分为条，条还可以细分。每个附录中的条、图、表和数学公式的编号均应重新从 1 开始，应在阿拉伯数字编号之前加上表明附录顺序的大写拉丁字母，字母后跟下脚点。例如附录 A 中的条用"A. 1""A. 1. 1""A. 2"等表示；附录 C 中的图用"图 C. 1""图 C. 2"等表示。

　　标准编写基本层次结构见图 6 – 14。

章的编号 　　各层次条编号

范围　　　　　1
规范性引用文件　2
术语和定义　　3
　　　　　　　4
　　　　　　　5　　6.1　　6.3.1 ── 6.3.1.1 ── 6.3.1.3.1
　　　　　　　6　　6.2　　6.3.2　　6.3.1.2 ── 6.3.1.3.2
　　　　　　　7　　6.3　　6.3.3　　6.3.1.3 ── 6.3.1.3.3
　　　　　　　8　　　　　6.3.4　　6.3.1.4 ── 6.3.1.3.4 ── 6.3.1.3.4.1
　　　　　　　9　　　　　6.3.5　　　　　　　　　　　　　　 6.3.1.3.4.2
　　　　　　　10
　　　　　　　11
　　　　　　　12

附录A
　　　　　　B.1
附录B　　　B.2
　　　　　　B.3 ── B.3.1
　　　　　　B.4　　B.3.2
　　　　　　B.5　　B.3.3 ── B.3.3.1
　　　　　　　　　B.3.4　　B.3.3.2
　　　　　　　　　　　　　 B.3.3.3
　　　　　　　　　　　　　 B.3.3.4

附录C ── C.1
　　　　　 C.2

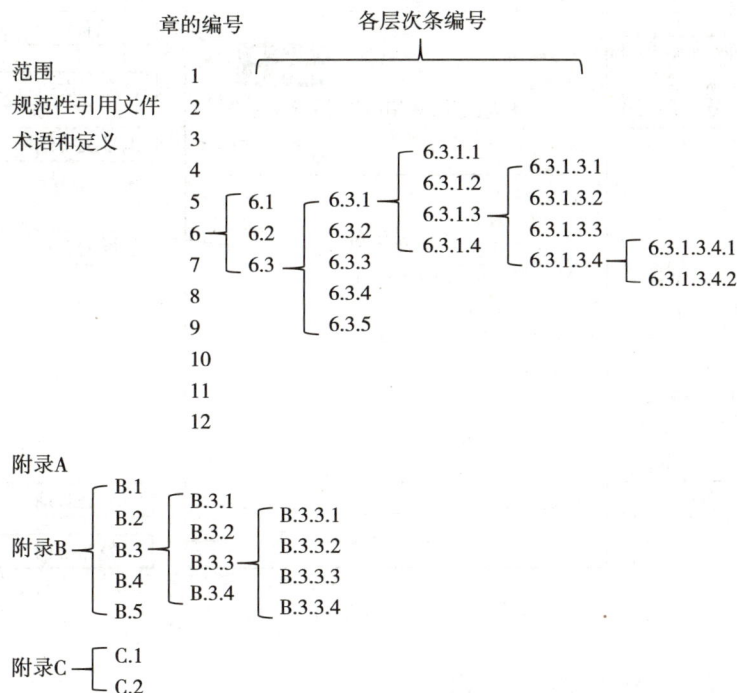

图 6 – 14　层次编号示例

（二）要素的编写

1. 封面　为必备要素。它应给出标示标准的信息，包括：标准的名称、英文译名、层次（国家标准为"中华人民共和国国家标准"字样，行业标准为"中华人民共和国＊＊标准"）、标志、编号、国际标准分类号（ICS 号）、中国标准文献分类号（CCS 号）、备案号（不适用于国家标准）、发布日期、实施日期、发布部门等。如果标准代替了某个或几个标准，封面应给出被代替标准的编号；如果标准与国际文件的一致性程度为等同、修改或非等效，还应按照 GB/T 20000.2 中的规定在封面上给出一致性程度标识。一致性程度及代号包括等同（IDT）、修改（MOD）、非等效（NEQ）。标准的封面示意图以 SB/T 10423—2017《速冻汤圆》为例，见图 6 – 15。

标准征求意见稿和送审稿的封面显著位置应按 GB/T 1.1—2020 附录 D 中 D.1 的规定，给出征集标准是否涉及专利的信息。

2. 目次　为可选的资料性要素。若标准的内容很多，结构复杂，可以加入目次，以方便地显示标准的结构，方便查阅。目次所列的各项内容和顺序如下：前言；引言；章；带有标题的条（需要时列出）；附录；附录中的章（需要时列出）；附录中的带有标题的条（需要时列出）；参考文献；索引；图（需要时列出）；表（需要时列出）。目次不应列出"术语和定义"一章中的术语。电子文本的目次应自动生成。

3. 前言　为必备的资料性要素。不应包含要求、指示、推荐或允许型条款，也不应使用图、表或数学公式等表述形式。前言不应给出章编号且不分条。前言应视情况依次给出下列内容。

（1）文件起草所依据的标准　具体表述为"本文件按照 GB/T 1.1—2020《标准化工作导则 第 1 部分：标准化文件的结构和起草规则》的规定起草"。

（2）文件与其他文件的关系　需要说明以下两方面的内容：与其他标准的关系，分为部分的文件的每个部分说明其所属的部分，并列出所有已经发布的部分的名称。

（3）文件与代替文件的关系　需要说明以下两方面的内容：给出被代替、废止的所有文件的编号

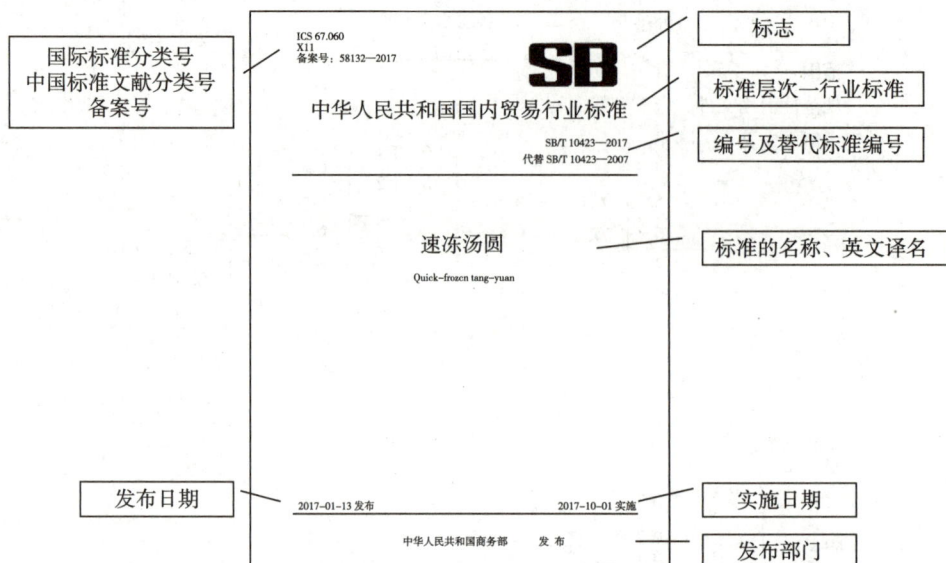

图6-15 标准封面示意图

和名称；列出与前一版本相比的主要技术变化。

（4）文件与国际文件关系的说明 以国外文件为基础形成的标准，可在前言中陈述与相应文件的关系。与国际文件的一致性程度为等同、修改或非等效的标准，应按照GB/T 20000.2的有关规定陈述与对应国际文件的关系。

（5）有关专利的说明 凡可能涉及专利的标准，如果尚未识别出涉及专利，则应按照GB/T 1.1—2020中D.2中的规定，在前言中说明相关内容。

（6）标准的提出信息（可省略）和归口信息 对于由全国专业标准化技术委员会提出或归口的文件，应在相应技术委员会名称之后给出其国内代号，使用下列适当的表述形式。使用下述适用的表述形式："本文件由全国×××标准化技术委员会（SAC/TC×××）提出""本文件由×××提出""本文件由全国×××标准化技术委员会（SAC/TC×××）归口""本文件由×××归口"。

（7）标准的起草单位和主要起草人 使用"本标准起草单位：……"或"本标准主要起草人：……"进行表述。

（8）标准所代替标准的历次版本发布情况 针对不同的文件，应将以上列项中的"本标准……"改为"GB/T××××的本部分……""本部分……"或"本指导性技术文件……"。

4. 引言 为可选的资料性要素。引言的内容视标准的具体要求而定。如可包括标准技术内容的特殊信息或说明，以及编制该标准的原因。引言不应包含要求、不编号。当引言的内容需要分条时，应仅对条编号，编为0.1、0.2等。

5. 范围 为必备的规范性要素。应置于标准正文的起始位置，即标准文件的第1章。范围应明确界定标准化对象和所涉及的各个方面，由此指明标准或其特定部分的适用界限。必要时，可指出标准不适用的界限，尤其是那些通常被认为文件可能覆盖，但实际上并不涉及的内容。如果标准分成若干个部分，则每个部分的范围只应界定该部分的标准化对象和所涉及的相关方面。范围的陈述应简洁，以便能作内容提要使用。范围不应包含要求。

标准化对象的陈述应使用下列表述形式："本文件规定了……的要求/特性/尺寸/指示""本文件确立了……的程序/体系/系统/总体原则""本文件描述了……的方法/路径""本文件提供了……的指导/指南/建议""本文件给出了……的信息/说明""本文件界定了……的术语/符号/界限"。

标准适用性的陈述应使用下列表述形式："本标准适用于……""本标准不适用于……"。

例如 GB 5009.5—2016《食品安全国家标准 食品中蛋白质的测定》，该标准的范围为："本标准规定了食品中蛋白质的测定方法。本标准第一法和第二法适用于各种食品中蛋白质的测定，第三法适用于蛋白质含量在 10g/100g 以上的粮食、豆类奶粉、米粉、蛋白质粉等固体试样的测定。本标准不适用于添加无机含氮物质、有机非蛋白质含氮物质的食品的测定"。该范围通过"规定了……的方法""适用于……""不适用于……"等对标准的对象以及适用性进行了界定。

6. 规范性引用文件 为资料性要素。它的设置具有其特殊性，表现在两个方面：①该要素的章编号和标题的设置是必备的，即在任何文件中都应设有"2 规范性引用文件"；②该要素的内容（即文件清单）的有无可根据具体情况进行选择。所以，有可能存在只有"规范性引用文件"章编号和标题，但是没有具体文件清单的情况。

规范性引用文件一章由引导语和文件清单构成，且不应分条。规范性引用文件清单应由下述引导语引出："下列文件中的内容通过文中的规范性引用而构成本文件必不可少的条款。其中，注日期的引用文件，仅该日期对应的版本适用于本文件；不注日期的引用文件，其最新版本（包括所有的修改单）适用于本文件"。文件清单中引用文件的排列顺序为国家标准化文件、行业标准化文件、本行政区域的地方标准化文件（仅适用于地方标准化文件的起草）、团体标准化文件、国际标准（含 ISO 标准、ISO/IEC 标准、IEC 标准）、其他机构或组织的标准化文件。其中，国家标准化文件、ISO 或 IEC 标准化文件按文件顺序号排列；行业标准化文件、地方标准化文件、团体标准化文件、其他国际标准化文件先按文件代号的拉丁字母和（或）阿拉伯数字的顺序排列，再按文件顺序号排列。

引用文件可以注日期，也可以不注日期。文件清单中，对于标准条文中注日期引用的文件，应给出版本号或年号（引用标准时，给出标准代号、顺序号和年号）以及完整的标准名称；对于标准条文中不注日期引用的文件，则不应给出版本号或年号。若引用的是完整的文件或标准的某个部分，并且当引用的这个文件或标准的某个部分将来会更新，也能够被接受时，则在文件名称后面不注日期。但是当仅仅只是引用文件中具体的章或条、附录、图或表时，则需要在文件后标注日期。注日期引用一般只是部分引用，故要在标准中表示出具体的引用内容。如"……（引用标准）给出了相应的试验方法，……""……遵守（引用标准）第×章……"或"……应符合（引用标准）表×中规定的……"等。如国家标准 GB/T 10786—2022《罐头食品的检验方法》规范性引用文件中，只有 GB/T 12143—2008《饮料通用分析方法》注明了日期，则在标准正文中涉及该标准的部分"可溶性固形物"的测定中，便会注明"按照 12143—2008 附录 A、附录 B 进行折光率与可溶性固形物含量换算及温度校正"。

7. 术语和定义 非术语标准中的要素"术语和定义"是规范性要素。与要素"规范性引用文件"类似，它的设置也具有其特殊性：①在任何文件中都应设有"3 术语和定义"；②该要素内容（即术语条目）的有无可根据具体情况进行选择。也就是说，可能存在只有章编号和标题，但是没有具体术语和定义的情况。如农业行业标准 NY/T 4306—2023《木瓜、菠萝蛋白酶活性的测定 紫外分光光度法》，无术语和定义，但仍需设置"第3章 术语和定义"，但其后说明"本文件没有需要界定的术语和定义"。

对某概念建立有关术语和定义以前，应查找在其他标准中是否已经为该概念建立了术语和定义。如果已经有标准对该术语进行定义，应当引用定义该术语的标准，不必重复定义。引用时通常不需抄录具体内容，而应采取引用的方式。如果没有标准曾定义过该术语，则"术语和定义"一章中只应定义标准中所使用的并且是属于该标准的范围所覆盖的概念，以及有助于理解这些定义的附加概念。如国内贸易行业标准 SB/T 10423—2017《速冻汤圆》中"速冻"概念在 SB/T 11073—2013《速冻食品术语》中已被定义，则在 SB/T 10423—2017 不会对其进行重新定义，而采用引用"SB/T 11073—2013"中该定义。详见图 6-16。

3.1

速冻quick-freezing

将被冻产品迅速通过最大冰晶区，使其热中心温度达到-18℃及以下的冻结过程。

[SB/T 11073—2013，定义3.1]

图6-16 已被定义的术语示例

"术语和定义"一般采用引导语引出，根据该部分内容的应用范围分为三种情况：①仅该标准中列出的定义用于该标准时，使用"下列术语和定义适用于本文件"引出该章；②除了该标准中列出的定义外，其他文件界定的术语和定义也适用于该标准，（例如，在一项标准的分部分标准中，第1部分中界定的术语和定义适用于几个或所有部分），则使用"……界定的以及下列术语和定义适用于本文件"引出该章；③如果仅仅其他文件界定的术语和定义适用时，使用"……界定的术语和定义适用于本文件"引出该章。

8. 符号和缩略语 在非符号标准中为可选的规范性要素。它给出为理解标准所必需的符号和缩略语清单。根据编写的需要，该要素也可与要素"术语和定义"合并。根据列出的符号、缩略语的具体情况，符号和（或）缩略语清单应分别由下列适当的引导语引出："下列符号适用于本文件。"（如果该要素列出的符号适用时）、"下列缩略语适用于本文件。"（如果该要素列出的缩略语适用时）、"下列符号和缩略语适用于本文件。"（如果该要素列出的符号和缩略语适用时）。

9. 核心技术要素 按照标准内容的功能可以将标准划分为以下功能类型：术语标准、符号标准、分类标准、试验标准、规范标准、规程标准及指南标准。核心技术要素这一要素是以上各种功能类型标准的标志性的要素，它是表述标准特定功能的要素。标准功能类型不同，其核心技术要素就会不同，表述核心技术要素使用的条款类型也会不同。各种功能类型标准所具有的核心技术要素以及所使用的条款类型应符合表6-6的规定。各种功能类型标准的核心技术要素的具体编写应遵守GB/T 20001（所有部分）的规定。

表6-6 各种功能类型标准的核心技术要素以及所使用的条款类型

标准功能类型	核心技术要素	使用的条款类型
术语标准	术语条目	界定术语的定义使用陈述型条款
符号标准	符号/标志及其含义	界定符号或标志的含义使用陈述型条款
分类标准	分类和（或）编码	陈述、要求型条款
试验标准	试验步骤	指示、要求型条款
	试验数据处理	陈述、指示型条款
规范标准	要求	要求型条款
	证实方法	指示、陈述型条款
规程标准	程序确定	陈述型条款
	程序指示	指示、要求型条款
	追溯/证实方法	指示、陈述型条款
指南标准	需考虑的因素	推荐、陈述型条款

注：如果标准化指导性技术文件具有与表中规范标准、规程标准相同的核心技术要素及条款类型，那么该标准化指导性技术文件为规范类或规程类。

以试验标准为例，试验标准的核心技术要素为试验步骤和试验数据处理，描述的是试验活动如何开展以及如何处理试验数据以得出结论。试验步骤是对试验一步一步如何开展的详细操作指示，在编写上遵守可重复可再现原则和准确度原则。有时为了消除系统误差等影响，编写试验步骤时还会引入预试验或验证试验、空白试验等试验，以及仪器校准等内容。如图6-17所示，GB 5413.20—2022《食品安全

国家标准 婴幼儿食品和乳品中胆碱的测定》中，分析步骤（试验步骤）指出了婴幼儿食品和乳品中胆碱的测定的具体操作步骤，包括样品前处理（样品预处理、水解、过滤）和测定（标准曲线的制作、试样准备、比色测定）等。分析步骤作为试验标准的核心技术要素，对于标准使用者实际的检验操作至关重要。

---

5 分析步骤

5.1 样品前处理

5.1.1 样品预处理

准确称取20g（精确至0.001g）混合均匀的液态试样于100mL锥形瓶中，加入3mol/L的盐酸溶液10mL，加塞混匀。

准确称取5g（精确至0.001g）混合均匀的半固态或固态试样于100mL锥形瓶中，加入1mol/L的盐酸溶液30mL，加塞混匀。

5.1.2 水解

将装有试样的容器放在70℃±2℃水浴中，放置3h（每隔30min振摇一次），冷却至室温。用氢氧化钠溶液（500g/L）调pH至3.5～4.0，转入50mL容量瓶中，用水定容至刻度。

图6-17　试验标准的核心技术要素示例1

试验数据处理需要编写对所得到的试验数据或观察到的现象进行描述和处理的过程。主要包括录取各项数据的规则、试验结果的表示方法或计算方法。如图6-18所示，GB 4789.2—2022《食品安全国家标准 食品微生物学检验 菌落总数测定》中，菌落总数的计算方法作为该标准的核心技术要素之一以公式的形式给出，同时描述了公式中各符号的含义。

---

7 结果与报告

7.1 菌落总数的计算方法

7.1.1 若只有一个稀释度平板上的菌落数在适宜计数范围内，计算两个平板菌落数的平均值，再将平均值乘以相应稀释倍数，作为每g（mL）样品中菌落总数结果，示例见B.1。

7.1.2 若有两个连续稀释度的平板菌落数在适宜计数范围内时，按式（1）计算，示例见B.2

$$N = \frac{\sum C}{(n_1 + 0.1 n_2) d} \quad\cdots\cdots\cdots\cdots\cdots\cdots\cdots（1）$$

式中：

N ——样品中菌落数；

$\sum C$ ——平板（含适宜范围菌落数的平板）菌落数之和；

n_1 ——第一稀释度（低稀释倍数）平板个数；

n_2 ——第二稀释度（高稀释倍数）平板个数；

d ——稀释因子（第一稀释度）。

图6-18　试验标准的核心技术要素示例2

10. 分类和编码/系统构成　为可选的规范性要素。它可设置为单独的一章，也可与规范、规程或指南标准中的核心技术要素合并。该要素用来给出针对标准化对象的划分以及对分类结果的命名或编码，以方便在文件核心技术要素中针对各个细分类别作出规定。它的内容通常涉及分类、命名、编码和代码等。

11. 参考文献　为可选要素。如果有参考文献，则应置于最后一个附录之后。文件中有资料性引用的文件，应设置该要素。该要素不应分条，列出的清单可以通过描述性的标题进行分组，标题不应编号。

四、标准化文件编写工具软件（SET 2020）介绍

标准化文件编写工具软件（SET 2020）是一款辅助标准化文件编写的工具性软件，软件界面设计友好，界面功能操作简捷方便。借助该软件，标准化文件的起草者可以方便快捷地实现文件草案的要素和层次样式的设置、表述形式的编辑、文件的排版等操作，进而起草完成符合 GB/T 1.1—2020 规定的标准化文件草案。SET 2020 可以支持目前主流的操作系统以及 Word 2010、2013、2016 及以上版本的办公软件。软件的操作界面按照其功能清晰布局，分为四个模块：要素样式、层次样式、表述形式、排版及其他。

（一）SET 2020 安装

首先，登录下载地址 http：//www. sdde. cn/sd/setdownload，下载 SET 2020 安装程序并注册。

（二）启动 SET 2020

（1）成功安装 SET 2020 后，启动 Word 或者打开一个 Word 文档，点击工具栏中的"标准化文件编写"。

（2）打开"标准化文件编写"后，点击菜单中的"新建"，从下拉菜单中选择国家标准、行业标准、地方标准、团体标准、企业标准或标准化指导性技术文件等中的任何一个，新建相应的标准化文件。

（三）使用 SET 2020 编写标准

SET 2020 创建新文件时，会自动生成封面、范围、规范性引用文件、术语和定义四个要素。凡是由 SET 2020 创建的文件，就可以使用 SET 2020 提供的工具栏方便地编写标准化文件。用 SET 2020 创建的文件，其文件名称的后缀和 Word 文件一致；根据标准编写需要添加或删除要素样式模块，如目次、前言、引言、文献及索引等。利用层次样式模块设置标准编制所需"章""条""段"及"列项"等。

第五节　标准的检索

PPT

一、手工检索

手工检索标准文献主要是指利用各种标准目录获取标准号，然后通过标准号进一步获取标准全文。目前，查找国内外标准文献的书本式检索工具很多。手工检索可以按照标准分类、标准号及主题词三种方式进行检索。分类途径是按学科、专业体系查找的途径；标准号途径是根据标准的序号进行查找的途径；主题途径是通过主题词经主题索引查找标准号。如《中华人民共和国国家标准目录》，国家标准化管理委员会编，中国标准出版社出版。有顺序目录和分类目录两部分。

二、网络检索

随着信息化的应用与普及，网络版的标准文献信息检索工具包含在各国标准网络信息系统中。国内网络检索起步较晚，因此很少有文摘数据库，国外有免费的文摘库。网络全文不能免费获取，但可以通过原文传递、付费下载或定购等方式获得。网络检索提供的检索途径很多，有标准号、中文标题（关键词）、英文标题（关键词）、发布日期、发布单位、实施日期、采用关系、被替代标准等。网络检索在检索途径、获取全文和标准信息的新颖性、及时性等方面的优势胜过上面两种方式。目前标准网络检索

常见的方式有万方数据库、国家标准化管理委员会、中国标准服务网等。食品伙伴网也是公众获取食品类标准的一个较好的渠道。

（一）国内主要网站和数据库

1. 万方数据资源系统（http：//www. wanfangdata. com. cn/） 万方中外标准数据库收录了所有中国国家标准（GB）、中国行业标准（HB）以及中外标准题录摘要数据，其中中国国家标准全文数据内容来源于中国质检出版社。目前用户只能检索目录信息，不能获取全文。

2. 中国标准服务网（http：//www. cssn. net. cn/） 是国家级标准信息服务门户，其标准信息主要依托于国家标准化管理委员会、中国标准化研究院标准馆及院属科研部门、地方标准化研究院（所）及国内外相关标准化机构。目前提供查询的数据库有现行国家标准、行业标准、地方标准及团体标准等；国外先进标准主要有英、法、美、德、日的国外标准以及国外著名行业标准；国际标准主要是国际标准化组织（ISO）和国际电工委员会标准（IEC）制定的标准。需要注意的是，非注册用户只能使用部分数据库资源，注册后（包括免费注册）才可以使用全部。

3. 标准网（www. standardcn. com） 隶属于国家发展和改革委员会工业司，该网站除了提供国家标准、国外先进标准等的检索查询外，主要是提供 19 个工业行业标准的网上管理、服务、相关技术咨询，但不提供标准原文的获取。

（二）国外主要标准网站和数据库

1. 世界标准服务网（www. wssn. net） 主要功能是提供国际、国家、地区标准化组织和标准主体的链接和搜索，但不提供标准搜索。

2. PERINORM（http：//www. cssinfo. com/perinorm. html） 是美国 ISI 集团旗下 Techstreet 公司开发的标准数据库，提供世界上 45 万余条标准，包括 ISO，ETSL，ASTM，ASME，IEEE 等组织制定的标准，可以看到简要说明，用户注册后可以购买原文。

查询常见的国内外标准，一般国内数据库就可以满足要求；查询不常见的国外标准，可以登录PERINORM 数据库或通过世界标准服务网链接到该标准颁布机构网站进行检索。

实训十三　标准分类

一、实训目的

1. 熟悉标准的不同分类方法。
2. 掌握不同类型标准的识别方法及下载方法。

二、实训原理

标准可以根据实施的约束力、制定的主体及标准对象的基本属性进行分类。按照标准实施的约束力，可分为强制性标准及推荐性标准；按照标准制定的主体，可将我国的标准分为国家标准、行业标准、地方标准、团体标准和企业标准；按照标准对象的基本属性，可以分为技术标准、管理标准和工作标准。

三、实训方法

上网进行标准文件查阅。

四、实训要求

1. 根据标准实施的约束力及标准制定的主体分类查询 上网查阅下载国家标准 2 项（推荐性及强制性国家标准各 1 项）、行业标准 2 项（农业标准及轻工行业标准各 1 项）、地方标准 2 项（广西及广东地方标准各 1 项）和企业标准 1 项。

2. 根据标准对象的基本属性分类查询

（1）技术标准 包括产品标准 1 项（国家标准）、检验标准 2 项（1 项理化检验标准及 1 项微生物检验标准）。

（2）管理标准 1 项。

实训十四 标准封面

一、实训目的

1. 熟悉不同类型标准封面内容的含义。
2. 掌握不同类型标准封面编写的要求。

二、实训原理

每项标准均应有封面，这是最基本的要求。封面是标准的必备要素，标准封面的主要内容：标准的类型，标准的标志，中文名称、英文名称、ICS 号（国际标准分类号）、中国标准文献分类号、标准编号、代替标准编号、发布日期、实施日期、标准的发布部门等。如果标准有对应的国际标准，还应在封面上标明一致性程度的标识，一致性程度的标识由对应的国际标准编号、国际标准名称（使用英文）、一致性程度代号等内容组成。如果标准的英文名称与国际标准名称相同时，则不标出国际标准名称。

三、实训方法

上网查阅下载国家标准、行业标准、地方标准和企业标准封面。

四、实训要求

仔细审查下载封面资料，说明封面上面每部分内容的含义，并指出所下载封面所缺项目。

实训十五 标准名称

一、实训目的

1. 理解标准名称构成。
2. 掌握标准名称的命名。

二、实训原理

标准的名称是构成标准要素的重要组成部分之一，它包括标准的中文名称和（或）英文名称，在标准的封面上位于最重要的位置。标准的名称是对标准的主体最集中、最简明的概括。标准名称可直接反映标准化对象的范围和特征，也直接关系到标准化信息的传播效果。

三、实训方法

上网进行资料查阅。

四、实训要求

上网查阅 10 个标准名称，判断查阅的标准名称命名是否合适，并指出标准名称的结构类型及对应要素类型。

实训十六　利用 SET 2020 软件编制企业标准

一、实训目的

利用所学知识，在充分的标准基本知识、结构框架、法律法规及标准体系的基础上，会利用标准化文件编写工作软件 SET 2020 编制企业标准。

二、实训原理

SET 2020 软件。

三、实训方法

上网查阅资料；分组讨论；教师演示操作；学生自主练习；教师点评。

四、实训要求

1. 虚拟编制一个企业名称。
2. 标准的封面（标准的编号；替代标准编号；中文名称；发布、实施日期；发布单位）。
3. 前言。
4. 范围（本标准规定了……，本标准适用于……）。请注意章、节编号。
5. 规范性引用文件（收集齐全）。
6. 术语和定义（非必需）。
7. 要求，包括原辅料要求、感官要求、理化指标、微生物指标（卫生指标）。
8. 食品添加剂。
9. 生产加工过程的卫生要求。
10. 试验方法。
11. 检验规则（组批、抽样、出厂检验、型式检验、抽样方法及数量、判定规则）。
12. 标签、标志、包装、运输、贮存。

练 习 题

答案解析

一、单选题

1. DBS 45/050—2018《食品安全地方标准 鲜湿类米粉》属于的类型是（　　）。

   A. 国家标准　　　　　　B. 地方标准　　　　　　C. 行业标准　　　　　　D. 企业标准

2. Q/GYWLJ 0024 S—2019《复合果汁饮料》属于的类型是（　　）。

   A. 国家标准　　　　　　B. 地方标准　　　　　　C. 行业标准　　　　　　D. 企业标准

3. NY/T 1070—2006《辣椒酱》属于的类型是（　　）。

   A. 国家标准　　　　　　B. 地方标准　　　　　　C. 行业标准　　　　　　D. 企业标准

4. 要编写一个标准，以下不是标准中必须包括的内容是（　　）。

   A. 封面　　　　　　　　B. 目次　　　　　　　　C. 前言　　　　　　　　D. 范围

二、多选题

1. 标准中条的表示方法是（　　）。

   A. 5　　　　　　　　　B. 5.1　　　　　　　　C. 5.1.1　　　　　　　D. 5.1.1.1

2. 以下属于规范性要素的有（　　）。

   A. 范围　　　　　　　　B. 术语和定义　　　　　C. 核心技术要求　　　　D. 符号和缩略语

三、简答题

1. 我国标准按照标准制定的主体可以分为哪几类？

2. 标准文件中的必备要素有哪些？

书网融合……

本章小结　　　　　　　微课　　　　　　　题库

第七章

中国食品标准体系

学习目标

知识目标

1. **掌握** 主要食品安全基础标准的使用方法及关键内容。
2. **熟悉** 食品安全标准的概念、编制方式、基本构架及具体内容。
3. **了解** 中国食品标准体系的现状、存在问题与前景。

能力目标

1. 能运用合理的检索方式查找需要的食品标准，并对其有效性进行判定。
2. 能正确阅读使用食品标准，并运用食品标准指导食品生产活动和经营活动。

素质目标

通过本章的学习，树立"大标准"理念，培养"学标准、用标准、守标准"的观念，明确作为食品从业人员要时刻要把安全意识、规矩意识放在首位，用好食品安全标准，守好食品安全底线。

第一节　中国食品标准概况

PPT

一、中国食品标准现状

我国食品标准体系始建于 20 世纪 60 年代，从最早的食品卫生标准开始，经历了初级阶段、发展阶段、调整阶段、巩固发展阶段四个阶段，2009 年《食品安全法》颁布实施后，国家卫生健康委员会按重点、分阶段组织实施食品标准清理整合工作。在此基础上，以风险监测数据和风险评估结果为基础的食品安全国家标准体系逐步完善，与此同时，推荐性国家标准、行业标准、地方标准、团体标准、企业标准与食品安全国家标准整体统筹，协调互补，目前已初步构建起覆盖从农田到餐桌、与国际食品法典标准和主要发达国家基本一致的食品标准体系。

我国现行食品标准按照效力或权限，分为国家标准、行业标准、地方标准、团体标准、企业标准 5 类；按照标准的约束性，分为强制标准和推荐标准。依据《食品安全法》规定食品安全标准是我国食品领域唯一的强制性标准，其余食品标准均为推荐性标准。

此外，按照功能作用我国食品标准又可以分为"食品安全标准"和"食品质量标准"两大标准体系。"食品安全标准"以保障公众身体健康为宗旨，是食品行业的底线标准，内容主要包括：食品、食品添加剂、食品相关产品中各类化学性、生物性危害物质的限量规定，农药、兽药、食品添加剂和食品营养强化剂的品种、使用范围、用量及残留量规定，特定人群主辅食品的营养成分要求，食品安全要求有关的标签、标识、说明书的要求，食品生产经营过程的卫生要求，与食品安全有关的食品检验方法及规程和其他需要制定为食品安全标准的内容等。

"食品质量标准"以满足产业需求，引领行业发展为目标，是食品安全标准的必要补充，主要包括：食品术语、分类等基础标准；与食品质量有关的食品中基本属性指标、营养指标和品质指标等规定；食品质量分级要求；与食品质量要求有关的标签、标志、说明书的要求；食品生产经营过程的质量控制管理要求；与食品质量有关的食品检验方法及规程和其他需要制定为食品质量标准的内容。

🔗 知识链接

标准相关法律、法规与条款制定

1.《中华人民共和国标准化法》 1988 年 12 月 29 日颁布，1989 年 4 月 1 日实施，2017 年 11 月 4 日通过修订，2018 年 1 月 1 日实施。

第二条 本法所称标准（含标准样品），是指农业、工业、服务业以及社会事业等领域需要统一的技术要求。

标准包括国家标准、行业标准、地方标准和团体标准、企业标准。国家标准分为强制性标准、推荐性标准，行业标准、地方标准是推荐性标准。

强制性标准必须执行。国家鼓励采用推荐性标准。

2.《中华人民共和国食品安全法》 2009 年 2 月 28 日第十一届全国人民代表大会常务委员会第七次会议通过，2015 年 4 月 24 日第十二届全国人民代表大会常务委员会第十四次会议修订，根据 2018 年 12 月 29 日第十三届全国人民代表大会常务委员会第七次会议《关于修改 < 中华人民共和国产品质量法 > 等五部法律的决定》第一次修正，根据 2021 年 4 月 29 日第十三届全国人民代表大会常务委员会第二十八次会议《关于修改 < 中华人民共和国道路交通安全法 > 等八部法律的决定》第二次修正。

第二十五条 食品安全标准是强制执行的标准。除食品安全标准外，不得制定其他食品强制性标准。

第二十七条 食品安全国家标准由国务院卫生行政部门会同国务院食品安全监督管理部门制定、公布，国务院标准化行政部门提供国家标准编号。

食品中农药残留、兽药残留的限量规定及其检验方法与规程由国务院卫生行政部门、国务院农业行政部门会同国务院食品安全监督管理部门制定。

屠宰畜、禽的检验规程由国务院农业行政部门会同国务院卫生行政部门制定。

3.《食品安全标准管理办法》（卫健委令 10 号） 2023 年 9 月 28 日第 1 次会议审议通过，自 2023 年 12 月 1 日起施行。

4.《国家标准管理办法》（国家市场监督管理总局令第 59 号） 2022 年 9 月 9 日发布，2023 年 3 月 1 日实施。

5.《行业标准管理办法》（国家市场监督管理总局令第 86 号） 2023 年 11 月 28 日公布，自 2024 年 6 月 1 日起施行。

6. 国家卫生健康委办公厅关于进一步加强食品安全地方标准管理工作的通知（国卫办食品函〔2019〕556 号） 2019 年 6 月 12 日发布。

7.《地方标准管理办法》（国家市场监督管理总局令第 26 号） 2019 年 12 月 23 日经国家市场监督管理总局 2019 年第十八次局务会议审议通过，2020 年 1 月 17 日发布，自 2020 年 3 月 1 日起施行。

8.《团体标准管理规定》 国家标准化管理委员会、民政部于 2019 年 1 月 9 日发布实施。

二、中国食品标准存在的问题

（一）标准之间的兼容匹配度有待提高

我国食品标准体系建立初期由不同的行政部门分别管理、起草，导致不同标准之间存在层次不清、交叉重复、内容矛盾的问题，近年来随着食品安全标准体系的修订和完善，此类问题明显减少，但是仍有一些问题没有得到有效解决。

1. 缺乏统一的食品分类标准　目前我国食品标准中涉及产品的标准主要有 GB 2760—2024《食品安全国家标准 食品添加剂使用》、GB 2762—2022《食品安全国家标准 食品中污染物限量》、GB 2763—2021《食品安全国家标准 食品中农药最大残留限量》等食品安全基础标准，这些标准附录中都涉及食品分类内容，但都只适用于该标准本身，这就导致了同一类食品在不同标准中的分类存在差异，例如"芹菜"在 GB 2762—2022 中的分类属于茎类蔬菜，而在 GB 2763—2021 中属于叶菜类蔬菜。此外，我国的食品生产许可分类目录中的食品分类与基础标准中的食品分类也存在差异，这些标准的差异，对不合格产品认定和食品日常监管工作都有一定的影响。

2. 检验方法标准数量与判定限量值数量不匹配　此类问题主要表现在 GB 2760 中允许使用的很多食品添加剂没有检验方法，或者现行检验方法的适用范围与添加剂的允许使用范围不匹配；国家禁止使用非食用物质种类与配套检验方法不匹配。

（二）部分国家、行业标准的修订更新周期过长

虽然近年来我国标准体系不断更新完善，但仍然存在部分标准"标龄"过长的问题，此类问题在部分食品检验方法标准和食品质量标准中较为多见，如现行有效的"GB/T 5009.140—2003 饮料中乙酰磺胺酸钾的测定、SC/T 3701—2003《冻鱼糜制品》已经实施 20 余年仍然未进行修订，其内容已与目前的检验检测水平和质量要求存在明显差异。

（三）针对特殊行业领域的标准仍旧缺失

目前的食品标准体系主要针对传统预包装食品制定，对现制现售的食品、餐饮食品及预制菜等新业态食品的基础性标准仍没有发布，导致对于此类产品的监管依据不足，容易形成监管的真空地带，存在一定的潜在风险。

（四）质量标准体系建设工作亟待推进

相较于日趋完善的食品安全标准体系，我们食品质量标准体系的建设依旧任重道远。首先，目前的食品质量标准不成体系，大部分为食品标准剥离安全指标的产物，对于质量的要求尚不完善，指标水平也相对简单，难以发挥引领产业高质量发展的作用；其次，市场对于质量标准重视程度不高，生产企业目前推荐性的食品质量标准的执行力度远不如强制性的食品安全标准，质量标准的作用和意义尚未得到消费者、生产方和监管部门的广泛重视。

三、中国食品标准的发展前景

标准化建设是全面提高食品安全水平的基础工程，确保食品安全的最有效方法就是通过制定标准化综合体系，并组织实施全过程标准化生产。从 2009 年《食品安全法》颁布至今，我国对于食品标准整合修订工作给予了足够的重视，经过 10 余年的努力，目前针对食品安全标准的清理整合工作已圆满完成，食品安全标准体系日趋完善成熟，同时对于食品质量标准的制（修）订工作也在有序开展，整体食品标准系统建设有了长足的进步。

按照"十四五"规划的整体目标要求，全球经济发展格局变化对食品标准体系建设提出了新的挑战。公众健康诉求提升，产业创新调整变化，现代化治理对食品标准工作提出了新任务、新要求。2021年12月，国家标准化管理委员会等十部委联合发布《"十四五"推动高质量发展的国家标准体系建设规划》，提出"加快构建以基础通用、产品质量分级检测方法、食品加工质量控制管理和追溯规范、中国特色风味食品和传统食品产品质量标准为主体的食品质量标准体系，加大研制弘扬中华传统美食文化、引领产业发展的食品质量标准的力度"。

"十四五"期间，我国标准主管部门在持续完善食品安全国家标准系统建设的同时，对食品质量标准体系的建设也会给予相当的重视，积极推进构建符合国情、与安全标准体系协调配套的食品质量标准体系。质量标准体系的构建需本着系统性、协调性、实用性、先进性和开放性的原则，与我国食品工业发展的特点和实际需求相结合，引领食品产业发展，涵盖食品产业链全过程。遵循政府主导制定与市场自主制定协同发展、协调配套的原则，进一步激发团体标准和企业标准的竞争性活力，有效提高食品质量水平，满足监管、健康、消费需求，推动食品产业高质量发展。通过强化食品标准规范引导市场经济秩序作用，推动我国食品产业在保障安全的前提下进一步做大做强，发力营养健康产业，满足人民群众对美好生活的更好需求。

第二节 食品安全标准

PPT

情境导入

情景 党的二十大报告中明确指出，推进健康中国建设，应把保障人民健康放在优先发展的战略位置。2019年7月10日，中共中央国务院印发《"健康中国2030"规划纲要》，将保障食品安全作为健康中国的重要组成部分，并首要提出了到2030年完善食品安全标准体系的规划目标。

思考 1. 什么是食品安全标准？

2. 我国食品安全标准体系包括哪些内容？

3. 食品安全标准在保障食品安全方面发挥怎样的作用？

一、食品安全标准概述

（一）食品安全标准的发展历程

在"食品安全标准"这一概念提出之前，对我国食品安全相关指标进行规范的标准体系为食品卫生标准体系，是食品安全标准体系的前身。第一个食品卫生标准——《酱油中砷的限量标准》是20世纪50年代由卫生部发布实施的，在20世纪60~70年代，伴随着我国标准化事业的全面铺开，食品卫生标准体系开始了全面发展。1979年的《中华人民共和国食品卫生管理条例》、1982年的《中华人民共和国食品卫生法（试行）》，在法律层面对食品卫生标准体系的范围、内容、制定和发布部门进行了明确。在随后的近30年时间中，食品卫生标准全面发展，截至2009年食品卫生标准共发布454项，形成了与《食品卫生法》相配套的食品卫生标准体系。

2009年，随着工业和经济的发展，国内食品安全形式不断变化，食品安全问题不断曝光，我国政府为了适应新的食品安全形式，保证食品安全，保障公众身体健康和生命安全，颁布了《食品安全法》，法律中明确了食品安全标准是对食品中各种影响消费者健康的危害因素进行控制的技术法规，是中国唯一强制执行的食品标准,并规定国务院卫生行政部门负责食品安全标准的制定、发布工作。

自此国家便开始了对已有食品标准的清理整合及新食品安全标准的制定工作,2010 年 4 月 22 日,卫生部发布了第一批 66 项乳制品相关食品安全国家标准;2010—2013 年卫生部组织完成了包括食品添加剂、真菌毒素、食品污染物、致病菌食品标签标示、食品生产通用规定在内的主要的食品安全通用标准的清理和修订工作,同时还完成了 3000 多个食品包装材料物质的清理工作。

2013 年卫生计划生育委员会开始全面清理食品标准,制定了《食品安全标准整合工作方案》,提出了 1061 项标准内容的食品安全标准体系框架。2017 年 7 月,卫生计划生育委员会发函通报了食品安全国家标准的整合情况,文件中指出,截至 2017 年 4 月我国共计发布食品安全标准 1224 项,食品安全标准体系得到了极大的完善,同时文件中还对需要进一步整合的食品标准和不纳入食品安全标准体系的食品标准进行了明确。

2018 年以来经过多轮机构改革和职能调整,食品安全标准工作管理机制更加完善,机构运转更加有效,截至 2022 年我国已发布食品安全国家标准 1419 项,包含 2 万余项指标,涵盖了从农田到餐桌、从生产加工到产品全链条、各环节主要的健康危害因素,保障包括儿童、老年等全人群的饮食安全。标准体系框架既契合中国居民膳食结构,又符合国际通行做法。

(二)食品安全标准的制定依据

1. 法律依据　在我国,食品安全标准制(修)订工作有明确的法律依据和基本规则。主要遵循的法律依据有《食品安全法》《标准化法》《农产品质量安全法》《食品安全国家标准管理办法》等。同时,为了提高我国食品安全标准国际化程度,减少食品贸易技术壁垒,我国食品安全标准制定与修订工作越来越多遵循国际法律,如 WTO/SPS 协议关于食品安全标准要求。

2. 科学依据　随着科技水平的进步和对外交流的不断深入,国家对于食品安全标准的科学属性越来越重视,卫生部在 2010 年 10 月成立了食品安全风险评估中心,负责食品安全风险分析相关工作,力图以科学的风险评估结果为食品安全标准制定提供扎实的科学依据。多年来,国家持续推进食品安全风险监测工作,构建了覆盖全部省份、市和县的食品安全风险监测网络,重点监测食品污染物、食品中有毒有害因素以及食源性疾病,其结果在食品安全标准的制定和修订中发挥了越来越重要的作用。风险评估、风险交流意识的提升是我国食品安全标准工作不断与国际标准工作接轨的重要表现。

(三)食品安全标准的编制与修订

我国对于食品安全标准的编制与修订有着一套完善的制度,主要包括:2010 年 12 月 1 日实施的《食品安全国家标准管理办法》及 2011 年 3 月 17 日实施的《食品安全地方标准管理办法》。国家卫生健康委员会负责食品安全国家标准的制(修)订工作,其下设的食品安全国家标准审评委员会负责审查食品安全国家标准草案,对食品安全国家标准工作提供咨询意见。为了保证标准评审的专业性和权威性,审评委员会下设了污染物、微生物、食品产品、生产经营规范、营养与特殊膳食、检验方法与规程、食品添加剂、食品相关产品、农药残留、兽药残留等 10 个分委员会和秘书处负责标准审查的相关事宜。

(四)食品安全标准的内容及分类

食品安全标准主要分为食品安全国家标准、食品安全地方标准、食品安全企业标准三个层级,三者的相互关系:食品安全国家标准是保障国家食品安全的底线标准,由国家卫生行政部门会同国家市场监督管理部门制定;对于没有国家标准的地方特色食品,可以由省级卫生行政部门制定食品安全地方标准;为提升产品的品质,企业可以制定严于国家标准、地方标准的企业标准。

食品安全国家标准具体包括以下 8 个部分的内容:①食品、食品添加剂、食品相关产品中的致病性微生物，农药残留、兽药残留、生物毒素、重金属等污染物质以及其他危害人体健康物质的限量规定；②食品添加剂的品种、使用范围、用量；③专供婴幼儿和其他特定人群的主辅食品的营养成分要求；④与卫生、营养等食品安全要求有关的标签、标志、说明书的要求；⑤食品生产经营过程的卫生要求；⑥与食品安全有关的质量要求；⑦与食品安全有关的食品检验方法与规程；⑧其他需要制定为食品安全标准的内容。

按照标准的类型又可以将上述8个部分总结为4个大类：基础标准（或通用标准）、产品标准、生产经营规范标准和检验方法标准，覆盖从原料到餐桌全过程。其中，食品中污染物、真菌毒素、标签和食品添加剂使用等通用标准和乳品、肉制品等产品标准，主要限定各类食品及原料中安全指标；检验方法标准是配套安全指标制定的检验方法；生产经营规范标准侧重过程管理，对食品生产经营过程提出规范要求。四类标准相互衔接，从不同角度管控食品安全风险，其具体关系见图7-1。

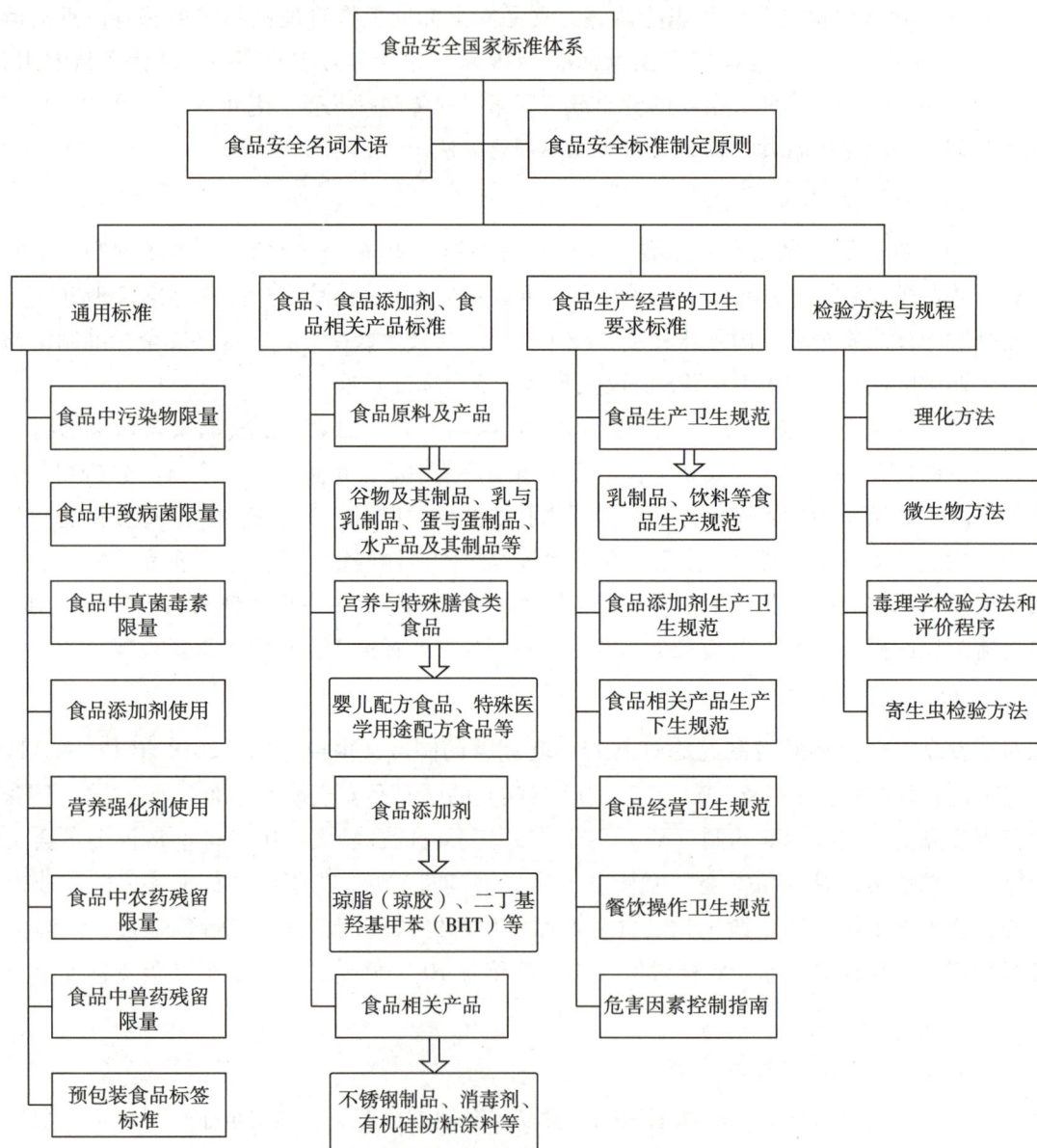

图7-1　食品安全国家标准体系框架

二、食品安全基础标准

食品安全基础标准是在原有的食品卫生基础标准上修订而来的，在修订过程中专家组参考了多年的食品风险评估数据，并整合了多方面的修订意见。安全类基础标准主要是对食品生产、消费过程中的广泛安全问题和指标进行规范和指导的技术文件，是我国对于食品安全的底线要求，是不能逾越的红线，所有在我国生产、经销的食品都需要遵循这些基础标准的要求。

按照我国现行的食品国家安全标准体系，所有的食品安全产品标准中涉及基础安全指标的要求时，全部直接引用了基础标准的要求，这样就在最大程度上避免原先食品标准体系中同一限量指标在不同标准中存在差异的情况，使得我国的食品标准体系在一定程度上得到了统一。

目前已经发布的食品安全基础标准共有 15 项，汇总情况见表 7-1。从表 7-1 中可以看出，现行的基础标准按照内容可以分为两类：一类是用以规定食品中有毒有害物质限量的标准；另一类是用以规范与食品生产相关的添加剂使用和标签标示的标准。

表 7-1　食品安全基础标准汇总表

序号	名称	标准号
1	食品安全国家标准 食品中真菌毒素限量	GB 2761—2017
2	食品安全国家标准 食品中污染物限量	GB 2762—2022
3	食品安全国家标准 食品中农药最大残留限量	GB 2763—2021
4	食品安全国家标准 食品中 2,4-滴丁酸钠盐等 112 种农药最大残留限量	GB 2763.1—2022
5	食品安全国家标准 食品中兽药最大残留限量	GB 31650—2019
6	食品安全国家标准 食品中 41 种兽药最大残留限量	GB 31650.1—2022
7	食品安全国家标准 预包装食品中致病菌限量	GB 29921—2021
8	食品安全国家标准 散装即食食品中致病菌限量	GB 31607—2021
9	食品安全国家标准 食品添加剂使用标准	GB 2760—2024
10	食品安全国家标准 食品接触材料及制品用添加剂使用标准	GB 9685—2016
11	食品安全国家标准 食品营养强化剂使用标准	GB 14880—2012
12	食品安全国家标准 预包装食品标签通则	GB 7718—2011
13	食品安全国家标准 预包装食品营养标签通则	GB 28050—2011
14	食品安全国家标准 预包装特殊膳食用食品标签	GB 13432—2013
15	食品安全国家标准 食品添加剂标识通则	GB 29924—2013

（一）食品中有毒有害物质限量的标准

真菌毒素限量、农药残留限量、兽药残留限量、污染物限量、致病菌限量标准主要规定了人体对食品中存在的有毒有害物质可接受的最高水平，其目的是将有毒有害物质限制在安全阈值内，保证食用安全性，最大限度地保障人体健康。

1. 真菌毒素　食品中真菌毒素，是指某些真菌在生长繁殖过程中产生的一类内源性天然污染物，主要对谷物及其制品和部分加工水果造成污染，人和动物食用后会引起致死性的急性疾病，并且与癌症风险增高有关，且一般加工方式难以除去。GB 2761—2017《食品安全国家标准 食品中真菌毒素限量》是国家最新修订的关于食品中真菌毒素的限量标准，主要规定了食品中黄曲霉毒素 B_1、黄曲霉毒素 M_1、脱氧雪腐镰刀菌烯醇、展青霉素、赭曲霉毒素 A、玉米赤霉烯酮等 6 种真菌毒素的限量指标。标准由范围、术语和定义、应用原则、指标要求、仅适用于该标准的食品类别（名称）说明的附录（附录 A）5 个部分组成。

2. 食品污染物　是指食品在生产、加工、贮存、运输、销售直至食用过程由于环境污染、加工工艺等原因而产生的，非人为添加的对人体有害的毒性物质。GB 2762—2022《食品安全国家标准 食品中污染物限量》是我国最新修订的食品中污染物的限量标准，主要规定了食品中铅、镉、汞、砷、锡、镍、铬、亚硝酸盐、硝酸盐、苯并［a］芘、N－二甲基亚硝胺、多氯联苯、3－氯－1,2－丙二醇等13种污染物的限量指标。标准由范围、术语和定义、应用原则、指标要求、仅适用于该标准的食品类别（名称）说明的附录（附录A）5个部分组成。

3. 致病菌　食品致病菌是可以引起食物中毒或以食品为传播媒介的致病性细菌。食源性致病菌是导致食品安全问题的重要来源，致病性细菌可以直接或间接地污染食品及水源，导致人体肠道传染病的发生及食物中毒与畜禽传染病的流行。GB 29921—2021《食品安全国家标准 预包装食品中致病菌限量》、GB 31607—2021《食品安全国家标准 散装即食食品中致病菌限量》是我国现行有效的两个致病菌限量标准。

GB 29921—2021规定了预包装食品中乳制品、肉制品、水产制品、即食蛋制品、粮食制品、即食豆类制品、巧克力类及可可制品、即食果蔬制品、饮料、冷冻饮品、即食调味品、坚果与籽实类食品、特殊膳食用食品等13类食品中的沙门菌、单核细胞增生李斯特菌、致泻大肠埃希菌、金黄色葡萄球菌、副溶血性弧菌、克洛诺杆菌属（阪崎肠杆菌）等6种致病菌指标和限量及对应的采样、判定、检测方法。GB 31607—2021规定了热处理散装即食食品中的沙门菌、金黄色葡萄球菌、蜡样芽孢杆菌限量，部分或未经热处理散装即食食品中的沙门菌、金黄色葡萄球菌、单核细胞增生李斯特菌、副溶血性弧菌和蜡样芽孢杆菌限量，以及其他散装食品中沙门菌和金黄色葡萄球菌限量，但标准适用范围不包括餐饮服务食品。此外，两个标准都明确指出："无论是否规定致病菌限量，食品生产、加工、经营者均应采取控制措施，尽可能降低食品中的致病菌含量水平及导致风险的可能性。"

4. 农药残留　是农药施用后残留在生物体内或残存在环境中的微量农药。我国作为世界上农药使用量最多的国家，年均使用量在180万吨以上，虽然农药在病虫害防治、去除杂草、农产品质量提高等方面发挥了重要作用，但伴随着农药的过量、不合理甚至滥用，农药残留超标所带来的负面影响也日益凸显。GB 2763—2021《食品安全国家标准 食品中农药最大残留限量》、GB 2763.1—2022《食品安全国家标准 食品中2,4－滴丁酸钠盐等112种农药最大残留限量》是我国最新修订的两个农药残留限量标准，两个标准共规定了586种农药、10344项最大残留限量，已全面覆盖我国批准使用的农药品种和主要植物源性产品，为农产品生产者加强质量控制，监管部门发现食品中存在的安全隐患提供更加有力的技术依据，人民群众"舌尖上的安全"将得到更有力的保障。

GB 2763—2021标准包括范围、配套检测方法的规范性引用文件、术语和定义、技术要求、适用于该标准的食品类别及测定部位的附录（附录A）、豁免制定食品中最大残留限量标准的农药名单的附录（附录B）等内容。GB 2763.1—2022是对GB 2763—2021的补充，GB 2763—2021中附录A的内容同样适用于GB 2763.1—2022，与GB 2763—2021相比，GB 2763.1—2022新增农药品种22种，对90种农药的最大残留限量进行新增和修订。其中新增201项最大残留量限量，修订38项最大残留量限量。

5. 兽药残留　是对食品动物用药后，动物产品的任何可食用部分中所有与药物有关的物质的残留，包括药物原型和（或）其代谢产物。一直以来兽药滥用的问题在我国没有得到根本性的解决，超范围超限量使用兽药的情况屡见不鲜，动物性食品中兽药残留可导致毒性反应，引起潜在的食品安全风险。兽药残留积累可对人体神经系统、造血系统、肝肾等产生不同程度的毒性反应。GB 31650—2019《食品安全国家标准 食品中兽药最大残留限量》、GB 31650.1—2022《食品安全国家标准 食品中41种兽药最大残留限量》是我国最新颁布实施的兽药残留限量标准，两项标准共规定动物性食品中阿苯达唑等145种（类）兽药的最大残留限量，醋酸等154种允许用于食品动物但不需要制定残留限量的兽药，以及氯丙嗪等9种允许作治疗用但不得在动物性食品中检出的兽药。这是我国首次制定兽药残留限量类食品安全标准，填补了标准空白，完善了食品安全标准体系，但标准中未制定配套的检验方法，下一步仍需完善。

（二）添加剂使用与标签标示标准

食品添加剂的使用规范标准包括食品、食品相关产品及营养强化剂使用规范三个标准，分别对产品中添加剂与营养强化剂的使用原则、用法用量、适用产品类别等内容作出详细的规定。食品标签规范性标准包括了预包装食品标签标准、预包装食品营养标签、预包装特殊膳食用食品标签三个标准，其中对食品标签的标示内容、标示方法、应用原则等内容作出规定。这些标准实施对于规范我国的食品工业化生产有着重要的作用。

三、产品安全标准

在食品安全标准体系中产品安全标准占据了相当的一部分，主要包括食品产品标准、特殊膳食食品标准、食品添加剂质量规格标准、食品营养强化剂质量规格标准、食品相关产品标准五个类别。

（一）食品产品标准

食品产品标准主要是在原有的食品产品卫生标准基础上整合形成，标准主要规定了各类产品除通用安全指标以外的安全性指标。标准一般由范围、术语和定义、技术要求三个部分组成。在技术要求中，主要包括特殊要求和通用要求两类，通用要求全部按照食品安全基础标准的规定执行，特殊要求按照对应产品的实际情况一般包括感官要求、理化指标、微生物限量中的一项或多项内容。

需要明确的是，食品安全标准体系中的产品标准主要是针对产品的安全属性进行规定，是对该产品的底线要求，对应产品的质量品质和等级要求由其他标准另行规定。目前已经发布的食品安全产品标准共 75 项。

（二）特殊膳食食品标准

特殊膳食食品，是指满足特殊的身体或生理状况和（或）满足疾病、紊乱等状态下的特殊膳食需要，专门加工或配方的食品。与其他普通食品相比，这类食品的适宜人群、营养素和其他营养成分的含量要求有着一定的特殊性。目前我国已经发布的特膳食品标准共 10 个，可以分为 4 个类别，分别是婴幼儿配方食品、婴幼儿辅助食品、特殊医学用途配方食品和其他特殊膳食用食品。标准的具体名称和涵盖范围见表 7 - 2。

表 7 - 2　特殊膳食食品标准及适用范围汇总表

类别	标准名称	标准主要涵盖范围
婴幼儿配方食品	GB 10765—2021 婴幼儿配方食品	以乳类及乳蛋白制品或大豆及大豆蛋白制品为主要蛋白来源，加入适量的维生素、矿物质和（或）其他原料，仅用物理方法生产加工制成。适用于正常婴儿食用，其能量和营养成分能满足 0～6 月龄婴儿正常营养需要的配方食品
	GB 10766—2021 食品安全国家标准 较大婴儿配方食品	以乳类及乳蛋白制品或大豆及大豆蛋白制品为主要蛋白来源，加入适量的维生素、矿物质和（或）其他原料，仅用物理方法生产加工制成。适用于正常婴儿食用，其能量和营养成分能满足 6～12 较大龄婴儿部分营养需要的配方食品
	GB 10767—2021 食品安全国家标准 幼儿配方食品	以乳类及乳蛋白制品和（或）大豆及大豆蛋白制品为主要蛋白来源，加入适量的维生素、矿物质和（或）其他原料，仅用物理方法生产加工制成的产品。适用于用于 12～36 月龄幼儿食用，其能量和营养成分能满足正常幼儿的部分营养需要
	GB 25596—2010 特殊医学用途婴儿配方食品通则	针对患有特殊紊乱、疾病或医疗状况特殊医学状况婴儿的营养需求而设计制成的粉状或液态配方食品。在医生或临床营养师的指导下，单独食用或与其他食物配合食用时，其能量和营养成分能够满足 0～6 月龄特殊医学状况婴儿的生长发育需求。标准涵盖了 6 类我国目前临床较常见的产品类别，即无乳糖或低乳糖配方、乳蛋白部分水解配方、乳白深度水解配方或氨基酸配方、早产/低出生体重婴儿配方、母乳营养补充剂、氨基酸代谢障碍配方等

续表

类别	标准名称	标准主要涵盖范围
婴幼儿辅助食品	GB 10769—2010 婴幼儿谷类辅助食品	以一种或多种谷（如：小麦、大米、大麦、燕麦、黑麦、玉米等）为主要原料，且谷物占干物组成的25%以上，添加适量的营养强化剂及其他辅料，经加工制成的适于6月龄以上婴儿和幼儿食用的辅助食品。涵盖了婴幼儿谷物辅助食品、婴幼儿高蛋白谷物辅助食品、婴幼儿生制类谷物辅助食品、婴幼儿饼干或其他婴幼儿谷物食品四个类别
	GB 10770—2010 婴幼儿罐装辅助食品	食品原料经处理、灌装、密封、杀菌或无菌灌装后达到商业无菌，可在常温下保存的适于6月龄以上婴幼儿食用的食品。根据产品形状（性状），将该类产品分为3类，即泥（糊）状罐装食品、颗粒状罐装食品、汁类罐装食品
特殊医学用途配方食品	GB 29922—2013 特殊医学用途配方食品通则	为了满足进食受限、消化吸收障碍、代谢紊乱或特定疾病状态人群对营养素或膳食的特殊需要，专门加工配制而成的配方食品。适用于1岁以上人群食用。该类产品必须在医生或临床营养师指导下，单独食用或与其他食品配合使用。标准中包含了3类产品，即全营养配方食品（可作为单一营养来源满足目标人群的营养需求）、特定全营养配方食品（可作为单一营养来源满足目标人群在特定疾病或医学状况下的营养需求）和非全营养配方食品（可满足目标人群的部分营养需求）
其他特殊膳食用食品	GB 22570—2014 辅食营养补充品	一种含多种微量营养素（维生素和矿物质等）的补充品，其中含或不含食物基质和其他辅料，添加在6~36月龄婴幼儿即食辅食中食用，也可用于37~60月龄儿童的食品，包含了辅食营养补充食品、辅食营养素补充片、辅食营养素撒剂3种形式
	GB 24154—2015 运动营养食品通则及第1号修改单	为满足运动人群（指每周参加体育锻炼3次及以上、每次持续时间30分钟及以上、每次运动强度达到中等及以上的人群）的生理代谢状态、运动能力及对某些营养成分的特殊需求而专门加工的食品，按特征营养素分类，包括补充能量类、控制能量类和补充蛋白质类；按运动项目分类，包括速度力量类、耐力类和运动后恢复类
	GB 31601—2015 孕妇及乳母用营养补充食品	添加优质蛋白质和多种微量营养素（维生素和矿物质等）制成的适宜孕妇及乳母补充营养素的特殊膳食用食品。适用于孕期妇女和哺乳期妇女

（三）食品添加剂质量规格标准

食品添加剂质量规格标准，也就是食品添加剂的产品质量标准，主要是对已经批准使用的食品添加剂品质提出的质量和安全要求。食品添加剂的质量规格标准也是保证食品安全的重要标准，因为即使严格按照批准的使用范围和用量使用食品添加剂，但如果使用的食品添加剂本身存在食品安全问题，也不能生产出符合食品安全要求的食品产品。

目前已发布的食品添加剂质量标准共650余个，大致可分为两类：①针对单一食品添加剂制定的质量标准，标准一般由适用范围、添加剂名称（化学名称、分子式、分子量）、具体技术要求（感官要求、理化指标）及相应指标检测方法的附录四个部分组成；②适用于多种食品添加剂产品的通用安全要求，例如：GB 26687—2011《食品安全国家标准 复配食品添加剂通则》、GB 29938—2020《食品安全国家标准 食品用香料通则》等。

（四）食品营养强化剂质量规格标准

食品营养强化是在现代营养科学的指导下，根据不同地区、不同人群的营养缺乏状况和营养需要，以及为弥补食品在正常加工、储存时造成的营养素损失，在食品中选择性地加入一种或者多种微量营养素或其他营养物质。目前已发布的营养强化剂质量标准共61个，都是针对单一产品的质量标准，标准一般由适用范围、添加剂名称（化学名称、分子式、分子量）、具体技术要求（感官要求、理化指标）及相应指标检测方法的附录四个部分组成。

（五）食品相关产品标准

食品相关产品包括用于食品的包装材料和容器、洗涤剂、消毒剂以及用于食品生产经营的工具、设备。食品相关产品的质量也是食品安全的主要环节之一，食品安全国家标准体系中对于食品相关产品的标准包括质量标准、生产规范标准与检验方法标准三个部分。

目前已发布的食品相关产品质量标准共16项，其中通用质量标准1项，即 GB 4806.1—2016《食品安全国家标准 食品接触材料及制品通用安全要求》，该标准规定了食品接触材料的范围、术语和定义、基本要求、限量要求、符合性原则、可追溯性和产品信息等内容；具体食品相关产品标准15项，针对某一种独立的食品接触产品的特殊质量要求进行规定，食品相关产品具体标准见表7-3。

表7-3 食品相关产品标准汇总表

序号	名称	标准号
1	食品安全国家标准 洗涤剂	GB 14930.1—2022
2	食品安全国家标准 消毒剂	GB 14930.2—2012
3	食品安全国家标准 消毒餐（饮）具	GB 14934—2016
4	食品安全国家标准 食品添加剂 硅藻土	GB 14936—2012
5	食品安全国家标准 奶嘴	GB 4806.2—2015
6	食品安全国家标准 搪瓷制品	GB 4806.3—2016
7	食品安全国家标准 陶瓷制品	GB 4806.4—2016
8	食品安全国家标准 玻璃制品	GB 4806.5—2016
9	食品安全国家标准 食品接触用塑料树脂	GB 4806.6—2016
10	食品安全国家标准 食品接触用塑料材料及制品	GB 4806.7—2016
11	食品安全国家标准 食品接触用纸和纸板材料及制品	GB 4806.8—2022
12	食品安全国家标准 食品接触用金属材料及制品	GB 4806.9—2016
13	食品安全国家标准 食品接触用涂料及涂层	GB 4806.10—2016
14	食品安全国家标准 食品接触用橡胶材料及制品	GB 4806.11—2016
15	食品安全国家标准 食品接触用竹木材料及制品	GB 4806.12—2022

四、食品生产经营过程的卫生要求标准

食品生产经营过程中的卫生要求是否控制得当直接关系食品终产品的质量安全，是食品安全风险控制的关键环节。《食品安全法》第四章用了4节51条对食品生产经营要求进行了详细的规定，足见国家对于食品生产经营过程安全情况的重视程度。

在《食品安全法》实施之前，食品生产经营环节的操作规范类标准为原卫生部发布的"卫生规范"和"良好生产规范"，以及有关行业主管部门制定和发布的各类"良好生产规范""技术操作规范"等400余项生产经营过程标准，其中适用范围交叉、规定内容冲突的情况比较多见。为了更好地配合《食品安全法》的要求，专家对现有的生产经营规范类标准进行整合，提出了以《食品生产通用卫生规范》为基础、40余项涵盖主要食品类别的生产经营规范类食品安全标准的顶层设计。目前已经发布的食品生产经营规范类标准共34项，其中通用型标准7项，具体是 GB 14881—2013《食品安全国家标准 食品生产通用卫生规范》、GB 31621—2014《食品安全国家标准 食品经营过程卫生规范》、GB 31603—2015《食品安全国家标准 食品接触材料及制品生产通用卫生规范》、GB 31647—2018《食品安全国家标准 食品添加剂生产通用卫生规范》、GB 31654—2021《食品安全国家标准 餐饮服务通用卫生规范》、GB 31653—2021《食品安全国家标准 食品中黄曲霉毒素污染控制规范》、GB 31605—2020《食品安全国家标准 食品冷链物流卫生规范》；适用于单一食品类别的生产卫生规范标准27项，具体内容见表7-4。

表7-4 生产经营规范标准表汇总表

序号	名称	标准号
1	食品安全国家标准 乳制品良好生产规范	GB 12693—2010
2	食品安全国家标准 粉状婴幼儿配方食品良好生产规范	GB 23790—2010
3	食品安全国家标准 特殊医学用途配方食品良好生产规范	GB 29923—2013
4	食品安全国家标准 罐头食品生产卫生规范	GB 8950—2016
5	食品安全国家标准 蒸馏酒及其配制酒生产卫生规范	GB 8951—2016
6	食品安全国家标准 啤酒生产卫生规范	GB 8952—2016
7	食品安全国家标准 食醋生产卫生规范	GB 8954—2016
8	食品安全国家标准 食用植物油及其制品生产卫生规范	GB 8955—2016
9	食品安全国家标准 蜜饯生产卫生规范	GB 8956—2016
10	食品安全国家标准 糕点、面包卫生规范	GB 8957—2016
11	食品安全国家标准 畜禽屠宰加工卫生规范	GB 12694—2016
12	食品安全国家标准 饮料生产卫生规范	GB 12695—2016
13	食品安全国家标准 谷物加工卫生规范	GB 13122—2016
14	食品安全国家标准 糖果巧克力生产卫生规范	GB 17403—2016
15	食品安全国家标准 膨化食品生产卫生规范	GB 17404—2016
16	食品安全国家标准 食品辐照加工卫生规范	GB 18524—2016
17	食品安全国家标准 蛋与蛋制品生产卫生规范	GB 21710—2016
18	食品安全国家标准 发酵酒及其配制酒生产卫生规范	GB 12696—2016
19	食品安全国家标准 原粮储运卫生规范	GB 22508—2016
20	食品安全国家标准 水产制品生产卫生规范	GB 20941—2016
21	食品安全国家标准 肉和肉制品经营卫生规范	GB 20799—2016
22	食品安全国家标准 航空食品卫生规范	GB 31641—2016
23	食品安全国家标准 酱油生产卫生规范	GB 8953—2018
24	食品安全国家标准 包装饮用水生产卫生规范	GB 19304—2018
25	食品安全国家标准 速冻食品生产和经营卫生规范	GB 31646—2018
26	食品安全国家标准 餐（饮）具集中消毒卫生规范	GB 31651—2021
27	食品安全国家标准 即食鲜切果蔬生产卫生规范	GB 31652—2021

　　GB 14881—2013《食品生产通用卫生规范》是规范食品生产行为，防止食品生产过程的各种污染，生产安全且适宜食用的食品的基础性食品安全国家标准。该标准既是规范企业食品生产过程管理的技术措施和要求，又是监管部门开展生产过程监管与执法的重要依据，也是鼓励社会监督食品安全的重要手段。

　　标准共分14个章节，内容包括：适用范围，术语和定义，选址及厂区环境，厂房和车间，设施与设备，卫生管理，食品原料、食品添加剂和食品相关产品，生产过程的食品安全控制，检验，食品的贮存和运输，产品召回管理，培训，管理制度和人员，记录和文件管理。附录A"食品加工过程的微生物监控程序指南"针对食品生产过程中较难控制的微生物污染因素，向食品生产企业提供了指导性较强的监控程序建立指南。与原有的标准相比，新标准强化了源头控制，对原料采购、验收、运输和贮存等环节食品安全控制措施作出详细规定；加强了过程控制，对加工、产品贮存和运输等食品生产过程的食品安全控制提出了明确要求，并制定了控制生物、化学、物理等主要污染的控制措施；加强生物、化学、物理污染的防控，对设计布局、设施设备、材质和卫生管理提出了要求；增加了产品追溯与召回的具体要求；增加了记录和文件的管理要求。

五、食品检验方法标准

食品检验方法标准是食品安全标准体系的另一个重要组成部分，是对基础标准和产品标准所规定指标的技术支撑，食品安全标准整合之前食品检验标准体系相对混乱，卫生标准体系、产品质量标准体系、各行业标准体系均制定了配套自身标准体系的检测方法标准，经常出现同一个方法具有多个标准号的情况，给食品的检验与判定造成了许多困难。

食品安全标准修订以后将各个行业检验方法中与食品安全标准规定一致的检验方法进行了清理整合，形成了较为完善的食品检验标准体系。标准规定了物理化学检验、微生物学检验和毒理学检验规程的内容，标准一般包括检测方法的基本原理、仪器和设备要求、操作步骤、结果判定和报告内容、检验相关的各种资料性附录等内容。

1. 理化指标检测标准　理化检验的主要标准为 GB 5009 系列标准，标准主要规定食品常规理化指标的检测方法，主要包括食品污染物、食品真菌毒素、食品中食品添加剂含量及食品产品标准中规定的特殊理化指标的检测方法，已发布的食品理化检验标准共 156 项。

2. 婴幼儿食品及乳制品理化指标检验标准　婴幼儿食品及乳制品理化指标检验标准为 GB 5413 系列标准，标准主要规定乳制品及婴幼儿食品中特征理化指标的检测方法，其中"脂肪""酸度"等与 GB 5009 系列标准重合的指标已经被整合入 GB 5009 标准系列，目前现行有效的标准共 11 项。

3. 放射性物质及辐照食品检验标准　放射性物质检验方法为 GB 14883 系列标准，标准规定了食品中放射性物质的检验方法，现行标准共 10 项，辐照食品标准检验方法共 4 项，分别是 GB 23748—2016《食品安全国家标准 辐照食品鉴定 筛选法》、GB 21926—2016《食品安全国家标准 含脂类辐照食品鉴定 2-十二烷基环丁酮的气相色谱-质谱分析法》、GB 31643—2016《食品安全国家标准 含硅酸盐辐照食品的鉴定 热释光法》、GB 31642—2016《食品安全国家标准 辐照食品鉴定 电子自旋共振波谱法》。

4. 食品接触材料及制品检测标准　为 GB 31604 系列标准，标准规定了食品接触材质及其制品中关键理化指标和各类物质化学迁移量的测定方法，共 57 项。

5. 食品微生物指标检验标准　为 GB 4789 系列标准，标准规定了食品微生物限量及指标病菌的检测方法和质量控制相关要求，共 34 项。

6. 食品毒理学指标检验标准　为 GB 15193 系列标准，标准规定了食品毒理学评价程序、实验室操作规范及具体毒理学指标的检测方法，共 28 项。

7. 兽药残留检测标准　近年来，食品安全标准不断整合发布兽药残留测定的食品安全国家标准，目前已经发布的兽残类检测方法标准为 GB 29681 ~ GB 29709 系列标准共 29 项，水产类兽药残留标准 GB 31656.1 ~ GB 31656.17，蜂产品中兽药残留标准 GB 31657.1 ~ GB 31657.3，动物性产品兽药残留标准 GB 31658.1 ~ GB 31657.25，乳类产品兽药残留标准 GB 31659.1 ~ GB 31659.6，以及 GB 31660.1 ~ GB 31660.9 的兽药残留标准。

8. 农药残留检测标准　为 GB 23200 系列标准，目前农药残留标准的修订完善工作已经移交农业管理部门负责，GB 23200 系列标准已经发布 120 项，目前仍在继续修订完善中。

第三节　食品质量标准体系

PPT

我国的食品标准体系中，除强制性的食品安全标准体系外，还包括推荐性的食品质量标准体系。此类标准主要用于规范食品产业的各种质量要求，保障产业的高质量发展。此类标准数量庞大，在整个食品标准体系中占据了相当的地位，具体包括食品术语分类、产品质量指标及相关检测方法、食品产销过程要求相关的推荐性国家标准及各个行业自行制定的行业标准，以及地方标准、团体标准、企业标准等内容。

一、质量标准发展历程

我国食品质量标准的编制开始于 1988 年《标准化法》颁布实施之后，以《标准化法》及《标准化法实施条例》为依据，食品质量标准的编制工作开始广泛开展。2000 年底，食品标准数量大幅提升，当时我国发布食品国家标准 1035 项，行业标准 1089 项，这些标准中许多存在安全和质量指标的交叉重叠情况。此外，以提升产品质量为目的编制的绿色食品、有机食品、无公害食品、地理标志产品的标准在这一时期也大量发布，成为食品质量标准体系的重要组成部分。2009 年后，伴随《食品安全法》的颁布实施，食品安全标准开始全面整合清理，许多质量标准中的安全指标被整合剥离，食品质量标准也开始大面积的修订和作废。时至今日，食品安全标准体系已全面建成，而食品质量标准虽然也得到了一定的修订和完善，但是相较于安全标准，无论是体系的完整性，还是标准的时效性，都有明显的欠缺，完善食品质量标准体系，是今后我国食品标准建设工作重中之重。

二、食品工业相关标准

（一）食品工业基础标准

基础标准是在一定范围内作为其他标准的基础普遍使用，并具有广泛指导意义的标准，它规定了各种标准中最基本的共同要求。食品工业基础标准主要包括食品工业基础术语标准、食品符号（代号）标准、食品分类标准。

1. 食品术语标准　术语是在特定学科领域用来表示概念的称谓的集合，是通过语音或文字来表达或限定科学概念的约定性语言符号，是思想和认识交流的工具。术语标准化指的是术语的标准化和术语工作方法（术语工作本身也要有标准化的原则和方法）上的标准化，即运用标准化的原理和方法，通过制定术语标准，使之达到一定范围内的术语统一，从而获得最佳秩序和社会效益。术语标准化是当代社会发展的需要，也是信息技术兴起的需要，是标准化工作的重要基础。

GB 15091—1994《食品工业基本术语》标准规定了食品工业常用的基本术语，内容包括：主题内容与适用范围，一般术语，产品术语，工艺术语、质量、营养及卫生术语等内容。标准适用于食品工业生产、科研、教学及其他的有关领域。

各类食品工业的名词术语标准如：GB/T 15109—2008《白酒工业术语》、GB/T 19420—2021《制盐工业术语》、GB/T 19480—2009《肉与肉制品术语》、GB/T 12140—2007《糕点术语》、GB/T 31120—2014《糖果术语》、GB/T 18007—2011《咖啡及其制品 术语》、GB/T 20573—2006《蜜蜂产品术语》、GB/T 34262—2017《蛋与蛋制品术语和分类》等。

2. 食品图形符号、代号类标准　图形符号是指以图形为主要特征，用以传递某种信息的视觉符号。图形符号跨越语言和文化的障碍，具有世界通用效果。符号代表的含义比文字丰富，具有直观、简明、易懂、易记的特点，便于信息的传递。术语标准体系和图形符号标准体系属于标准体系中的两大分支，是各行业、各领域开展标准化工作的基础。

我国食品的图形符号、代号代表性标准有 GB/T 13385—2008《包装图样要求》、GB/T 12529.1—2008 ~ GB/T 12529.5—2008《粮油工业用图形符号、代号》、SC/T 1088—2007《水产养殖的量、单位和符号》、GB/T 6963—2006《渔具与渔具材料量、单位及符号》、SC/T 1088—2007《水产养殖的量、单位和符号》。

3. 食品分类标准　食品分类是人为增加于食品自然属性之上的为使食品适应现代人类社会的一种属性，分类方法并没有对错之分，只有完善与否、实用与否的区别。我国目前尚无统一的食品分类标准，主要实用的食品分类系统包括，国家市场监督管理总局于2020年修订的"食品生产许可品种明细"和各食品安全基础标准中食品分类附录，这些分类模式的适用范围都比较局限，都是仅适用于标准自身所述的范畴，对于某大类食品的具体分类标准，我们目前现行的有国标分类标准和行业分类标准两部分组成。

（1）国标分类标准　GB/T 20903—2007《调味品分类》、GB/T 17204—2021《饮料酒术语和分类》、GB/T 23823—2009《糖果分类》、GB/T 30645—2015《糕点分类》、GB/T 10784—2020《罐头食品分类》、GB/T 30766—2014《茶叶分类》、GB/T 8887—2021《淀粉分类》、GB/T 26604—2011《肉制品分类》、GB/T 30590—2014《冷冻饮品分类》。

（2）行业分类标准　SB/T 10671—2012《坚果炒货食品分类》、SB/T 10174—1993《食醋的分类》、SB/T 10173—1993《酱油分类》、SB/T 10297—1999《酱腌菜分类》、SB/T 10172—1993《酱的分类》、SB/T10171—1993《腐乳分类》、SB/T 10687—2012《大豆食品分类》。

（二）食品流通标准

食品流通包括商流和物流两个方面，它的基本活动主要有运输、贮藏、装卸搬运、包装、流通加工、配送、信息处理以及销售等。食品流通过程与食品安全密切相关，涉及原料、加工工艺过程、包装、贮运及生产加工的相关因素等一系列过程中可能影响食品质量安全的因素，如在农产品流通中可能涉及的微生物、化学污染等。

1. 站场技术标准　主要包括站台、堆场等技术规范和工艺标准。不同运输方式所要求的站场不一致而导致在运输装卸时人力和物力的浪费。通过规范站台、堆场就可以保证不同的运输方式能够在统一的站台、堆场进行装卸作业，提高工作效率，保障工作安全。

与站场技术相关的标准有 GB 11602—2007《集装箱港口装卸作业安全规程》、LS/T 1228—2022《散粮集装箱装卸作业操作规程》、SC/T 3003—2022《渔获物装卸技术规范》、GB/T 11601—2023《集装箱进出港站检查交接要求》和 GB/T 13145—2018《冷藏集装箱堆场技术管理要求》。

2. 运输方式及作业规范标准　运输是一个系统，制定各种运输方式标准和作业规范，将有利于运输的合理分工、配合协作，有利于发挥各种运输方式的运输潜力。

GB/T 6512—2012《运输方式代码》是根据欧洲经济委员会国际贸易程序简化工作组（UUN/ECE/WP.4）第19号推荐标准《运输方式代码》而制定的，在技术内容和结构上等同采用第19号推荐标准。标准规定了运输方式的基本分类代码结构及表示运输工具类别的运输方式代码，适用于我国国际贸易有关文件（单证、报文）中使用标明运输方式的一切场合，也适用于我国行政、运输、商业等领域的业务所涉及的运输方式的标识。

我国现行的运输作业规范类标准有很多，代表性的有 GB/T 9174—2008《一般货物运输包装通用技术条件》、GB/T 26432—2010《新鲜蔬菜贮藏与运输准则》、GB/T 33129—2016《新鲜水果、蔬菜包装和冷链运输通用操作规程》、GB/T 30354—2013《食用植物油散装运输规范》。

3. 食品贮藏标准　贮藏和运输是流通过程中的两个关键环节，被称为"流通的支柱"。贮藏的概念包括商品的分类、计量、入库、保管、出库、库存控制以及配送等多种功能。

（1）仓库布局建设相关标准　GB/T 28581—2021《通用仓库及库区规划设计参数》、GB/T 21072—

2021《通用仓库等级》、SB/T 10846—2012《物流仓库货架储位编码》、GB/T 39681—2020《立体仓库货架系统设计规范》、GB 50072 - 2010《冷库设计规范》、LS/T 8008—2010《粮油仓库工程验收规程》。

（2）贮藏保鲜技术规程 此项技术标准大多是于农副产品相关，如：LS 1206—2005《粮食仓库安全操作规程》、GB/T 29372—2012《食用农产品保鲜贮藏管理规范》、GB/T 15034—2009《芒果 贮藏导则》、GB/T 25872—2010《马铃薯 通风库贮藏指南》、GB/T 26908—2011《枣贮藏技术规程》、NY/T 2320—2013《干制蔬菜贮藏导则》、GB/T 25870—2010《甜瓜 冷藏和冷藏运输》等标准，分别规定了贮藏前的处理、贮藏的温度、相对湿度和贮藏期限等内容。

（3）堆码苫垫技术标准 对食品的堆垛方式和技术、货架以及苫盖、衬垫方式和技术等，都应制定相应的标准和操作规程。

4. 食品包装工艺标准 包装工艺过程就是对各种包装原材料或半成品进行加工或处理，最终将产品包装成为商品的过程。包装工艺规程则是文件形式的包装工艺过程。食品包装工艺、规程的标准化，是指必须按"提高品质、严格控制有害物质含量"的有关标准，设计每道工序，确定每项工艺，并制定科学、严格和可行的操作规程。包装工艺标准化应包括产品和包装材料，按规定的方式将其结合成可供销售的包装产品，然后在流通过程中保护内包装产品，并在销售和消费时得到消费者的认可几个方面。其主要内容如下。

（1）容量标准化 容量即每个包装中的产品数量。食品包装容量是标准化的重要内容，数量的过多过少均是不合规范的，不便于食品的贮藏、运输与销售。

（2）产品状态条件的标准化 包装产品的状态，如温度、物理外形或浓度，都会影响食品的贮存期，因此应该规范产品的状态条件。

（3）包装材料标准化 在选用合适、卫生的包装材料的同时，将现场操作时的材料准备状态标准化，必要时需将包装材料部件组装成形以供产品充填。

（4）包装速度规范化 包装速度也应规范化，它是控制成本和质量的因素之一。包装速度取决于所采用的工艺装备的自动化程度。

（5）包装步骤说明 包装步骤是指选定生产线的操作规程。

（6）规定质量控制要求。

5. 食品配送标准 配送的一般流程：进货—存贮—分拣—配货—送货。进货是组织货源的过程，可采取定货或购货的方式，也可采取集货或接货的方式。存贮是按照用户要求并依据配送计划将购到或收集到的各种货物进行检验，再分门别类地存贮在相应的设施场所中以备挑选和配货。分拣和配货是同一流程中的两项紧密联系的活动，大多是同时进行和完成的，而且多是采用机械化和半机械化方式操作的。送货是配送的终结，一般包括搬运、配装和交货等活动。

近年来，我国颁布的配送方面的标准有 GB/T 41243—2022《绿色仓储与配送要求及评估》、GB/T 39664—2020《电子商务冷链物流配送服务管理规范》、GB/T 42500—2023《即时配送服务规范》、GB/T 34767—2017《水产品销售与配送良好操作规范》。

6. 食品销售标准 食品销售就是将产品的所有权转给用户的流通过程，也是以实现企业销售利润为目的的经营活动。产品只有经过销售才能实现其价值，创造利润，实现企业的价值。销售是包装、运输、贮藏、配送等环节的统一，是流通的最后一个环节，而实现食品销售的重要因素就是市场。现行的主要销售类标准有 GB/T 23812—2009《糕点生产及销售要求》、GB/T 22502—2008《超市销售生鲜农产品基本要求》、GB/T 21721—2008《农副产品销售现场危害管理规范》、SB/T 10825—2012《加工食品销售服务要求 速冻食品》、SB/T 10826—2012《加工食品销售服务要求 肉制品》等。

三、食品产品质量相关标准

产品标准是食品标准的重要组成部分，与前述的食品安全标准中的产品标准不同，这类标准主要是用来规定产品必须满足的品质特性要求的标准。此类标准一般为推荐性标准，内容通常包括：产品的品种、规格、技术要求、试验方法、检验规则、包装、标志、贮运等要求。

我国的产品标准由国家标准和行业标准两个部分组成，国家标准是由原国家质量监督部门发布的，行业标准由原农业部（2018 年 3 月，整合为农业农村部）、商务部、原国家粮食局（2018 年 3 月，整合为国家粮食和物资储备局）等部门发布。在现行的食品标准体系中，各类食品的产品标准普遍存在国家标准和行业标准混合使用的情况，表 7 - 5 中以食品生产许可的食品分类方法为基础，介绍各类产品中涉及的标准类别及典型标准。

表 7 - 5　各类食品中涉及的标准类别及典型标准举例

产品类别	发布部门	典型标准举例
粮食及粮食加工品	国家质量监督检验检疫总局	GB/T 8883—2017 食用小麦淀粉 GB/T 21118—2007 小麦粉馒头 GB/T 22499—2008 富硒稻谷 GB/T 13358—2008 稷米
	农业部	NY/T 3218—2018 食用小麦麸皮 NY/T 598—2002 食用绿豆 NY/T 596—2002 香稻米
	商务部	SB/T 10652—2012 米饭、米粥、米粉制品
	国家粮食局	LS/T 3246—2017 碎米 LS/T 3214—1992 手工面
食用油脂及其制品	国家质量监督检验检疫总局	GB/T 1535—2017 大豆油 GB/T 1534—2017 花生油 GB/T 10464—2017 葵花籽油
	商务部	SB/T 10419—2017 植脂奶油
	农业部	NY/T 230—2006 椰子油 NY/T 1272—2007 玉米油 SC/T 3502—2016 鱼油
	国家粮食局	LS/T 3242—2014 牡丹籽油
调味品	国家质量监督检验检疫总局	GB/T 22267—2017 孜然 GB/T 5461—2016 食用盐 GB/T 23183—2009 辣椒粉
	国家粮食局	LS/T 3311—2017 花生酱 LS/T 3220—2017 芝麻酱
	商务部	SB/T 11191—2017 蚝汁 SB/T 10371—2003 鸡精调味料 SB/T 11194—2017 方便面调味料
	工业和信息化部	QB/T 1733.4—2015 花生酱 QB/T 2020—2016 调味盐
	农业部	NY/T 958—2006 花生酱 NY/T 1710—2020 绿色食品 水产调味品

续表

产品类别	发布部门	典型标准举例
肉制品	国家质量监督检验检疫总局	GB/T 31319—2014 风干禽肉制品 GB/T 31406—2015 肉脯 GB/T 23969—2009 肉干
	农业部	NY/T 632—2002 冷却猪肉 NY/T 843—2015 绿色食品 畜禽肉制品
	商务部	SB/T 10279—2017 熏煮香肠 SB/T 10294—2012 腌猪肉
饮料	国家质量监督检验检疫总局	GB/T 31326—2014 植物饮料 GB/T 31121—2014 果蔬汁类及其饮料 GB/T 21733—2008 茶饮料
	农业部	NY/T 707—2003 芒果汁 NY/T 873—2023 菠萝汁
	国家发展和改革委员会	QB/T 5456—2019 梨汁及梨汁饮料 QB/T 5206—2019 植物饮料 凉茶
	商务部	SB/T 10200—1993 葡萄浓缩汁 SB/T 10202—1993 山楂浓缩汁
方便食品	国家质量监督检验检疫总局	GB/T 31323—2014 方便米饭 GB/T 23781—2009 黑芝麻糊
	国家粮食局	LS/T 3303—2014 方便玉米粉 LS/T 3302—2014 方便杂粮粉
	国家发展和改革委员会	QB/T 2762—2023 复合麦片 QB/T 2652—2004 方便米粉（米线）
罐头	国家质量监督检验检疫总局	GB/T 13213—2017 猪肉糜类罐头 GB/T 31116—2014 八宝粥罐头
	工业和信息化部	QB/T 1410—2017 坚果类罐头 QB/T 1402—2017 榨菜类罐头 QB/T 1384—2017 果汁类罐头
冷冻饮品	国家质量监督检验检疫总局	GB/T 31119—2014 冷冻饮品雪糕 GB/T 31114—2014 冷冻饮品 冰淇淋
	商务部	SB/T 10418—2017 软冰淇淋 SB/T 10327—2008 冷冻饮品 甜味冰
速冻食品	国家质量监督检验检疫总局	GB/T 23500—2009 元宵 GB/T 23786—2009 速冻饺子
	农业部 农业农村部	NY/T 952—2006 速冻菠菜 NY/T 2983—2016 绿色食品 速冻水果
	商务部	SB/T 10423—2017 速冻汤圆 SB/T 10412—2007 速冻面米食品
薯类和膨化食品	国家质量监督检验检疫总局	GB/T 22699—2008 膨化食品
	农业部	NY/T 1605—2008 加工用马铃薯 油炸
	国家发展和改革委员会	QB/T 2686—2021 马铃薯片（条、块）
	商务部	SB/T 10453—2007 膨化豆制品

续表

产品类别	发布部门	典型标准举例
糖果制品（含巧克力）	国家质量监督检验检疫总局	GB/T 19343—2016 巧克力及巧克力制品、代可可脂巧克力及代可可脂巧克力制品 GB/T 31320—2014 流质糖果
	商务部	SB/T 10347—2017 糖果 压片糖果 SB/T 10104—2017 糖果 充气糖果 SB/T 10023—2017 糖果 胶基糖果
茶叶及相关制品	国家质量监督检验检疫总局	GB/T 24690—2018 袋泡茶 GB/T 21726—2018 黄茶
	农业部	NY/T 783—2004 洞庭春茶 NY/T 780—2004 红茶
	工业和信息化部	QB/T 4067—2010 食品工业用速溶茶
酒类	国家质量监督检验检疫总局 国家市场监督管理总局	GB/T 20823—2017 特香型白酒 GB/T 27586—2011 山葡萄酒 GB/T 10781.1—2021 浓香型白酒
	国家发展和改革委员会	QB/T 2745—2005 烹饪黄酒 QB/T 4262—2011 荔枝酒
蔬菜制品	国家质量监督检验检疫总局 国家市场监督管理总局	GB/T 23787—2009 非油炸水果、蔬菜脆片 GB/T 23597—2022 干紫菜质量通则
	农业部	NY/T 960—2006 脱水蔬菜 叶菜类 NY/T 959—2006 脱水蔬菜 根菜类
	国家林业局	LY/T 2134—2013 森林食品 薇菜干 LY/T 2133—2013 森林食品 榛蘑干制品
	商务部	SB/T 10756—2012 泡菜 SB/T 10439—2007 酱腌菜
	中国轻工总会	QB/T 2076—2021 果蔬脆
水果制品	国家质量监督检验检疫总局 国家市场监督管理总局	GB/T 31318—2014 蜜饯 山楂制品 GB/T 22474—2008 果酱 GB/T 26150—2019 免洗红枣
	农业部 农业农村部	NY/T 786—2004 食用椰干 NY/T 709—2003 荔枝干 NY/T 705—2023 无核葡萄干
炒货食品及坚果制品	国家质量监督检验检疫总局 国家市场监督管理总局	GB/T 30761—2014 扁桃仁 GB/T 1532—2008 花生 GB/T 11764—2022 葵花籽
	农业部 农业农村部	NY/T 1581—2007 食用向日葵籽 NY/T 1067—2006 食用花生 NY/T 1521—2018 澳洲坚果 带壳果
	国家林业局	LY/T 1922—2010 核桃仁 LY/T 1963—2018 澳洲坚果果仁
	商务部	SB/T 10672—2012 熟制松籽和仁 SB/T 10616—2011 熟制山核桃（仁）
	工业和信息化部	QB/T 1733.7—2015 烤花生 QB/T 1733.5—2015 油炸花生仁

续表

产品类别	发布部门	典型标准举例
蛋制品	国家质量监督检验检疫总局	GB/T 9694—2014 皮蛋 GB/T 23970—2009 卤蛋
	商务部	SB/T 10651—2012 咸鸭蛋黄
可可及焙炒咖啡	国家质量监督检验检疫总局 国家市场监督管理总局	GB/T 20706—2006 可可粉 GB/T 20705—2006 可可液块及可可饼块 GB/T 20707—2021 可可脂质量要求
	农业农村部	NY/T 605—2021 焙炒咖啡 NY/T 604—2020 生咖啡
食糖	国家质量监督检验检疫总局	GB/T 15108—2017 原糖 GB/T 1445—2018 绵白糖
	工业和信息化部	QB/T 5006—2016 姜汁（粉）红糖 QB/T 4567—2013 黑糖 QB/T 4561—2013 红糖
水产制品	国家质量监督检验检疫总局	GB/T 35375—2017 冻银鱼 GB/T 16919—2022 食用螺旋藻粉质量通则 GB/T 30889—2014 冻虾
	农业部	SC/T 3114—2017 冻鳌虾 SC/T 3208—2017 鱿鱼干、墨鱼干 SC/T 3210—2015 盐渍海蜇皮和盐渍海蜇头
淀粉及淀粉制品	国家质量监督检验检疫总局 国家市场监督管理总局	GB/T 8885—2017 食用玉米淀粉 GB/T 23587—2009 粉条 GB/T 20882.6—2021 淀粉糖质量要求 第6部分：麦芽糊精
	农业部	NY/T 494—2010 魔芋粉 NY/T 875—2012 食用木薯淀粉
	工业和信息化部	QB/T 4565—2013 全糖粉
糕点	国家质量监督检验检疫总局 国家市场监督管理总局	GB/T 31059—2014 裱花蛋糕 GB/T 19855—2015 月饼 GB/T 20981—2021 面包质量通则
	商务部	SB/T 10403—2006 蛋类芯饼（蛋黄派） SB/T 10507—2008 年糕
豆制品	国家质量监督检验检疫总局 国家市场监督管理总局	GB/T 18738—2006 速溶豆粉和豆奶粉 GB/T 23494—2009 豆腐干 GB/T 22493—2008 大豆蛋白粉
	国家粮食局	LS/T 3241—2012 豆浆用大豆
	商务部	SB/T 10948—2012 熟制豆类 SB/T 10649—2012 大豆蛋白制品 SB/T 10453—2007 膨化豆制品
	工业和信息化部	QB/T 1998—2015 栗（豆）羊羹
蜂产品	国家质量监督检验检疫总局 国家市场监督管理总局	GB/T 34780—2017 蜂王幼虫冻干粉 GB/T 30359—2021 蜂花粉
	农业部 农业农村部	NY/T 2649—2014 蜂王幼虫和蜂王幼虫冻干粉 NY/T 629—2018 蜂胶及其制品

由表7-5可以看出，我国食品产品质量标准中同类食品标准交叉的现象依存在，虽然近年来进行了一系列的整合修订，但距离完整的食品产品质量标准体系仍有相当的差距，需要在今后的工作中需要进一步加强顶层设计，不断推进完善质量标准的制（修）订工作。

四、特色食品相关标准

（一）地理标志产品标准

地理标志产品，是指产自特定地域，所具有的质量、声誉或其他特征本质上取决于其产地的自然因素和人文因素，经审核批准以地理名称进行命名的产品，包括来自本地区的种植、养殖产品及原材料全部来自本地区或部分来自其他地区，并在本地区按照特定工艺生产和加工的产品。地理标志产品是我国重要的特殊产品，具有很高的文化和历史价值，我国在2005年就由国家质量监督检验检疫总局发布了《地理标志产品保护规定》，其中第十七条明确规定："拟保护的地理标志产品，应根据产品的类别、范围、知名度、产品的生产销售等方面的因素，分别制订相应的国家标准、地方标准或管理规范。"

现行地理标志产品标准主要包括地理标志产品国家标准、地理标志产品地方标准，内容上以产品标准为主，部分地理标志产品还发布了生产、种养殖等环节的技术规程类标准。截至2023年，全国标准信息公共服务平台可检索到现行有效的地理标志产品标准共1728项，其中国家标准148项。

由国家质量监督检验检疫总局、国家标准化管理委员会发布的GB/T 17924—2008《地理标志产品标准通用要求》详细规定了地理标志产品标准的适用范围、相关概念、制定基本原则与通用要求，并具体对于地理标准产品的命名、保护范围、自然环境、种养殖要求、工艺、产品质量要求等内容进行了较为详细的说明。

目前现行有效的地理标志产品标准，例如：GB/T 19266—2008《地理标志产品 五常大米》、GB/T 19777—2013《地理标志产品 山西老陈醋》、GB/T 18356—2007《地理标志产品 贵州茅台酒》、DB21/T 2865—2017《地理标志产品 大连海参》、DB34/T 426—2015《地理标志产品 天华谷尖茶》、DB13/T 1272—2010《地理标志产品 武安小米》等。

（二）绿色食品标准

绿色食品，是指产自优良生态环境，按照绿色食品标准生产，实行全程质量控制并获得绿色食品标志使用权的安全、优质食用农产品及相关产品。绿色食品标准，是绿色食品认证的基础，在绿色食品事业起步之初，国务院就在有关批复中明确指出"农业部应根据国际市场要求，并结合我国的具体情况，制定和完善'绿色食品'标准，以推动'绿色食品'开发工作朝着正规化、标准化的方向发展"，为绿色食品标准工作作出了定位。

我国绿色食品标准体系建设注重落实"从土地到餐桌"的全程质量控制理念，经过多年的发展与完善已经形成包括产地环境质量标准，生产技术标准，产品标准和包装、贮藏运输标准四部分的标准体系，对绿色食品的生产、销售、储运等过程进行规范。

1. 绿色食品产品环境标准　我国绿色食品产品环境标准包括两项：① NY/T 391—2021《绿色食品 产地环境质量》，规定了绿色食品产地的术语和定义、生态环境要求、空气质量要求、水质要求、土壤质量要求；②NY/T 1054—2021《绿色食品 产地环境调查、监测与评价规范》，规定了绿色食品产地环境调查、产地环境质量监测和产地环境质量评价的要求。绿色食品产地环境标准充分体现了绿色食品的促进可持续发展理念。

2. 绿色食品生产技术标准　绿色食品生产过程的控制是绿色食品质量控制的关键环节，绿色食品生产技术标准是绿色食品标准体系的核心。绿色食品生产技术标准主要包括三部分。

（1）绿色食品生产资料使用准则　主要是对生产绿色食品过程中的投入品使用原则进行规定，包括农药、肥料、兽药、渔药、饲料及饲料添加剂（包括畜禽和渔业）、食品添加剂等使用准则。如：NY/T 392—2023《绿色食品 食品添加剂使用准则》，规定了绿色食品食品添加剂的术语和定义、食品添加剂使用原则和使用规定。

（2）绿色食品生产认证管理通则　主要是对绿色食品生产、认证过程中的关键技术进行规范。如：NY/T 473—2016《绿色食品 畜禽卫生防疫准则》，对畜禽饲养过程中的疫病预防、疫病监测、疫病控制和净化、疫病档案记录等环节提出了具体的技术要求。

（3）绿色食品生产操作规程　包括种植、畜禽养殖、水产养殖和食品加工方面各类具体产品的生产操作规程，这部分标准主要以地方标准和企业标准形式发布。如：DB11/T 956—2013《绿色食品 红小豆生产技术规程》、DB3701/T 120—2010《绿色食品 辣椒生产技术规程》等。

3. 绿色食品产品标准　是衡量绿色食品终产品质量的指标，反映了绿色食品生产、管理及质量控制水平，是树立绿色食品形象的主要标志。绿色食品产品标准按照产品加工程度，分为初级农产品标准和加工品标准两个大类。标准规定了相关产品的术语和定义、分类、感官要求、理化要求、卫生要求和微生物要求、试验方法、检验规则、标志和标签以及包装、贮藏运输等。绿色食品产品标准的安全卫生指标定位严于相关国家和行业标准。

4. 绿色食品包装、贮藏运输标准　以农业行业标准发布的绿色食品包装、贮藏运输标准主要有两项：①NY/T 658—2015《绿色食品 包装通用准则》，对绿色食品包装的术语和定义、基本要求、安全卫生要求、生产要求、环保要求、标志与标签要求和标识、包装、贮存与运输要求进行了规定；②NY/T 1056—2021《绿色食品 贮藏运输准则》，标准要求从全过程质量控制为出发点，对产品的贮藏设施、堆放和贮藏条件、贮藏管理人员和记录以及运输工具和运输过程的温度控制等，都提出了原则性要求，尤其强调记录要求，以保证产品的可追溯性。

（三）"中国好粮油"系列标准

"中国好粮油计划"是2017年国家粮食局实施优质粮食工程促进粮食产业提质增效工作的重要举措，旨在通过标准引领、示范带动、政策扶持等措施，加强优质粮油基地建设，大力推进优质粮油地域品牌和企业品牌建设，创新产业融合发展机制，扶持龙头企业做大做强，大幅增加绿色优质粮油供给，满足粮油消费升级需求。"中国好粮油"系列标准是"中国好粮油计划"的重要成果，标准由国家粮食局、全国粮油标准化委员会归口管理。

"中国好粮油"系列标准于2017年9月发布实施，其中包括基础标准1项：LS/T 1218—2017《中国好粮油 生产质量控制规范》，用于规范中国好粮油产品的产地环境、品种、栽培技术、田间管理技术、收储条件、干燥技术、运输条件、加工、包装、销售等质量控制技术要求等内容；产品标准11项，具体包括：LS/T 3108—2017《中国好粮油 稻谷》、LS/T 3109—2017《中国好粮油 小麦》、LS/T 3110—2017《中国好粮油 食用玉米》、LS/T 3111—2017《中国好粮油 大豆》、LS/T 3112—2017《中国好粮油 杂粮》、LS/T 3113—2017《中国好粮油 杂豆》、LS/T 3247—2017《中国好粮油 大米》、LS/T 3248—2017《中国好粮油 小麦粉》、LS/T 3249—2017《中国好粮油 食用植物油》、LS/T 3304—2017《中国好粮油 挂面》、LS/T 3411—2017《中国好粮油 饲用玉米》，上述产品标准对参加"中国好粮油"的商品化产品的术语和定义、分类、质量要求、食品安全要求、检验方法、检验规则、标签标识、包装、储存和运输、质量追溯信息要求进行了规定。

该系列标准与同类产品标准相比，具有如下特点：①安全性要求更加严格，其安全指标要求均为国标限度的70%；②根据食品加工实际需要和市场认可原则，对优质粮食进行分类分级，同时针对不同食品用途，设定了一系列理化特性评价指标作为"声称指标"，尽管不参与分类定级，但鼓励明确标识，方便食品企业和消费者自主选择，也有利于企业开发特色产品；③倡导适度加工，鼓励企业兼顾加工适用性、食味、营养和出品率自行确定产品加工精度；鼓励企业采用新技术、新工艺开发生产充分保留天然营养成分的健康粮油产品；在质量控制导则中明确规定，不得采用过度加工手段浪费能源和粮食；④突出营养特性，在植物油、大豆、挂面等产品标准中具有明显的营养成分要求；⑤明确质量信息公开要求，标准明确规定，供应方应提供可供质量追溯的各种相关信息，以达到全面质量追溯的目的。目前各省以团体标准的形式发布了各省的好粮油系列标准。

第四节　重要食品安全基础标准应用解析

PPT

在食品安全标准体系中，食品安全基础标准的意义十分重大，它们是判断食品是否安全、生产经营是否合法的标尺，故而正确理解掌握食品标准基础标准，准确把握、使用食品安全基础标准对于每一个食品从业人员都有着极其重要的意义。

一、《食品添加剂使用标准》应用解析

GB 2760—2024《食品安全国家标准 食品添加剂使用标准》是我国最新版本的强制性食品添加剂使用标准，该标准从 2025 年 2 月 8 日开始实施。其内容包括食品添加剂的使用原则、允许使用的食品添加剂品种、使用范围及最大使用量或残留量。标准要求凡是生产、经营和使用食品添加剂的单位、个人都需要执行标准中的相关规定，标准中的各项规定在预包装食品和散装食品均适用。

（一）标准的基本构架

标准分为正文和附录两大部分，正文部分包括标准的范围、术语和定义、食品添加剂的使用原则、食品分类系统、食品添加剂的使用规定、食品用香料、食品加工用助剂、食品添加剂的功能类别、附录 A 中食品添加剂使用规定索引、营养强化剂和胶基糖果中基础剂物质共 11 个部分。其中食品添加剂的使用规定是核心内容，该部分详细阐述了添加剂使用的基本要求，允许使用添加剂的情况、添加剂的质量标准、带入原则等四部分内容。附录分为 6 个部分：附录 A 为食品添加剂的使用规定，附录 B 为食品用香料使用规定，附录 C 为食品工业用加工助剂使用规定，附录 D 为食品添加剂功能类别，附录 E 为食品分类系统，附录 F 为附录 A 中食品添加剂使用规定索引。附表部分的相关表格内容见表 7 - 6。

表 7 - 6　GB 2760—2024 重要表格汇总

附录	相关表格
附录 A	A.1 食品添加剂的允许使用品种、使用范围及最大使用量或残留量 A.2 表 A.1 中例外食品编号对应的食品类别
附录 B	B.1 不得添加食品用香料、香精的食品名单 B.2 允许使用的食品用天然香料名单 B.3 允许使用的食品用合成香料名单
附录 C	C.1 可在各类食品加工过程中使用，残留量不要限定的加工助剂名单（不含酶制剂） C.2 需要规定功能和使用范围的加工助剂名单（不含酶制剂） C.3 食品用酶制剂及其来源名单
附录 E	E.1 食品分类系统

（二）标准使用相关知识

1. 食品分类系统使用说明

（1）分类系统适用范围与层级　我国的食品分类系统较为复杂，不同的基础判定标准（GB 2761—2017、GB 2762—2017）都有自己的食品分类规则，食品生产许可体系可也有自己的食品分类规则，其

相互之间并不能替代使用。GB 2760—2024 中将食品分为 16 大类，其项下又分为亚类、次亚类、小类及次小类共 5 个级别，其分类原则是根据食品添加剂的使用特点来划分的。

（2）分类系统使用原则　如允许某一食品添加剂应用于某一食品类别时，则允许其应用于该类别下的所有类别食品，另有规定的除外。下级食品类别中与上级食品类别中对于同一食品添加剂的最大使用量规定不一致的，应遵守下级食品类别的规定。

（3）"另有规定除外"解析　以着色剂诱惑红及其铝色淀为例。图 7 - 2 中诱惑红可以应用于 03.0 冷冻饮品类别，则图 7 - 3 中 03.01 - 05 类产品中均可以使用诱惑红，但是图 7 - 2 中又说明"03.04 食用冰除外"，此条款表明食用冰中不得使用诱惑红。

诱惑红及其铝色淀（包括诱惑红，诱惑红铝 allura red，allura aluminum lake色淀）

CNS号 08.012　　　　　　　　　　　　　　　INS号　129

功能　着色剂

食品分类号	食品名称	最大使用量/（g/kg）	备注
03.0	冷冻饮品（03.04食用冰除外）	0.07	以诱惑红计
04.01.02.02	水果干类（仅限苹果干）	0.07	以诱惑红计，用于燕麦片调色调香载体
04.01.02.09	装饰性果蔬	0.05	以诱惑红计

图 7 - 2　GB 2760—2024 表 A.1（节选：诱惑红及其铝色淀）

食品分类号	食品类别/名称
03.0	冷冻饮品
03.01	冰激凌、雪糕类
03.02	—
03.03	风味冰、冰棍类
03.04	食用冰
03.05	其他冷冻饮品

图 7 - 3　GB 2760—2024 表 E.1（节选）

（4）特别说明　当某种添加剂被允许应用于某一食品类别时，该添加剂不能被允许应用于该类别项之上的类别。例如，诱惑红可以应用于"04.01.02.02 水果干类（仅限苹果干）"和"04.01.02.09 装饰性果蔬"，但其并不能应用于"04.01.02 加工水果"的其他类别。

2. 食品添加剂允许使用量查询方法　查询一种食品添加剂的允许使用量是 GB 2760 的主要功能之一，下面将详细介绍查询某一食品添加剂在产品中允许使用量的方法。

GB 2760—2024 中，表 A.1 规定了食品添加剂的允许使用品种、使用范围及最大使用量或残留量，表 A.2 列出表 A.1 中例外食品编号对应的食品类别。查阅时，先查表 A.1，再查表 A.2，其具体过程见图 7 - 4。

下面分别对两种查询结果进行举例说明。

（1）表 A.1 中有的食品添加剂　例：需要查询"柠檬酸在浓缩果蔬汁中的使用"规定，可查表 A.1 发现柠檬酸在表 A.1 中有如下规定（图 7 - 5），继续查表 A.2 发现"表 A.2 中编号为 1 ~ 15、17 ~ 53、59 ~ 62、64 ~ 68"的食品类别中不包含浓缩果蔬汁（浓缩果蔬汁：表 A.2 食品类别编号 63，食品分类号 14.02.02），所以"柠檬酸可以在浓缩果蔬汁中按生产需要适量使用"。

（2）表 A.1 中未规定的食品添加剂　当一种物质在表 A.1 中未出现时表明该物质不得在任何食品中添加，如国家已经发文禁止的"过氧化苯甲酰"等。

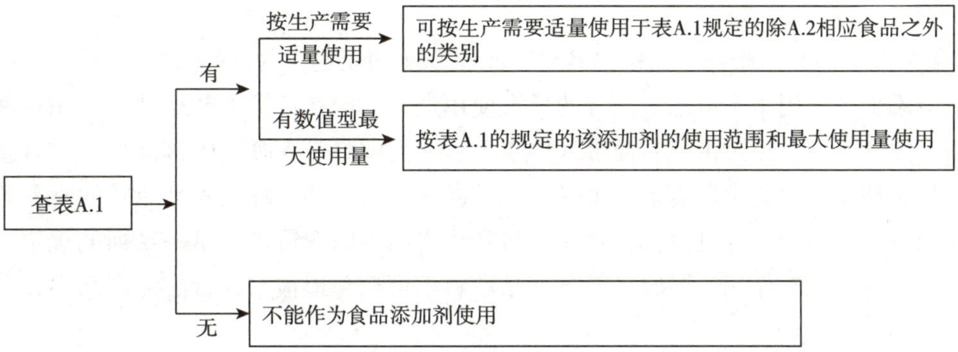

图 7-4　添加剂使用量查询流程图

柠檬酸	citric acid
CNS号01.101	INS 号 330

功能　酸度调节剂、抗氧化剂

食品分类号	食品名称	最大使用量	备注
—	各类食品，表A.2中编号为1~15，17~53,59~62,64~68的食品类别除外	按生产需要适量使用	

图 7-5　GB 2760—2024 表 A.1（节选：柠檬酸）

3. 同类食品添加剂混合使用的规定　表 A.1 列出的同一功能且具有数值型最大使用量的食品添加剂（仅限相同色泽着色剂、防腐剂、抗氧化剂）在混合使用时，各自用量占其最大使用量的比例之和不应超过 1。

例：食醋中允许使用"苯甲酸""山梨酸"两种防腐剂，两种添加剂在食醋中的最大允许使用量都为 1.0g/kg。假如每公斤食醋中添加 0.9g 苯甲酸时，其使用量符合标准规定，但如果在其中再加入 0.5g 山梨酸时该食醋中的防腐剂使用量是否符合标准规定呢？

$$防腐剂混合使用最大比例之和：\frac{0.9}{1.0}+\frac{0.5}{1.0}=1.4$$

1.4 > 1 故此食醋中着防腐剂使用量超过了标准规定。

但需要注意的是以下 4 种情况下不受添加剂混合使用的要求限制：①不同色泽的着色剂共同使用时；②本条所列功能外的其他功能的食品添加剂共同使用时；③多功能的食品添加剂在不使用其着色剂、防腐剂和抗氧化剂功能时；④不具有同一功能或具有同一功能但没有相同使用范围的食品添加剂。

4. 带入原则　是 GB 2760—2024 中的一个十分重要的知识点，其主要的作用是当在某一食品中检出其不得使用的添加剂时，用来界定这种添加剂的存在是否符合规定。一般情况下"带入"可以分为"正带""反带"两种情况。

（1）根据 GB 2760—2024 中的规定，"熟肉制品"中不得使用防腐剂"苯甲酸"，而酱油中允许使用防腐剂"苯甲酸"，那么当酱油作为熟肉制品的配料使用后，其中的"苯甲酸"就有可能被带入"熟肉制品"中，这种由配料带向终产品中引入终产品不得使用的添加剂的情况就是"正带"。

（2）根据 GB 2760—2024 中的规定，面粉不得使用乳化剂"麦芽糖醇"，但当面粉用作蛋糕用的预拌粉时，允许在预拌粉中加入在终产品中蛋糕中可以使用"麦芽糖醇"。这种在配料中使用终产品中允许而配料中不允许使用的添加剂的情况就是"反带"。

必须说明的是，"正带"和"反带"都有严格的先决条件，而不是只要出现上述情况就可以使用带入原则。

"正带"在标准中的判定条件：①根据 GB 2760—2024 的规定，食品配料中允许使用该食品添加剂；②食品配料中该添加剂的用量不应超过允许的最大使用量；③应在正常工艺条件下使用这些配料，并且食品中该添加剂的含量不应超过由配料而带入的水平；④由配料带入食品中该添加剂的含量，应明显低于直接将其添加到该食品中通常所需要的水平。总结起来就是，要求加入食品原料的食品添加剂必须是允许在该食品原料中使用的，并且对其在食品原料和终产品中的含量进行了一系列的规定；食品原料的添加剂只在原料中发挥工艺作用，同时又随着食品原料不可避免地被带入食品终产品中，但在终产品中却不发挥工艺作用。

"反带"在标准的判定条件：①该食品原料在标签上必须明示其用途为生产特定的终产品；②食品原料中加入的终产品添加剂的量，应符合食品终产品中的使用量要求。总结起来就是要求食品原料中加入的食品添加剂是食品终产品中允许使用的，其添加量符合食品终产品中的使用量；该食品原料的添加剂在食品终产品中发挥工艺作用，在食品原料中不发挥工艺作用。

二、《预包装食品标签通则》应用解析

伴随着我国经济社会的发展、食品工业的进步，预包装食品已经在食品市场中占据主导地位。食品标签标示作为预包装食品进入大众视野的首要环节，自然就成为所有食品生产、经营和消费者关注的重点。GB 7718—2011《食品安全国家标准 预包装食品标签通则》是我国对于预包装食品标签规范性的强制要求。

（一）相关概念

1. 预包装食品　预先定量包装或制作在包装材料和容器中的食品，包括预先定量包装以及预先定量制作在包装材料和容器中，并且在一定量限范围内具有统一的质量或体积标识的食品。

2. 食品标签　食品包装上的文字、图形、符号及一切说明物。

（二）适用范围

该标准的适用对象为预包装食品，这里的预包装食品既包括直接提供给消费者的预包装食品（消费者可以直接购买的饼干、面包等），也包括非直接提供给消费者的预包装食品（如作为其他食品原料的面粉、馅料等）。该标准不适用于为预包装食品在储藏运输过程中提供保护的食品储运包装标签、散装食品和现制现售食品的标识。

（三）标准内容

标准主要包括适用范围、术语和定义、基本要求、标示内容、附录 5 个部分。其中标示内容部分又分为直接向消费者提供的预包装食品标签标示内容、非直接提供给消费者的预包装食品标签标示内容、标示内容的豁免、推荐标示内容 4 个部分；附表分为包装容器最大表面积计算方法、食品添加剂在配料表中标示形式、部分标签项目的推荐标示形式 3 个部分。

（四）重点问题解析

1. 标示内容　直接向消费者提供的预包装食品需标识内容：一般要求，食品名称，配料表，配料的定量标示，净含量和规格，生产者、经销者的名称、地址和联系方式，日期标示，贮存条件，食品生产许可证编号，产品标准代号及其他标示内容。非直接提供给消费者的预包装食品标签需标识内容：食品名称、规格、净含量、生产日期、保质期和贮存条件，注意未在标签上标注的其他内容，应在说明书或合同中注明。

2. 食品名称标示的注意事项　标示的食品名称应醒目，明确地反映食品本身固有的性质、特性、特征，使消费者能够直观获知食品的属性。

食品命名可选的方式包括该食品相应标准中规定的名称（如饼干）或等效的名称，该食品广泛使用的、通俗易懂的名称（如三明治）。需要特别注意的是，当食品的风味仅由食用香料提供时，不应直接使用该香精香料的名称来命名，如仅使用苹果香精调制的饮料，其名称不能标示为"苹果饮料"，只能标志为"苹果味饮料"。

3. 配料表标示的注意事项　配料表是食品标签标示的难点部分，尤其是对于复合配料的标示及食品添加剂的标示，经常会出现错误。

（1）复合配料的标示　标准规定对于直接加入食品中的复合配料（不包括食品添加剂），应在配料表中标示复合配料的名称，随后将复合配料的原始配料在括号内按加入量的递减顺序进行标示。当某种复合配料已有国家标准、行业标准或地方标准，且加入量小于食品总量的25%时，不需要标示复合配料的原始配料。

基于上述条款，复合配料标示具体可分为以下三种情况：①复合配料已有国家标准，加入量小于食品总量的25%，且不含有食品添加剂，或含有食品添加剂但符合 GB 2760—2014 中的带入原则，在终产品中不起作用。标示方法：可直接标示复合配料名称，无须标示复合配料原始配料。②复合配料已有国家标准，加入量小于食品总量的25%，含有食品添加剂，其添加剂在终产品中发挥添加剂作用。标示方法：标示复合配料名称，在其后添加括号，并将发挥作用的食品添加剂通用名称标示其中。例如：酱油（焦糖色）。③复合配料没有国家标准、行业标准或地方标准，或者该复合配料已有国家标准、行业标准或地方标准，且加入量大于食品总量的25%。标示方法：标示复合配料的名称，并在其后加括号，按加入量的递减顺序——标示复合配料的原始配料，其中加入量不超过食品总量2%的配料可以不按递减顺序排列。例如：豆沙馅（白砂糖、红小豆、食用植物油、水）。

（2）食品添加剂的标示　食品添加剂应标示其在 GB 2760 中的通用名称。在同一预包装食品的标签上，所使用的食品添加剂可以选择以下三种形式之一标示：①标示食品添加剂的具体名称，例如，"丙二醇"。②标示食品添加剂的功能类别和具体名称，例如，"增稠剂（卡拉胶）"。③标示食品添加剂的功能类别名称以及国际编码（INS 号），如果某种食品添加剂尚不存在相应的国际编码，或因致敏物质标示需要，可以标示其具体名称，例如，"增稠剂（卡拉胶，聚丙烯酸钠）"或"增稠剂（407，聚丙烯酸钠）"。

此外，添加剂标示时还需注意如下问题：①食品添加剂可能具有一种或多种功能时，GB 2760 列出了食品添加剂的主要功能，供使用参考。生产经营企业应当按照食品添加剂在产品中的实际功能在标签上标示。②如果 GB 2760 中对一个食品添加剂规定了两个及以上的名称，则每个名称均是等效的通用名称。③对于不同制法的食品添加剂，可直接标示添加剂名称，但不标示制法。例如加胺生产、普通法生产、亚硫酸胺法生产的焦糖色，在标签上可统一标示为"焦糖色"。④根据食物致敏物质标示需要，可以在 GB 2760 规定的通用名称前增加来源描述，例如"磷脂"可以标示为"大豆磷脂"。⑤加工助剂不需要标示。加工助剂可以是食品原料，也可以是 GB 2760 附表 C 中所列的物质。⑥食品中使用的酶制剂如果在终产品中已经失去酶活力则不需标注；反之，则应按照其添加量标注于配料表的相应位置。

4. 配料的定量标示　标准给出了两种情况下食品配料需要进行定量标示。

（1）当食品标签或食品说明书中特别强调添加了或含有一种或多种有价值、有特性的配料或成分，应标示所强调配料或成分的添加量或在成品中的含量。

这里对于"特别强调"，可以理解为通过对配料或成分的宣传引起消费者对产品、配料或成分的重视，以文字形式在配料表内容以外的标签上突出或暗示添加或含有一种或多种配料。而"有价值、有特性"，就是暗示某一配料对人体的有益程度超出一般食品的程度，是相对特殊的配料。

例如：某燕麦粗粮饼干中，对于燕麦进行了强调，则在配料表中标示燕麦时其标示方式为"燕麦（添加量5%）"。

（2）如果食品的标签上特别强调一种或多种配料或成分含量较低或无时，应标示所强调的配料或成分在成品中的含量。

这里需要强调的是，如果某种添加剂在 GB 2760 中未被允许在某类食品中使用，则不得在该食品标签中做"不添加"的宣传误导消费者。

例如：某燕麦粗粮饼干中，强调了蔗糖的低添加，则在配料表中应标示"蔗糖≤0.4%"。

5. 生产日期和保质期

（1）生产日期 是食品成为最终产品的日期，也包括包装或灌装日期，即将食品装入（灌入）包装物或容器中，形成最终销售单元的日期。对于生产日期的标示，标准规定应清晰标示预包装食品的生产日期和保质期。如日期标示采用"见包装物某部位"的形式，应标示所在包装物的具体部位。日期标示不得另外加贴、补印或篡改。日期的标示需要注意两点：①年代号一般4位，小包装食品才可以标2位；②应按年、月、日的顺序标示日期，如果不按此顺序标示，应注明日期标示顺序，如"20日3月2010年"，或者（日/月/年）"20 03 2010"。

（2）保质期 是预包装食品在标签指明的贮存条件下，保持品质的期限。保质期应与生产日期具有关系，以固定时间段形式标示保质期的，可以选择生产日期或生产日期第二天为保质期的计算起点。

保质期豁免标示的情况：①特殊产品类别，包括酒精度大于10%的饮料酒、食醋、食用盐、固态食糖类和味精；②预包装食品包装物或包装容器的最大表面面积小于$10cm^2$时。

关于 GB 7718—2011 的其他问题解释可以参考国家卫生与健康委员会发布的《食品安全国家标准 预包装食品标签通则》（GB 7718—2011）问答（修订版）。

三、《预包装食品营养标签通则》应用解析

食品营养标签是食品标签的重要组成部分，其主要作用是为了让消费者直观地了解产品的营养属性。GB 28050—2011《食品安全国家标准 预包装食品营养标签通则》是我国强制执行的营养标签规范性标准。

（一）相关概念

1. 营养标签 预包装食品标签上向消费者提供食品营养信息和特性的说明，包括营养成分表、营养声称和营养成分功能声称。营养标签是预包装食品标签的一部分。

2. 营养素 食物中具有特定生理作用，能维持机体生长、发育、活动、繁殖以及正常代谢所需的物质，包括蛋白质、脂肪、碳水化合物、矿物质及维生素等。

（二）GB 28050—2011 适用范围及与 GB 7718—2011 的关系

该标准适用于预包装食品营养标签上营养信息的描述和说明，不适用于保健食品及预包装特殊膳食用食品的营养标签标示。营养标签是预包装食品标签的一个组成部分，GB 7718—2011《食品安全国家标准 预包装食品标签通则》中的基本要求同样适用于营养标签。但与 GB 7718—2011 不同的是，GB 28050—2011 只适用于直接提供给消费者的预包装食品。

营养标签，是直接向消费者提供产品营养信息的重要说明，标准规定除豁免标示的产品外，其他直接提供给消费者的预包装食品必须进行营养标签的标示，而非直接提供给消费者的预包装食品不强制标示营养标签，如果标示可参照 GB 28050—2011 进行，也可以按照企业双方的约定或和合同要求标注或提供有关营养信息。

（三）标准内容

该标准共分为适用范围、术语和定义、基本要求、强制标示内容、可选择标示内容、营养成分的表达方式、豁免强制标示营养标签的预包装食品、附录 8 个部分，其中附录部分表述了食品营养素参考值及其使用方法，营养标签格式，能量和营养成分含量声称和比较声称的要求、条件和同义语，能量和营养成分功能声称标准用语等内容。标准中的主要表格见表 7 - 7。

表 7 - 7　GB 28050—2011 中的主要表格

内容	相关表格
正文	表 1 能量和营养成分名称、顺序、表达单位、修约间隔和 " 0 " 界限值
	表 2 能量和营养成分含量的允许误差范围
附录 A	表 A.1 营养素参考值（NRV）
附录 C	表 C.1 能量和营养成分含量声称的要求和条件
	表 C.2 含量声称的同义语
	表 C.3 能量和营养成分比较声称的要求和条件
	表 C.4 比较声称的同义语

（四）重点问题解析

1. 豁免标示营养标签的情况　标准中规定下列几种情况下可以豁免标示营养标签。

（1）生鲜食品　是指预先定量包装的、未经烹煮、未添加其他配料的生肉、生鱼、生蔬菜和水果等，如袋装鲜（或冻）虾、肉、鱼或鱼块、肉块、肉馅等。此外，未添加其他配料的干制品类，如干蘑菇、木耳、干水果、干蔬菜以及生鲜蛋类等，也属于本标准中生鲜食品的范围。但是，预包装速冻面米制品和冷冻调理食品不属于豁免范围，如速冻饺子、包子、汤圆、虾丸等。

（2）酒精含量≥0.5% 的饮料酒类　酒精含量≥0.5% 的饮料酒类产品，包括发酵酒及其配制酒、蒸馏酒及其配制酒以及其他酒类（如料酒等）。上述酒类产品除水分和酒精外，基本不含任何营养素，可不标示营养标签。

（3）包装总表面积≤100cm² 或最大表面面积≤20cm² 的食品　产品包装总表面积≤100cm² 或最大表面面积≤20cm² 的预包装食品，可豁免强制标示营养标签（两者满足其一即可），但允许自愿标示营养信息。这类产品自愿标示营养信息时，可使用文字格式，并可省略营养素参考值（NRV）标示。

包装总表面积计算可在包装未放置产品时平铺测定，但应除去封边及不能印刷文字部分所占尺寸。包装最大表面面积的计算方法同 GB 7718—2011 的附录 A。此外，对于重复使用玻璃瓶包装的食品，如果无法在瓶身印刷信息，可按照 "包装总表面积≤100cm² 或最大表面面积≤20cm² 的食品" 执行，免于标示营养标签。

（4）现制现售的食品　指现场制作、销售并可即时食用的食品。但是，食品加工企业集中生产加工、配送到商场、超市、连锁店、零售店等销售的预包装食品，应当按标准规定标示营养标签。

（5）包装的饮用水　指饮用天然矿泉水、饮用纯净水及其他饮用水，这类产品主要提供水分，基本不提供营养素，因此豁免强制标示营养标签。

对于包装饮用水，依据相关标准标注产品的特征性指标，如偏硅酸、碘化物、硒、溶解性总固体含量以及主要阳离子（K^+、Na^+、Ca^{2+}、Mg^{2+}）含量范围等，不作为营养信息。

（6）每日食用量≤10g或10mL的预包装食品　指食用量少、对机体营养素的摄入贡献较小，或者单一成分调味品的食品，具体包括以下几类。

1）调味品：味精、食醋等。

2）甜味料：食糖、淀粉糖、花粉、餐桌甜味料、调味糖浆等。

3）香辛料：花椒、大料、辣椒等单一原料香辛料，以及五香粉、咖喱粉等多种香辛料混合物。

4）食用比例较小的食品：茶叶（包括袋泡茶）、胶基糖果、咖啡豆、研磨咖啡粉等。

5）其他：酵母、食用淀粉等。

但是，对于单项营养素含量较高、对营养素日摄入量影响较大的食品，如腐乳类、酱腌菜（咸菜）、酱油、酱类（黄酱、肉酱、辣酱、豆瓣酱等）以及复合调味料等，应当标示营养标签。

（7）其他法律法规标准规定可以不标示营养标签的预包装食品。

2. 营养素参考值（NRV）百分比的计算与修约　营养素参考值（NRV），是专用于比较食品营养成分含量高低的参考值，专用于食品营养标签。营养成分含量与NRV进行比较，能使消费者更好地理解营养成分含量的高低。GB 28050—2011附录A中表A.1列出了常见营养素的NRV值。

NRV百分比主要用于描述能量或营养成分含量的多少，使用营养声称和零数值的标示时，用作标准参考值。

NRV百分数的制定修约间隔为"1"，其修约规则可采用GB/T 8170—2008《数值修约规则与极限数值的表示和判定》中规定的数值修约规则，也可直接采用四舍五入法，建议在同一营养成分表中采用同一修约规则。

例：某食品中，每100g中蛋白质含量为23g，其NRV%的计算方法如下：

$$NRV\% = \frac{样品中某营养素含量}{该营养素的营养参考值} \times 100\% = \frac{23}{60} = 38.33\% \approx 38\%$$

3. 营养声称与营养成分功能声称　营养声称是对食品营养特性的描述和声明，如能量水平、蛋白质含量水平。营养声称包括含量声称和比较声称。

（1）含量声称　是指描述食品中能量或营养成分含量水平的声称，声称用语包括"含有""高""低"或"无"等。

（2）比较声称　是与消费者熟知的同类食品的营养成分含量或能量值进行比较以后的声称，声称用语包括"增加"或"减少"等。

使用上述用语的条件是某种营养素的含量符合附录C中对应表格的要求，如果同时符合含量声称和比较声称的要求，则可以同时使用两种声称方式，同时对于进行声称的营养素必须在营养成分表里标识。

一般来说，当产品营养素含量条件符合含量声称要求时，可以首先选择含量声称。因为含量声称的条件和要求明确，更加容易使用和理解。当产品不能满足含量声称条件，或者参考食品被广大消费者熟知，用比较声称更能说明营养特点的时候，可以用比较声称。

营养成分功能声称是某营养成分可以维持人体正常生长、发育和正常生理功能等作用的声称。功能声称使用的条件是，能量或营养成分含量符合含量声称或比较声称的要求，其用语必须是附录D中的一条或多条功能声称的标准用语。注意不得对用语进行删改和添加。

（五）营养成分表实例及相关内容说明 📱微课

具体实例见表7-8。

表7-8 某食品营养成分表

项目	每100g	NRV%
能量	1823kJ	22%
蛋白质	9.0g	15%
脂肪	12.7g	21%
碳水化合物	70.6g	24%
钠	204mg	10%
维生素 A	72mg	9%

1. 营养成分表格式　营养成分表应以一个"方框表"的形式表示（特殊情况除外），方框可以是任意尺寸，并与包装的基线垂直，这里包装的基线是指包装的直线边缘或轴线，或者是产品的底面形成的基线。在保证营养成分表为方框表的前提下，其一边与基线垂直即可。营养成分表包括5个要素：表头、营养成分名称、含量、NRV%、方框（即采用表格或相应形式）。GB 28050—2011 正文表1中列出了营养成分表中强制标示和可选择标示的能量和营养成分名称和顺序、表达单位、修约间隔、"0"界限等内容。

同时，为了规范食品营养标签标示，便于消费者记忆和比较，标准附录B中推荐了6种基本格式。在保证符合基本格式要求和确保不对消费者造成误导的基础上，企业在版面设计时可进行适当调整，包括但不限于：因美观要求或为便于消费者观察而调整文字格式（左对齐、居中等）、背景和表格颜色或适当增加内框线等。

2. 强制标示内容　表7-8中"能量、蛋白质、脂肪、碳水化合物、钠"是营养标签中强制标示的内容。其中"蛋白质、脂肪、碳水化合物、钠"被称作核心营养素，上述5个强制标示的营养素成分通常被称为"1+4"成分。

需要注意的是，当营养标签中除去上述5种成分以外还需标示其他成分时，上述5种成分应以适当的形式进行凸显标注，如表7-8中就以加粗的方式对5个成分进行了强调。

此外，如标示其他营养素时其在表格中的顺序按照 GB 28050—2011 中正文表1所列顺序排列。

3. 营养成分含量的单位　表7-8第二列表头中所列的"每100g"就是营养成分含量单位的一种表述形式。GB 28050—2011 中规定，食品企业可选择以每100克（g）、每100毫升（mL）、每份来标示营养成分表，目标是准确表达产品营养信息。

"份"是企业根据产品特点或推荐量而设定的，每包、每袋、每支、每罐等均可作为1份，也可将1个包装分成多份，但应注明每份的具体含量（克、毫升）。

需要注意的是，用"份"为计量单位时，营养成分含量数值"0"界限值应符合每100g或每100mL 的"0"界限值规定。例如：某食品每份（20g）中含蛋白质0.4g，100g该食品中蛋白质含量为2.0g，按照"0"界限值的规定，在产品营养成分表中蛋白质含量应标示为0.4g，而不能为0。

4. 营养成分含量的获得　表7-8第二列给出的营养素成分含量主要由两种方法得出。

（1）直接检测　选择国家标准规定的检测方法，在没有国家标准方法的情况下，可选用 AOAC 推荐的方法或公认的其他方法，通过检测产品直接得到营养成分含量数值。

（2）间接计算　利用原料的营养成分含量数据，根据原料配方计算获得；利用可信赖的食物成分数据库数据，根据原料配方计算获得。对于采用计算法的，企业负责计算数值的准确性，必要时可用检测数据进行比较和评价。为保证数值的溯源性，建议企业保留相关信息，以便查询和及时纠正相关问题。

营养标签中标示的营养成分含量允许误差的规定见 GB 28050—2011 正文表 2 部分。判定营养成分含量的准确性应以企业确定数值的方法作为依据，同时在判定时必须遵循"真实、客观"原则。例如某产品中脂肪的含量在 2g/100g 左右波动，而标准中规定脂肪的实测值应≤120% 标示值（没有下限），某企业为了确保其标示在标准规定范围内故意将脂肪含量标示为 5g/100g，这种行为就违背了标准"真实、客观"的基本要求。

关于 GB 28050—2011 的其他问题解释可以参考国家卫生与健康委员会发布的《预包装食品营养标签通则》（GB 28050—2011）问答（修订版）。

第五节　标准在企业中的应用

PPT

本节内容中，将以葡萄汁饮料生产厂的建设为例，全方位展示食品标准在食品企业建设过程中的应用情况。

一、确定目标产品，了解相关标准要求

要进行一款葡萄汁饮料产品的生产，首先要做的就是了解葡萄汁饮料这个产品本身应该符合的标准，对于产品标准的查询一般分以下三个层级进行。

（一）产品通用标准查询

葡萄汁饮料是饮料的一种，那么就应该了解国家对于饮料的基本要求，经过检索发现饮料的通用标准 GB/T 10789—2015《饮料通则》，通过对标准的分析，掌握了如下信息。

（1）该标准由国家质检部门发布，属于推荐性国家标准，规定了饮料的术语和定义、分类、命名、技术要求、标签、声称、运输、存储等要求。

（2）"葡萄汁饮料"在分类上属于"果蔬汁及其饮料"中的"果蔬汁类饮料"，标准中给出了其详细的定义，并明确了其所应符合的基本技术要求应符合 GB/T 31131—2014《果蔬汁及其饮料》中的要求。

（3）关于饮料的食品安全要求，应符合国家相关的食品安全标准。也就是说，食品安全标准中的基础标准涉及饮料的要求、涉及饮料的产品标准要求及生产卫生规范要求，饮料产品必须遵守。

（4）明确了饮料的标签和声称基本要求与特殊要求。

（5）明确了饮料运输存储的相关要求。

（二）产品质量标准查询

按照 GB/T 10789—2015 中对于果蔬汁饮料的技术要求，检索到了标准 GB/T 31131—2014《果蔬汁及其饮料》，通过对标准的查阅，进一步掌握如下信息。

（1）果蔬汁饮料定义的细化 GB/T 31131—2014 中对于果蔬汁饮料的定义与 GB/T 10789—2015 基本一致，但进一步明确了可以在饮料中添加通过物理方法从水果中获得的果粒、囊胞，这一信息为最终产品品质的确定提供了支持。

（2）产品包括原辅料、感官、理化指标在内的技术要求及对应指标的检测方法。需要强调的是，这里的技术要求主要是针对产品的品质提出的，对于安全性的技术要求需要查阅相关的食品安全标准。

（3）果蔬汁饮料需要标示的特殊内容。

（4）果蔬汁饮料贮存运输的要求与饮料通则的中要求一致。

（三）产品安全标准查询

在对产品执行标准有了详细了解后，下一步需要了解产品的安全指标要求。经过检索，适用于"葡

萄汁饮料"的食品安全标准为 GB 7101—2015《食品安全国家标准 饮料》，通过对这一标准的查阅，明确如下信息。

（1）产品必须满足针对本标准的感官指标、理化指标及微生物指标要求。

（2）产品必须满足食品污染物、真菌毒素、农药残留、致病菌、食品添加剂使用、食品营养强化剂使用等基础标准中涉及该产品的全部要求。

至此，通过对产品通用标准、产品质量标准、产品安全标准三个标准层级的查阅。已能掌握所要生产的产品的一系列相关要求。

二、确定产品生产工艺及配方

在充分了解产品属性和标准要求后，应根据标准要求对产品工艺及配方进行设计，在工艺配方确定后，需要根据相关标准要求对工艺及配方进行审核，确定其符合相关标准的要求。

在产品工艺方面，主要需符合 GB 12695—2016《饮料生产卫生规范》中对于产品工艺流程的基本要求。在产品配方设计方面，产品生产所涉及各种食品添加剂、香精香料、食品加工助剂及酶制剂的种类、适用范围、用法、用量都需要符合 GB 2760—2024《食品安全国家标准 食品添加剂使用标准》的相关规定，如果产品拟加入营养强化剂提高产品的品质，则加入营养强化剂的种类、适用范围、用法、用量应符合 GB 14880—2012《食品安全国家标准 食品营养强化剂使用标准》的要求。

三、生产场所的建设

在完成产品的配方及工艺设计后，下一步应该着手进行生产场所的建设，建设过程通常包括：前期设计，建设施工，内部装修，生产设备购置与安装调试等流程。

厂区的设计、施工、装修及验收方法需要执行主要标准有 GB 14881—2013《食品安全国家标准食品生产通用卫生规范》、GB 12695—2016《饮料生产卫生规范》、GB 50073—2013《洁净厂房设计规范》、GB 50300—2013《建筑施工质量验收统一标准》。其中 GB 14881—2013 与 GB 12695—2016 是饮料厂设计的主要依据，其中详细规定了厂区选址、功能区域划分、生产车间及生产设备布局、内部装修要求等内容。此外，设计时还需要满足饮料生产许可审查细则（2017 版）中对于果蔬汁类及其饮料生产许可审查要求。

在食品相关机械选择方面，需要了解的通用标准包括：GB/T 30785—2014《食品加工设备术语》、GB 22747—2008《饮食加工设备 基本要求》、GB 16798—2023《食品机械安全要求》。由于该产品在工艺设计时选择 PET 瓶包装工艺，在食品生产机械的选择上还应该关注食品机械标准 QB/T 4213—2023《饮料机械 聚酯（PET）瓶装饮料无菌冷灌装生产线》。同时根据我国计量要求，对定量灌装机在投入使用前应按照 JJG687—2008《液态物料定量灌装机》进行检定合格后方能使用。

四、产品生产与检验

完成生产厂房建设及设备调试后，就可以按照既定的工艺流程开始葡萄汁饮料的试生产环节了。

（一）原辅材料合格性验收

对生产葡萄汁饮料所用的所有原辅料都应进行复核性验收，并在进货后查验相关质检报告。如该葡萄汁饮料的原辅料为"水、浓缩葡萄汁、白砂糖、柠檬酸、安赛蜜、山梨酸钾、苹果酸、水晶葡萄香精"，则进货查验涉及的标准包括：GB 5749—2022《生活饮用水卫生标准》、GB 17325—2015《食品安全国家标准 食品工业用浓缩液（汁、浆）》、GB/T 317—2018《白砂糖》及相应的食品添加剂产品标准。

（二）产品包装与标签标示规范性要求

产品的包装是产品生产的重要环节，企业在这个环节上需要关注三个方面的问题：①包装材料的选择；②包装的设计与标签标示的合规性要求；③定量包装的计量要求。

在包装材料选择方面，需要查阅的标准包括：GB/T 23509—2009《食品包装容器及材料 分类》、GB/T 23508—2009《食品包装容器及材料 术语》。

包装的设计方面需要符合 GB/T 31268—2014《限制商品过度包装 通则》及产品标准和生产卫生规范中涉及包装的内容。产品的标签标示方面着重关注其规范性要求，主要依据的标准包括：GB 7718—2011《食品安全国家标准 预包装食品标签通则》、GB 28050—2011《食品安全国家标准 预包装食品营养标签通则》以及饮料相关产品标准中对于标签标示的特殊要求，同时在确定产品营养成分表中的数值时应按照 GB 28050—2011 的要求选取计算法或实际测量法中的一种。

产品的定量包装应符合的标准为：JJF 1070—2023《定量包装商品净含量计量检验规则》。

（三）产品检验

产品检验是食品生产的一个重要环节，也是产品质量的最后一道防线。这里首先要明确的是，食品检验分为出厂检验和型式检验两类。出厂检验规定的项目要求每批产品出厂前必须进行，检验项目按照产品标准中的规定执行；型式检验每年至少一次，检验项目覆盖标准规定的全部项目。

食品企业的实验室要求配置的实验设施设备需要满足相应产品出厂检验的全部项目要求。对于本"葡萄汁饮料"厂，GB/T 31121—2014 规定的出厂检验项目为感官要求、菌落总数、大肠菌群，其对应的检验方法标准为：感官要求 GB/T 31121—2014 中 6.2 部分，菌落总数 GB 4789.2—2022，大肠菌群 GB 4789.3—2016，GB/T 12143—2008《饮料通用分析方法》。企业需根据检验标准的要求配置相应的检验检测仪器，这里需要配置的主要仪器有无菌室（或超净工作台）、灭菌锅、微生物培养箱、生物显微镜（或菌落计数器）、折光仪（或密度仪）、酸碱滴定装置、分析天平（0.1 mg）等。上述仪器应按照国家计量标准的要求进行检定和校准后方能进行产品检验。

此外，企业的实验室还应满足生产过程中检验的需求，如 GB 12695—2016 中规定饮料生产企业应按照附录 A《饮料加工过程的微生物监控程序指南》，合理设置卫生监控要求，则企业的实验室也应具备相应的微生物检验能力。

五、生产许可的申请

按照《食品生产许可管理办法》的相关要求，食品企业必须取得"食品生产许可证"方能进行食品生产活动，故前述的"葡萄汁饮料厂"在完成了产品设计，厂房建设、试生产、试制产品检验等一系列工作后就可以按照《食品生产许可管理办法》的要求申请食品生产许可证。企业应按照要求向当地县级以上地市场监督管理部门提出申请，并提供食品生产许可的相关材料，市场监督管理部门应按照《食品生产许可审查通则》及《饮料生产许可审查细则》的要求对企业进行审查，审查通过后颁发生产许可证，则该企业可以开始正常的食品生产活动。

一家食品生产企业的建设过程可以分为前期设计、建设施工、设备调试与试生产、许可申请与取证四个阶段，而食品标准作为食品生产的灵魂，在四个阶段都发挥着至关重要的作用。

在前期设计中，检索与产品相关的分类标准、质量标准及安全标准，全面了解国家对于目标产品的质量安全要求。在工艺与配方设计时，需要检索相应的食品投入品使用标准，确定配方的合规性；在厂区设计时，需要检索产品对应的生产规范性标准，保证厂区在选址、布局、装修、环境、设施设备等方面符合标准要求；在建设施工方面，需要检索相关的工程设计验收标准及生产设施设备标准，保证厂房建设和设备的性能符合标准与设计的要求。

在设备调试与试生产环节需要检索生产所涉及的全部原辅料及食品相关产品标准，依据标准对其进行原材料的质量控制，同时按照生产规范标准中的要求对生产环境和过程进行控制。待试制产品生产完成后，应依据产品的检验标准对产品进行包括产品质量、标签标示在内的全部质量、安全指标进行检验，在确定生产的产品稳定地符合标准要求后，方可确定产品试制的成功，并依据国家《食品生产许可管理办法》的要求申请食品生产许可。

✅ 实训十七　国内食品标准查询案例

一、实训目的

1. 掌握我国食品标准的查询方式。
2. 能够熟练运用各类网络资源检索食品标准，并确定标准的有效性。

二、实训原理

1. 食品安全国家标准标准在线检索平台　平台网址：https：//sppt. cfsa. net. cn：8086/db

该平台由国家卫生健康委员会下属的国家食品安全风险评估中心管理，平台收录了由国家卫生健康委员会批准发布的食品安全国家标准，食品安全国家标准的勘误情况也在该平台发布，平台还可以检索食品安全国家标准的发布公告及标准问答。平台链接如下。

（1）"食品安全地方标准查询平台"　该平台可以按省份和标准类型，查询发布的食品安全地方标准文本。

（2）"食品添加剂查询系统"　可以按食品类别、添加剂种类等多种方式查询食品添加剂的使用和限量规定，平台收录了食品添加剂的各种补充公告，以保证查询的结果的准确有效。

需要注意的是，由我国农药部门发布的农兽药残留类的食品安全国家标准，该平台未进行收录。

2. 全国农业食品标准公告服务平台　平台网址：https：//www. sdtdata. com/fx/fmoa/tsLibIndex

该平台由农业农村部下属的农产品质量安全中心管理，平台可以对现行的各类食品、农业相关标准进行检索，支持按产品类别模糊查询标准，功能较为全面，还支持部分国际标准的查新。

3. 国家标准信息公共服务平台　平台网址：https：//std. samr. gov. cn/

该平台由国家市场监督管理总局国家标准化管理委员会主管，国家市场监督管理总局国家标准技术审评中心主办，平台支持对各类国家、地方、团体、企业标准的查新，还能进行国际标准、国外标准以及标准立项计划的查新，可以查新各类食品质量标准，但平台未收录食品安全、环境保护、工程建设方面的国家标准。

4. 第三方的食品标准检索平台　目前网络可以搜索到的标准检索平台较多，比较常用的食品标准下载平台如下。

（1）"食品伙伴网"下设"食品标准下载中心"平台　网址 http：//down. foodmate. net。平台运行时间较长，收载标准较为全面系统，同时还提供标准发布更新的相关内容。

（2）"食安通食品安全查询系统"　网址 http：//www. eshian. com。平台不仅提供食品标准的下载，还提供食品法律法规的查询服务及食品合规性查询工具。

三、实训方法

网络检索。

四、实训要求

由于工作需要，现需要收集目前"糖果类"产品现行有效的全部产品标准（包括国家标准和行业标准，不包括地方标准和企业标准）。要求至少用2种查询途径进行标准检索。

实训十八　食品添加剂使用标准应用案例

实训答案

一、实训目的

1. 掌握食品添加剂使用规范的主要内容。
2. 熟练运用 GB 2760—2024 查阅某一添加剂在特定食品中的用量规定。
3. 能够运用添加剂使用原则判断某一添加剂在特定食品中的用法用量是否合理。

二、实训原理

GB 2760—2024《食品安全国家标准 食品添加剂使用标准》。

三、实训方法

标准查阅；课堂讨论。

四、实训要求

1. 按照流程查阅"浓缩果蔬汁"及"苹果汁饮料"中食品添加剂"柠檬黄"的使用规定。
2. 根据以下信息判断产品中"苯甲酸"的检测结果是否合理。

产品名称："乡巴佬"卤蛋

配料表：鸡蛋、食用盐、酱油（含焦糖色）、白砂糖、味精、香辛料

执行标准：GB/T 23970—2009

生产工艺：每1kg产品中辅料用量：食盐0.3kg、酱油0.28kg、白砂糖0.1kg、味精0.02kg、香辛料0.01kg

该产品中"苯甲酸"检测结果为0.015g/kg，判定该检测结果中，"苯甲酸"检测结果是否符合 GB 2760—2024 的规定？

实训十九　食品标签通则应用案例

实训答案

一、实训目的

1. 掌握预包装食品标签的内容及要求。
2. 能够正确判断预包装食品的合规性。

二、实训原理

GB 7718—2011《食品安全国家标准 预包装食品标签通则》。

《食品安全国家标准 预包装食品标签通则》（GB 7718—2011）问答（修订版）。

三、实训方法

标准查阅；课堂讨论。

四、实训要求

根据提供的信息判断下面配料表填写是否合理。

某食品标签上的原辅料表如图 7-6 所示。

> 原辅料：一级小麦粉，食物油，白砂糖，糖浆，芸豆，玉米≥25%、淀粉糕点用复合添加剂

图 7-6　某食品标签原辅料表

相关信息：该产品为玉米莲蓉月饼，所使用的复合添加剂中包括玉米油香精和山梨酸钾成分。

实训二十　食品营养标签应用案例

实训答案

一、实训目的

1. 掌握营养标签的内容及要求。
2. 能够设计一份食品营养标签。

二、实训原理

GB 28050—2011《食品安全国家标准 预包装食品营养标签通则》。

三、实训方法

标准查阅；课堂讨论。

四、实训要求

指出表 7-9 中营养标签的不妥之处。

表 7-9　某食品标签的营养成分表

项目	每 100 克	营养素参考值%
能量	1841 千焦	22%
蛋白质	5.0 克	5%~8%
脂肪	20.8 克	
碳水化合物	58.2 克	19%
钠	25 毫克	1%
维生素 C	3IU	1.7%

练 习 题

答案解析

一、单选题

1. GB 14881—2013 是（　　）。

    A. 危害分析与关键控制点　　　　　　B. 乳制品良好生产规范

    C. 食品生产通用卫生规范　　　　　　D. 食品生产安全规范

2. 食品添加剂的使用，应当符合（　　）的要求。

    A《食品安全国家标准 食品添加剂使用标准》（GB 2760）

    B《食品安全国家标准 食品中真菌毒素限量》（GB 2761）

    C《食品安全国家标准 食品中污染物限量》（GB 2762）

    D《食品安全国家标准 食品中农药最大残留限量》（GB 2763）

3. 预包装食品的标签配料表中，各种配料应按制造或加工食品时配料（　　）的顺序排列。

    A. 加入量递减　　　B. 加入量递增　　　C. 营养价值　　　D. 添加

4. 可免除标示保质期的预包装食品不包括（　　）。

    A. 白砂糖　　　　　B. 食用盐　　　　　C. 味精　　　　　D. 啤酒（酒精度4%）

5. 预包装食品营养标签的营养声称包括（　　）。

    A. 含量声称　　　　B. 比较声称　　　　C. 功能声称　　　　D. 以上都对

二、多选题

1. 食品安全标准包括（　　）。

    A. 基础标准　　　　B. 产品标准　　　　C. 生产经营规范标准　　D. 检验方法标准

2. 食品中有毒有害物质限量的标准是（　　）。

    A. 真菌毒素限量　　B. 农药残留限量　　C. 污染物限量　　　　D. 致病菌限量标准

3. 预包装食品营养标签强制标示的内容包括（　　）。

    A. 能量

    B. 核心营养素含量值

    C. 核心营养素占营养素参考值的百分比

    D. 进行营养声称或营养成分功能声称的其他营养成分含量

三、简答题

1. 简述"正带"的判定条件。

2. 简述直接提供给消费者的预包装食品需标识的内容。

书网融合……

本章小结　　　　　　微课　　　　　　题库

第八章

食品企业标准体系 e 微课

学习目标

知识目标

1. **掌握** 技术标准、管理标准和工作标准所包含的内容；食品企业产品标准制定要求、内容。

2. **熟悉** 食品企业标准体系表编制的原则、要求及参考结构。

3. **了解** 食品企业标准体系的构成、编制的原则、要求、相关程序；食品标准体系表的组成。

能力目标

1. 能根据食品企业相关实例编写企业标准体系表。

2. 能根据食品企业标准体系编制的原则、要求、程序及相关实例编制食品企业标准体系。

素质目标

通过本章的学习，构建起各项工作活动达到规范化、科学化、程序化的思维模式，帮助企业建立生产、经营的最佳秩序。

情境导入

情景 食品安全标准"不标准"一直是我国食品安全监管的软肋，从苏丹红到孔雀石绿，从夺命果冻到可能致癌的 PVC 保鲜膜……标准的陈旧与缺失让食品安全的防线一次次失守。为此，《食品安全法》明确了统一制定食品安全国家标准的原则，对现行的食用农产品质量安全标准、食品卫生标准、食品质量标准等予以整合，统一公布为食品安全国家标准。这标志着中国食品标准正逐步走向科学化、合理化、严格化，但仍存在着一些问题。近年来，食品安全事件屡屡涉及"标准之争"，如闹得沸沸扬扬的奶粉新国标倒退、白酒塑化剂超标、立顿茶包事件、农夫山泉标准不及自来水等，随便到网上一搜就能查到很多：肯德基称"4 天一换油"符合中国标准；强生称召回不涉及中国，完全符合中国标准……"中国标准"已成为很多产品甚至世界知名品牌常用的"挡箭牌"。

思考 1. 保障食品安全仅靠国家、行业、地方标准是否足够？

2. 食品企业标准在食品安全监管中起到什么作用？

3. 食品企业标准应该包括哪些内容？

165

第一节　企业标准体系

PPT

一、概述

（一）基本概念

1. 企业标准　为在企业的生产、经营、管理范围内获得最佳秩序，对实际的或潜在的问题制定共同的和重复使用的规则的活动。尤其包括建立和实施企业标准体系，制定、发布企业标准和贯彻实施各级标准的过程。

2. 企业标准体系　指企业内的标准按其内在联系形成的科学的有机整体，是企业其他各管理体系（质量管理、生产管理、技术管理、财务成本管理、环境管理、职业健康安全管理体系）等的基础。制定企业标准体系应为企业的生产、服务、经营、管理、安全等方面提供全面系统的作业依据和技术保障，并促进企业形成一套完整的、有机的企业运行机制，提高经济效益。

3. 企业标准体系表　企业标准体系内的标准按一定形式排列起来的图表，应包括标准体系结构图和标准体系明细表，是表达企业标准体系概念的模型，是策划、分析、设计、建立、实施、评估企业标准体系的重要方法和工具。

（二）企业标准体系的基本要求

（1）应以技术标准体系为主体，以管理标准体系和工作标准体系相配套。

（2）管理标准体系、工作标准体系应能保证技术标准体系的实施。

（3）应符合国家有关法律、法规，实施有关国家标准、行业标准和地方标准。

（4）企业标准体系内的标准应能满足企业生产、技术和经营管理的需要。

（5）企业标准体系应在企业标准体系表的框架下制定。

（6）企业标准体系内的标准之间要相互协调。

（7）企业标准体系应与其他管理体系相协调并提供支持，如和ISO 9000质量管理体系。

（三）企业标准体系的基本特征

1. 目的性　为企业的生产、服务、经营、管理等方面提供作业依据和技术基础，真实地评价和有效控制其是否达到预期的目的。

2. 集成性　企业标准体系内标准之间的相互关联、相互作用。

3. 层次性　高层次对低层次有制约作用，而低层次又是高层次的基础。

随着企业建设目标和企业的不断发展，企业标准体系呈现动态变化、持续改进、保持先进的特征，体现了与时俱进性。

4. 阶段性　企业标准体系在一定阶段内保持稳定，随着阶段不断更新，体系也随之更新。

（四）企业标准体系的范围

企业标准体系内的标准范围有国家标准、行业标准、地方标准和企业标准。

1. 国家标准　是指对全国经济技术发展有重大意义，必须在全国范围内统一的标准。

2. 行业标准　是指我国全国性的行业范围内统一标准。

3. 地方标准　是指在某个省、自治区、直辖市范围内需要统一的标准。

4. 企业标准　是指企业所制定的产品标准和企业内需协调、统一的技术要求和管理工作要求所制定的标准。

（五）企业标准体系相关标准

与企业标准体系相关标准包括：GB/T 15496—2017《企业标准体系 要求》、GB/T 15497—2017《企业标准体系 产品实现》、GB/T 15498—2017《企业标准体系 基础保障》、GB/T 35778—2017《企业标准化工作 指南》、GB/T 13017—2018《企业标准体系表编制指南》。

二、企业标准体系结构图

企业标准体系结构图是描述企业标准体系结构关系的逻辑框图，包括内外部相关环境以及内部各子体系相互支撑、相互配合的逻辑关系。根据企业实际情况，企业可相应采用功能结构、属性结构或序列结构。

（一）功能结构

通常，企业标准体系功能结构由产品实现标准体系、基础保障标准体系和岗位标准体系三个体系组成。企业也可根据自身实际对企业标准体系结构进行自我设计，自我设计的结构应满足企业生产、经营、管理等要求，并涵盖 GB/T 15496—2017、GB/T 15497—2017、GB/T 15498—2017 中各子体系要素，见图 8－1。

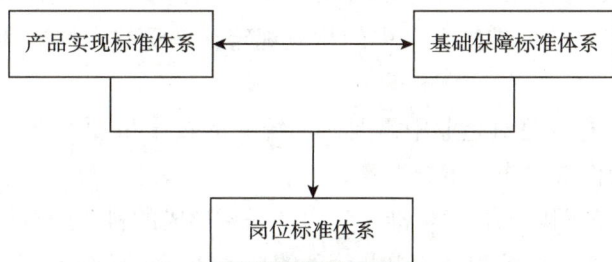

图 8－1 企业标准体系功能结构图

1. 产品实现标准体系 是企业为满足顾客需求所执行的、规范产品实现全过程的标准，按其内在联系形成的科学的有机整体。应按 GB/T 15497—2017 的要求构建，一般包括产品标准、设计和开发标准、生产/服务提供标准、营销标准、售后/交付后标准等子体系。

2. 基础保障标准体系 是企业为保障企业生产、经营、管理有序开展所执行的，以提高全要素生产率为目标的标准，按其内在联系形成的科学的有机整体。按 GB/T 15498—2017 的要求构建，一般包括规划计划和企业文化标准、标准化工作标准、人力资源标准、财务和审计标准、设备实施标准、质量管理标准、安全和职业健康标准、环境保护和能源管理标准、法务和合同管理标准、知识管理和信息标准、行政事务和综合标准等子体系。

3. 岗位标准体系 一般包括决策层标准、管理层标准和操作人员标准的三个子体系。

（1）岗位标准体系应完整、齐全，每个岗位都应有岗位标准。

（2）岗位标准宜由岗位业务领导（指导）部门或岗位所在部门编制。

（3）岗位标准应以基础保障标准和产品实现标准为依据。当基础保障标准体系和产品实现标准体系中的标准能够满足该岗位作业要求时，基础保障标准体系和产品实现标准体系可直接作为岗位标准使用。

（4）岗位标准一般以作业指导书、操作规范、员工手册等形式体现，可以是书面文本、图表、多媒体，也可以是计算机软件化工作指令，其内容可包括但不限于：职责权限、工作范围、作业流程、作业规范、周期工作事项、条件触发的工作事项。

（二）属性结构

企业标准体系属性结构以技术标准体系为主体，还包括管理标准体系和工作标准体系，见图 8 - 2。

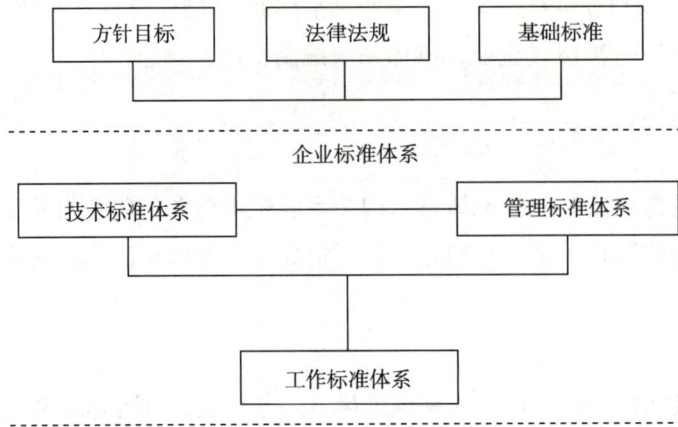

图 8 - 2　企业标准体系属性结构图

"方针目标""法律法规""基础标准"是构建企业标准体系的依据和外部环境，属于上层文件。"技术标准体系"和"管理标准体系"间的连线表示二者之间的交互制约关系。"工作标准体系"同时实施"技术标准体系"和"管理标准体系"中的相应规定，是受技术标准和管理标准共同指导和制约的下层标准。

1. 技术标准体系　技术标准是对企业中需要协调统一的技术事项所制定的标准，其形式可以是标准、规范、规程、导则、操作卡、作业指导书等。

技术标准体系是指企业范围内的技术标准按其内在联系形成的科学的有机整体，它是企业标准体系的组成部分，是企业组织生产、技术和经营以及管理的技术依据。见图 8 - 3。

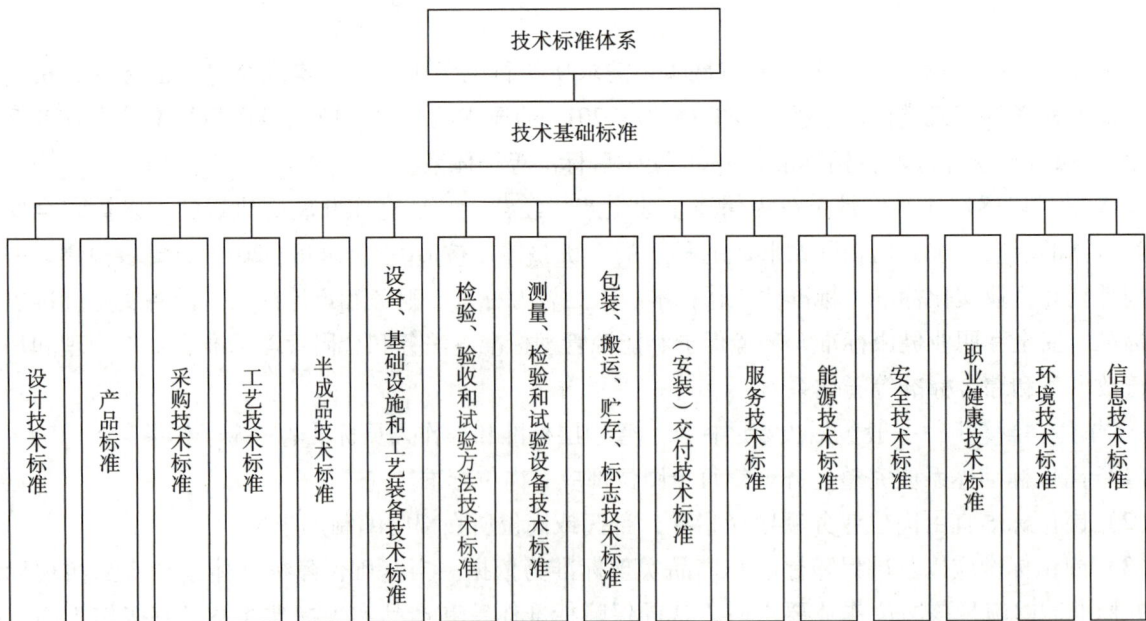

图 8 - 3　技术标准体系结构图

2. 管理标准体系　管理标准是运用系统科学的观点和系统分析的方法，对企业范围内所需要的全部管理事项，运用标准化原则进行协调、统一、结构优化和系统化处理后制定的标准。"管理事项"主要指在企业管理活动中，所涉及的经营管理、开发与创新管理、质量管理、设备与基础设施管理、人力资源管理、安全管理、职业健康管理、环境管理、信息管理等与技术相关联的重复性事物和概念。

案例评析

管理标准体系是指企业标准体系中的管理标准按其内在联系形成的科学的有机整体，是企业标准体系的子体系，是保证技术标准体系实施运作的重要支撑，见图8-4。

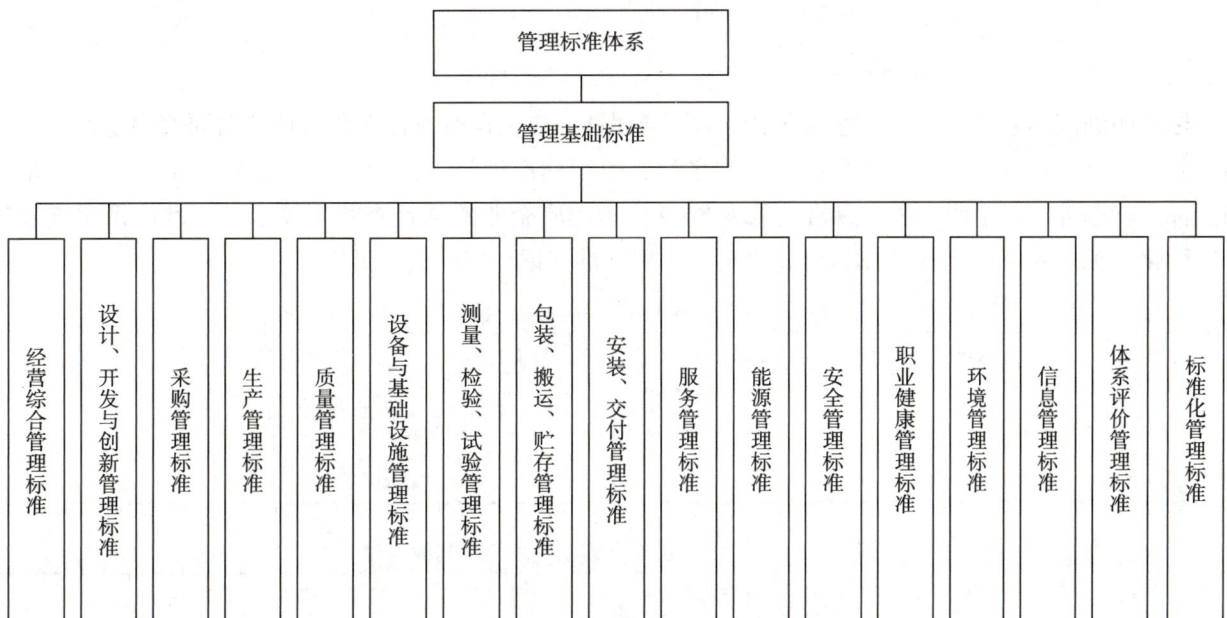

图8-4　管理标准体系结构图

3. 工作标准体系　工作标准是对企业标准化领域中需要协调统一的工作事项所制定的标准，工作事项主要指在执行相应管理标准和技术标准时，与工作岗位的职责、工作内容、要求与方法、岗位的基本技能、检查与考核等有关的重复性事物和概念。工作标准体系也是一大类，可以分成决策层工作标准、管理层工作标准和操作层工作标准，见图8-5。

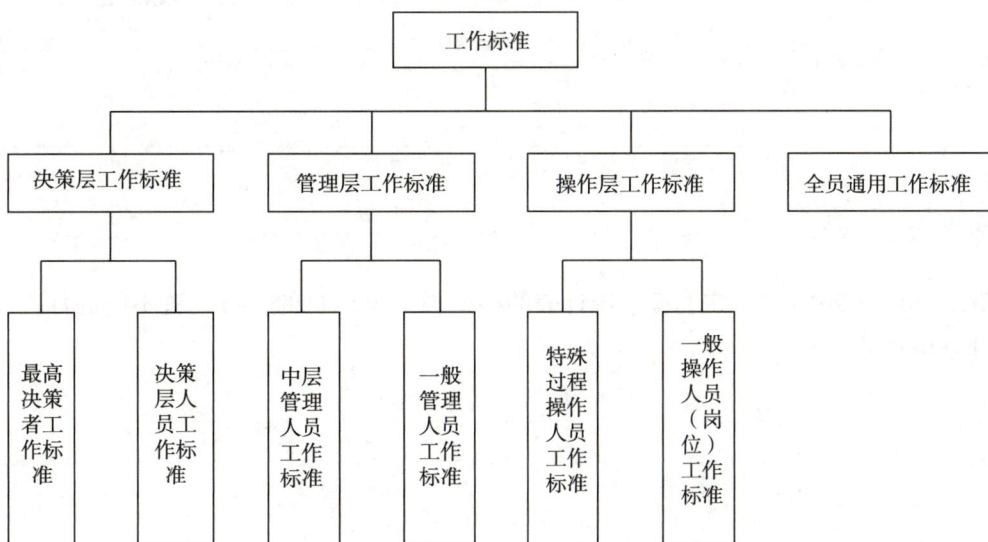

图8-5　工作标准体系结构图

构成工作标准体系的工作标准可以根据行业不同选择不同内容，一般包括岗位工作标准或岗位责任制等。工作标准体系与管理标准体系相辅相成，在执行时常常相互渗透、相互补充。工作标准的数量较多，影响较大。

（三）序列结构

根据企业的实际情况，可以按企业、产品、服务、过程或项目等的工作序列构造标准体系结构图。序列结构一般用于局部标准体系的构建，如系统生命周期序列、企业价值链序列、工业产品生产序列、信息服务序列、项目管理序列等，详见 GB/T 13016—2018。

三、标准明细表

标准明细表的表头，用来描述标准明细的不同属性，应根据企业标准化管理的需要而设定，通常包括序号、标准体系编号、子体系名称、标准名称、引用标准编号、归口部门、实施缓急程度、宜定级别、标准状态等。标准明细表常见格式见表8-1；为适应企业的统计查找等需求，标准体系明细表还可以简化，见表8-2；若想详细统计，也可以采用标准登记台账格式，见表8-3。

表8-1　××（层次或序列编号）标准明细表

序号	标准体系编号	子体系名称	标准名称	归口部门	备注

表8-2　××（层次或序列编号）标准明细简表

序号	标准编号	标准名称	归口部门	备注	

表8-3　标准登记台账格式

序号	代码	标准编号	标准名称	采用或对应的国际标准或国外标准编号	实施日期	被代替或作废标准的编号	备注

四、标准统计表

按照 GB/T 13016—2018 的规定，标准统计表的格式根据统计目的，可设置不同的标准类别及统计项，标准统计表格式见表8-4。

表8-4　标准统计表格式

标准类别	统计项		
	应有数（个）	现有数（个）	现有数/应有数（%）
国家标准			
行业标准			

续表

标准类别	统计项		
	应有数（个）	现有数（个）	现有数/应有数（%）
团体标准			
地方标准			
企业标准			
共计			
基础标准			
方法标准			
产品、过程、服务标准			
零部件、元器件标准			
原材料标准			
安全、卫生、环保标准			
其他			
共计			

第二节 企业标准体系表编制

PPT

一、概述

构建企业标准体系需编制企业标准体系表，并能反映体系结构、相互关系以及标准明细等信息，企业标准体系表可包括编制说明、体系结构图、标准明细表等图表文件。

企业标准体系表编制是一项复杂工作，需要领导支持和参与，以业务部门为主体，以标准化部门为支撑，通过需求调研、制定原则和目标、明确范围边界，来编制标准体系结构图、标准明细表，对标准明细进行统计分析，编写标准体系表编制说明。

企业标准体系表是企业标准体系概念的显式表达，是表达企业标准体系概念的模型。编制企业标准体系表是建立科学、先进的企业标准体系的首要工作，也是企业标准化的基础工作。标准明细表给出的信息能满足企业对标准的管理和运用需要，并便于检索和分析，其至少包括标准的基本信息、关联信息和使用信息等。

二、企业标准体系表编制方法

（一）确定目标和原则

根据企业的生产经营战略，制定企业标准体系建设目标，确定构建企业标准体系的原则，明确纳入企业标准体系的标准收录原则。

企业标准体系表编制原则：目标明确、全面成套、层次恰当、划分清楚。

（二）界定范围和边界

根据企业标准体系建设目标和原则，明确企业标准化体系范围，界定企业标准体系的边界。通常包括以下方面。

（1）从业务经营、专业领域、产品体系、标准类型、标准级别、用户需求等维度，对企业标准体系进行深入分析，分析企业标准体系的边界；确定企业标准体系覆盖的内容范围，涵盖的业务活动、专业领域、产品范围等。

（2）确定收录的企业内部规范性文件的范围。

（3）确定收录的企业外部规范性文件的范围，国际和国外标准、国家标准、行业标准、地方标准、团体标准、其他先进企业标准，以及相关起到标准作用的技术法规、行业规定等。

（三）明确结构

根据建设目标和原则、范围和边界，通过不断优化，选择企业标准体系的结构形式，逐级确定企业标准体系的结构。通常包括以下方面。

（1）明确企业标准体系结构形式，可参照 GB/T 13017—2018 中附录 A 选用功能模式、集成模式或板块模式，也可根据企业情况综合采纳三种模式，形成适宜的结构形式。

（2）根据企业标准体系的复杂程度和自身特点，可按照自上向下、自下向上、两者结合等方式构建标准体系的各级子体系。

（3）明确各子体系之间的相互支撑、相互协调的逻辑关系，确定各子体系之间的边界和范围。

（四）梳理标准明细表

根据企业标准体系结构图和标准收录原则，分析、梳理标准明细。

（1）结合企业的用户使用和管理需求，确定标准明细表格式。

（2）分析、整理纳入企业标准体系管理的现有标准和拟制定的标准。

（3）召集相关领域专家，分析宜采用和拟采用的外部标准。

（4）确定标准明细表的编号规则，编制标准明细表。

（五）统计分析

根据企业标准化需要，按一定的标准类型角度，对标准明细进行统计分析。

（六）编写企业标准体系表编制说明

企业标准体系表编制说明可包括但不限于以下内容。

（1）企业标准体系建设的背景。

（2）企业标准体系建设的目标和实施策略。

（3）企业标准体系表编制原则和依据。

（4）本企业、行业、竞争对手、合作伙伴的标准化现状、问题和需求分析。

（5）企业标准体系结构关系，子体系的划分依据和划分情况，各子体系内容说明（概念内涵、边界范围、适用领域）。

（6）企业标准明细表和统计分析，结合企业标准统计表分析现有标准与国际标准的差异、特点和优势或薄弱环节，明确近期及将来的标准化重点方向。

（7）编制过程中的问题总结和实施建议。

第三节　食品企业标准的制定与实施

一、食品企业标准的制定范围

食品生产企业可以根据企业需要制定下列企业标准，并在组织生产之前向省、自治区、直辖市卫生行政部门备案。

（1）企业生产的产品，因没有相应或适用的国家标准、行业标准和地方标准，而制定的企业产品/服务标准。

（2）为提高产品质量和技术进步而制定的严于国家标准、行业标准或地方标准的企业产品标准。

（3）对国家标准、行业标准选择或补充的标准。

（4）工艺、工装、半成品的方法标准。

（5）为支撑产品实现标准和保障标准的实施而制定的岗位标准以及满足生产、经营活动中的管理标准和工作标准。

二、制定企业标准的原则

1. 需求导向　企业标准化工作以满足企业发展战略、相关方需求、市场竞争和生产、经营、管理、技术等为导向组织开展。

2. 合规性　符合国家有关法律法规、政策和相关标准。

3. 系统性　权衡、协调各方关系，关注企业外部标准化活动并适时调整、优化企业内部标准化规划、计划及标准体系，确保标准化工作协调有序推进。

4. 适用性　标准化工作方针与目标符合企业经营方针、目标，服务于企业发展战略；标准化工作指向清晰、目的明确；标准体系满足需求，标准有效，便于实施。

5. 效能性　以实现企业生产、经营和管理目标为驱动，对企业经营效益、员工工作绩效等，实行可量化、可考核的标准化管理，达到预期效果。

6. 全员参与　围绕企业发展战略和标准化工作方针、目标，健全组织，周密计划，开展标准化宣传、培训，营造领导带头、全员参与的标准化工作氛围，提高自觉执行标准的素养。

7. 持续改进　遵循"策划—实施—检查—处置"的循环管理方法，策划企业标准化工作，运行企业标准体系和实施标准，适时评价企业标准体系和检查的标准适用性，针对问题查找原因，及时采取改进和预防措施，并根据市场与需求变化，对风险和机遇作出反应，提出应对措施予以实施和验证；将改进、预防、应对措施的经验或科技成果制（修）订成标准，纳入企业标准体系。

三、制定企业标准的一般程序

制定企业标准的一般程序：调查研究、收集资料→起草标准草案→形成标准送审稿→审查标准→编制标准报批稿→批准与发布。

（一）调查研究、收集资料

调查研究、收集资料的一般要求：标准化对象的国内外（包括企业）的现状与发展；有关最新科技成果；顾客的要求与期望；生产（服务）过程及市场反馈的统计资料、技术数据；国际标准、国外先进标准、技术法规及国内相关标准。

（二）起草标准草案

对收集到的资料进行整理、分析、对比、选优，必要时进行试验对比和验证，然后编写标准草案。

（三）形成标准送审稿

将标准草案连同"编制说明"发至企业内有关部门，征求意见，对返回意见分析研究，编写出标准送审稿。

（四）审查标准

可采取会议或函件形式审查标准送审稿。标准审查重点：标准送审稿以及相关联的各种标准化工作是否复合或达到预定的目的和要求；与有关法律、法规、强制性标准是否一致；技术内容是否符合国家方针政策和经济技术发展方向，技术指标与性能是否先进、安全可行，各种规定是否合理、完整和协调；与有关国际标准和国外先进标准是否协调；是否符合本企业规定的标准编写格式。

（五）编制标准报批稿

经审查通过的标准送审稿，起草单位应根据审查意见修改，编写标准报批稿及相关文件有"标准编制说明""审查会议纪要""意见汇总处理表"。

（六）批准与发布

企业标准由法定代表人或其授权的管理者批准、发布，由企业标准化机构编号、公布。企业标准的代号用"Q/"（"企"汉语拼音"qi"的声母）加企业代号组成，企业代号可用汉语拼音字母或阿拉伯数字或两者兼用组成。企业代号按企业隶属分别由上级行政主管部门会同同级标准化行政主管部门规定。通常的企业标准的代号形式是"Q/×××"。

有些企业按照 GB/T 15496～5498—2017 的规定，将其企业标准分为技术标准、管理标准、工作标准，并在其企业标准代号后面又加标准类别代号，其中技术标准加"/J"，管理标准加"/G"，工作标准加"/Z"，还有的企业又在顺序号前增加标准分类代号或标准应用代号（如型号）。

（七）复审

企业标准应定期复审，复审周期一般不超过3年；当外部或企业内部运行条件发生变化时，应及时对企业标准进行复审，复审工作由企业标准化机构负责组织。

复审的结论包括继续有效、修订、废止三种。

1. 继续有效 标准内容不作修改仍能适应当前需要，确认继续有效（注：对标准只作少量修改时，可采用修订单，确认标准继续有效）。

2. 修订 标准内容需要改动才能适应当前使用的需求和科学技术的发展，予以修订。

3. 废止 标准已完全不适应当前需要，予以废止，废止的企业标准及时收回，不再执行。

四、食品企业标准备案

企业产品标准应在发布后30天内，报当地政府标准化行政主管部门和有关行政主管部门备案，具体备案要求按各省、自治区、直辖市人民政府标准化行政主管部门的规定办理。集团公司所属企业适用统一的企业标准的，可以由集团公司总部或者其所属任一生产企业向所在地省级卫生行政部门备案。该企业标准备案时，应当注明适用的各企业名称及地址。委托加工或者授权制造的食品，委托方或者授权方已经备案的企业标准，受托方或者被授权方无须重复备案。但委托方或者授权方在备案时，应当注明受托方或者被授权方的名称及地址。委托方或者授权方无相关企业标准的，以及受托方或者被授权方不执行委托方或者授权方标准的，受托方或者被授权方应当制定企业标准，并按照规定备案。

企业标准备案时应当提交下列材料：企业标准备案登记表；企业标准文本（一式八份）及电子版；企业标准编制说明；省级卫生行政部门规定的其他资料。企业标准编制说明应当详细说明企业标准制定过程，以及与相关国家标准、行业标准、地方标准、国际标准、国外标准的比较情况。备案的企业标准由企业的法定代表人或者主要负责人签署。企业标准备案有效期为3年。有效期届满需要延续备案的，企业应当对备案的企业标准进行复审，并填写企业标准延续备案表，到原备案的卫生行政部门办理延续备案手续。企业经复审认为需要修订企业标准的，应当在修订后重新备案。

五、企业标准的实施

（一）基本原则

（1）实施标准必须符合国家法律、法规的有关规定。

（2）国家标准、行业标准、地方标准中有关强制性标准，企业必须严格执行。

（3）不符合强制性标准的产品禁止出厂、销售和进口。

（4）纳入企业标准体系的标准都应严格执行。

（5）出口产品的技术要求依照紧扣国家法律、法规、技术标准或合同约定执行。

案例评析

（二）实施标准的程序

1. 制定实施标准计划　应将实施标准的工作列入企业计划，规定有关部门应承担的任务和完成时间。实施标准的计划包括实施标准的方式、内容、步骤、负责人员、起止时间、应达到的要求。

2. 实施标准的准备　明确相应的机构、负责实施标准的组织协调；向有关人员宣传、讲解标准；进行物资准备，为实施标准提供必要的资源。

3. 实施标准　依据技术标准、管理标准、工作标准的不同要求和特点，在做好准备工作的基础上，由各部门分别组织实施有关标准。企业各有关部门应严格实施标准。企业在贯彻国家标准、行业标准和地方标准的过程中遇到的问题，应及时与标准发布部门或标准起草单位沟通。

（三）标准实施的监督检查

1. 总则　实施标准的监督检查是指对标准贯彻执行情况进行督促、检查和处理的活动。通过监督检查，可促进标准的有效执行，并发现标准本身存在的问题，以采取改进措施。

2. 监督检查的内容　已实施标准的执行情况；企业内技术标准、管理标准和工作标准贯彻执行情况；企业研制新产品、改进产品、技术改造、引进技术和设备是否符合有关标准化法律、法规、规章和强制性标准要求。

3. 监督检查的方式　企业内标准实施监督可采用统一领导、分工负责相结合的管理方式，即由企业标准化机构统一组织、协调、考核，各有关部门按专业分工对有关标准的实施情况进行监督检查。

4. 监督检查结果的处理　负责监督检查的部门和人员应确保监督检查的客观性和公正性，检查结果应形成文件以作为改进的依据。

5. 企业标准体系的评价和改进　企业应对其建立的标准体系是否符合相关标准的要求以及标准体系运行的有效性和效率进行评审，评审工作应按 GB/T 19273—2017 的要求进行。

6. 采用国际标准

（1）采用国际标准应遵循的原则

1）企业应依据国内外市场需要采用国际标准（包括采用国外先进标准）。

2）应符合我国有关法律、法规和强制性标准要求。

3）遵循国际惯例，做到技术先进、经济合理、安全可靠。

4）在采用产品标准时，应同时采用与其配套的相关标准。

5）应同企业的技术引进、技术改造、新产品开发相结合。

6）企业应贯彻实施纳入企业标准体系的有关的采用国际标准的国家标准、行业标准、地方标准以及企业标准。

（2）标准的制定　将确定要采用的国际标准或国外先进标准的内容进行转化并制定为企业标准。

（3）标准的实施 企业应配备和完善与实施采用国际标准相适应的生产和检测设备、培训人员，组织技术攻关、技术改造和技术引进。

（4）检查、验收 按有关管理办法进行。凡符合《采用国际标准产品标志管理办法》的采标产品，企业可使用采标标志。

实训二十一 建立企业标准体系

一、实训目的

1. 熟悉食品企业标准体系的构成。
2. 能够根据企业标准体系编制的原则、要求、相关程序建立企业标准体系。
3. 培养学生统筹协调能力和标准化工作思维，让学生学会合规管理模式。

二、实训内容

以××××企业为例，建立该企业标准体系，包括标准体系结构图、标准明细表、标准统计表。

三、实训要求

1. 收集资料 学生分组，各组从实际出发结合日常生活中熟悉的食品企业，通过网络平台、查阅图书和影像资料等多种手段收集企业标准相关资料。

2. 分组讨论 学生小组课前讨论收集的资料，了解所选企业的技术、管理、工作等标准内容，本着目标明确、科学有效、系统性强、层次分明、协调一致的原则编制该企业标准体系，尽量做到全面成套、层次恰当、划分明确。课上小组代表发言，介绍该企业标准体系建立构思和具体内容。

3. 教师总结 学生发言后教师进行指正和总结。

练 习 题

答案解析

一、单选题

1. 企业标准的复审周期一般为（　　）。

    A. 5年   B. 8年

    C. 3年   D. 根据需要

2. 建立企业标准体系应充分满足（　　）的要求。

    A. 企业生产   B. 企业标准化工作

    C. 其他管理体系   D. 管理部门

3. 企业标准体系内所有标准都要在本企业的（　　）和有关法律、法规的指导下形成。

    A. 方针、目标   B. 质量体系

    C. 规章制度   D. 管理体系

4. 采用国际标准和国外先进标准是企业（　　）的基本要求。

    A. 管理工作   B. 技术工作

    C. 产品开发   D. 标准化工作

5. 企业标准体系表的编制应符合（　　）的要求。

    A. GB/T 13017   B. GB/T 15496

    C. GB/T 15497   D. GB/T 15498

二、多选题

1. 制定企业标准的程序一般有调查研究、形成草案、（　　）。

    A. 形成送审稿   B. 审查标准

    C. 形成报批稿   D. 批准和发布

2. 企业标准体系系列标准由（　　）组成。

    A. GB/T 13017   B. GB/T 15496   C. GB/T 15497

    D. GB/T 15498   E. GB/T 35778

三、简答题

1. 食品企业标准制定范围有哪些？

2. 制定企业标准的一般程序是什么？

书网融合……

本章小结   微课   题库

附　录

附录1　中华人民共和国食品安全法

(2009年2月28日第十一届全国人民代表大会常务委员会第七次会议通过　2015年4月24日第十二届全国人民代表大会常务委员会第十四次会议修订　根据2018年12月29日第十三届全国人民代表大会常务委员会第七次会议《关于修改〈中华人民共和国产品质量法〉等五部法律的决定》第一次修正　根据2021年4月29日第十三届全国人民代表大会常务委员会第二十八次会议《关于修改〈中华人民共和国道路交通安全法〉等八部法律的决定》第二次修正)

目　录

第一章　总　则

第一条　为了保证食品安全，保障公众身体健康和生命安全，制定本法。

第二条　在中华人民共和国境内从事下列活动，应当遵守本法：

（一）食品生产和加工（以下称食品生产），食品销售和餐饮服务（以下称食品经营）；

（二）食品添加剂的生产经营；

（三）用于食品的包装材料、容器、洗涤剂、消毒剂和用于食品生产经营的工具、设备（以下称食品相关产品）的生产经营；

（四）食品生产经营者使用食品添加剂、食品相关产品；

（五）食品的贮存和运输；

（六）对食品、食品添加剂、食品相关产品的安全管理。

供食用的源于农业的初级产品（以下称食用农产品）的质量安全管理，遵守《中华人民共和国农产品质量安全法》的规定。但是，食用农产品的市场销售、有关质量安全标准的制定、有关安全信息的公布和本法对农业投入品作出规定的，应当遵守本法的规定。

第三条　食品安全工作实行预防为主、风险管理、全程控制、社会共治，建立科学、严格的监督管理制度。

第四条　食品生产经营者对其生产经营食品的安全负责。

食品生产经营者应当依照法律、法规和食品安全标准从事生产经营活动，保证食品安全，诚信自律，对社会和公众负责，接受社会监督，承担社会责任。

第五条　国务院设立食品安全委员会，其职责由国务院规定。

国务院食品安全监督管理部门依照本法和国务院规定的职责，对食品生产经营活动实施监督管理。

国务院卫生行政部门依照本法和国务院规定的职责，组织开展食品安全风险监测和风险评估，会同国务院食品安全监督管理部门制定并公布食品安全国家标准。

国务院其他有关部门依照本法和国务院规定的职责，承担有关食品安全工作。

第六条　县级以上地方人民政府对本行政区域的食品安全监督管理工作负责，统一领导、组织、协调本行政区域的食品安全监督管理工作以及食品安全突发事件应对工作，建立健全食品安全全程监督管理工作机制和信息共享机制。

县级以上地方人民政府依照本法和国务院的规定，确定本级食品安全监督管理、卫生行政部门和其他有关部门的职责。有关部门在各自职责范围内负责本行政区域的食品安全监督管理工作。

县级人民政府食品安全监督管理部门可以在乡镇或者特定区域设立派出机构。

第七条　县级以上地方人民政府实行食品安全监督管理责任制。上级人民政府负责对下一级人民政府的食品安全监督管理工作进行评议、考核。县级以上地方人民政府负责对本级食品安全监督管理部门和其他有关部门的食品安全监督管理工作进行评议、考核。

第八条　县级以上人民政府应当将食品安全工作纳入本级国民经济和社会发展规划，将食品安全工作经费列入本级政府财政预算，加强食品安全监督管理能力建设，为食品安全工作提供保障。

县级以上人民政府食品安全监督管理部门和其他有关部门应当加强沟通、密切配合，按照各自职责分工，依法行使职权，承担责任。

第九条　食品行业协会应当加强行业自律，按照章程建立健全行业规范和奖惩机制，提供食品安全信息、技术等服务，引导和督促食品生产经营者依法生产经营，推动行业诚信建设，宣传、普及食品安全知识。

消费者协会和其他消费者组织对违反本法规定，损害消费者合法权益的行为，依法进行社会监督。

第十条　各级人民政府应当加强食品安全的宣传教育，普及食品安全知识，鼓励社会组织、基层群众性自治组织、食品生产经营者开展食品安全法律、法规以及食品安全标准和知识的普及工作，倡导健康的饮食方式，增强消费者食品安全意识和自我保护能力。

新闻媒体应当开展食品安全法律、法规以及食品安全标准和知识的公益宣传，并对食品安全违法行为进行舆论监督。有关食品安全的宣传报道应当真实、公正。

第十一条　国家鼓励和支持开展与食品安全有关的基础研究、应用研究，鼓励和支持食品生产经营者为提高食品安全水平采用先进技术和先进管理规范。

国家对农药的使用实行严格的管理制度，加快淘汰剧毒、高毒、高残留农药，推动替代产品的研发和应用，鼓励使用高效低毒低残留农药。

第十二条 任何组织或者个人有权举报食品安全违法行为，依法向有关部门了解食品安全信息，对食品安全监督管理工作提出意见和建议。

第十三条 对在食品安全工作中作出突出贡献的单位和个人，按照国家有关规定给予表彰、奖励。

第二章 食品安全风险监测和评估

第十四条 国家建立食品安全风险监测制度，对食源性疾病、食品污染以及食品中的有害因素进行监测。

国务院卫生行政部门会同国务院食品安全监督管理等部门，制定、实施国家食品安全风险监测计划。

国务院食品安全监督管理部门和其他有关部门获知有关食品安全风险信息后，应当立即核实并向国务院卫生行政部门通报。对有关部门通报的食品安全风险信息以及医疗机构报告的食源性疾病等有关疾病信息，国务院卫生行政部门应当会同国务院有关部门分析研究，认为必要的，及时调整国家食品安全风险监测计划。

省、自治区、直辖市人民政府卫生行政部门会同同级食品安全监督管理等部门，根据国家食品安全风险监测计划，结合本行政区域的具体情况，制定、调整本行政区域的食品安全风险监测方案，报国务院卫生行政部门备案并实施。

第十五条 承担食品安全风险监测工作的技术机构应当根据食品安全风险监测计划和监测方案开展监测工作，保证监测数据真实、准确，并按照食品安全风险监测计划和监测方案的要求报送监测数据和分析结果。

食品安全风险监测工作人员有权进入相关食用农产品种植养殖、食品生产经营场所采集样品、收集相关数据。采集样品应当按照市场价格支付费用。

第十六条 食品安全风险监测结果表明可能存在食品安全隐患的，县级以上人民政府卫生行政部门应当及时将相关信息通报同级食品安全监督管理等部门，并报告本级人民政府和上级人民政府卫生行政部门。食品安全监督管理等部门应当组织开展进一步调查。

第十七条 国家建立食品安全风险评估制度，运用科学方法，根据食品安全风险监测信息、科学数据以及有关信息，对食品、食品添加剂、食品相关产品中生物性、化学性和物理性危害因素进行风险评估。

国务院卫生行政部门负责组织食品安全风险评估工作，成立由医学、农业、食品、营养、生物、环境等方面的专家组成的食品安全风险评估专家委员会进行食品安全风险评估。食品安全风险评估结果由国务院卫生行政部门公布。

对农药、肥料、兽药、饲料和饲料添加剂等的安全性评估，应当有食品安全风险评估专家委员会的专家参加。

食品安全风险评估不得向生产经营者收取费用，采集样品应当按照市场价格支付费用。

第十八条 有下列情形之一的，应当进行食品安全风险评估：

（一）通过食品安全风险监测或者接到举报发现食品、食品添加剂、食品相关产品可能存在安全隐患的；

（二）为制定或者修订食品安全国家标准提供科学依据需要进行风险评估的；

（三）为确定监督管理的重点领域、重点品种需要进行风险评估的；

（四）发现新的可能危害食品安全因素的；

（五）需要判断某一因素是否构成食品安全隐患的；

（六）国务院卫生行政部门认为需要进行风险评估的其他情形。

第十九条　国务院食品安全监督管理、农业行政等部门在监督管理工作中发现需要进行食品安全风险评估的，应当向国务院卫生行政部门提出食品安全风险评估的建议，并提供风险来源、相关检验数据和结论等信息、资料。属于本法第十八条规定情形的，国务院卫生行政部门应当及时进行食品安全风险评估，并向国务院有关部门通报评估结果。

第二十条　省级以上人民政府卫生行政、农业行政部门应当及时相互通报食品、食用农产品安全风险监测信息。

国务院卫生行政、农业行政部门应当及时相互通报食品、食用农产品安全风险评估结果等信息。

第二十一条　食品安全风险评估结果是制定、修订食品安全标准和实施食品安全监督管理的科学依据。

经食品安全风险评估，得出食品、食品添加剂、食品相关产品不安全结论的，国务院食品安全监督管理等部门应当依据各自职责立即向社会公告，告知消费者停止食用或者使用，并采取相应措施，确保该食品、食品添加剂、食品相关产品停止生产经营；需要制定、修订相关食品安全国家标准的，国务院卫生行政部门应当会同国务院食品安全监督管理部门立即制定、修订。

第二十二条　国务院食品安全监督管理部门应当会同国务院有关部门，根据食品安全风险评估结果、食品安全监督管理信息，对食品安全状况进行综合分析。对经综合分析表明可能具有较高程度安全风险的食品，国务院食品安全监督管理部门应当及时提出食品安全风险警示，并向社会公布。

第二十三条　县级以上人民政府食品安全监督管理部门和其他有关部门、食品安全风险评估专家委员会及其技术机构，应当按照科学、客观、及时、公开的原则，组织食品生产经营者、食品检验机构、认证机构、食品行业协会、消费者协会以及新闻媒体等，就食品安全风险评估信息和食品安全监督管理信息进行交流沟通。

第三章　食品安全标准

第二十四条　制定食品安全标准，应当以保障公众身体健康为宗旨，做到科学合理、安全可靠。

第二十五条　食品安全标准是强制执行的标准。除食品安全标准外，不得制定其他食品强制性标准。

第二十六条　食品安全标准应当包括下列内容：

（一）食品、食品添加剂、食品相关产品中的致病性微生物，农药残留、兽药残留、生物毒素、重金属等污染物质以及其他危害人体健康物质的限量规定；

（二）食品添加剂的品种、使用范围、用量；

（三）专供婴幼儿和其他特定人群的主辅食品的营养成分要求；

（四）对与卫生、营养等食品安全要求有关的标签、标志、说明书的要求；

（五）食品生产经营过程的卫生要求；

（六）与食品安全有关的质量要求；

（七）与食品安全有关的食品检验方法与规程；

（八）其他需要制定为食品安全标准的内容。

第二十七条　食品安全国家标准由国务院卫生行政部门会同国务院食品安全监督管理部门制定、公布，国务院标准化行政部门提供国家标准编号。

食品中农药残留、兽药残留的限量规定及其检验方法与规程由国务院卫生行政部门、国务院农业行政部门会同国务院食品安全监督管理部门制定。

屠宰畜、禽的检验规程由国务院农业行政部门会同国务院卫生行政部门制定。

第二十八条　制定食品安全国家标准，应当依据食品安全风险评估结果并充分考虑食用农产品安全风险评估结果，参照相关的国际标准和国际食品安全风险评估结果，并将食品安全国家标准草案向社会公布，广泛听取食品生产经营者、消费者、有关部门等方面的意见。

食品安全国家标准应当经国务院卫生行政部门组织的食品安全国家标准审评委员会审查通过。食品安全国家标准审评委员会由医学、农业、食品、营养、生物、环境等方面的专家以及国务院有关部门、食品行业协会、消费者协会的代表组成，对食品安全国家标准草案的科学性和实用性等进行审查。

第二十九条　对地方特色食品，没有食品安全国家标准的，省、自治区、直辖市人民政府卫生行政部门可以制定并公布食品安全地方标准，报国务院卫生行政部门备案。食品安全国家标准制定后，该地方标准即行废止。

第三十条　国家鼓励食品生产企业制定严于食品安全国家标准或者地方标准的企业标准，在本企业适用，并报省、自治区、直辖市人民政府卫生行政部门备案。

第三十一条　省级以上人民政府卫生行政部门应当在其网站上公布制定和备案的食品安全国家标准、地方标准和企业标准，供公众免费查阅、下载。

对食品安全标准执行过程中的问题，县级以上人民政府卫生行政部门应当会同有关部门及时给予指导、解答。

第三十二条　省级以上人民政府卫生行政部门应当会同同级食品安全监督管理、农业行政等部门，分别对食品安全国家标准和地方标准的执行情况进行跟踪评价，并根据评价结果及时修订食品安全标准。

省级以上人民政府食品安全监督管理、农业行政等部门应当对食品安全标准执行中存在的问题进行收集、汇总，并及时向同级卫生行政部门通报。

食品生产经营者、食品行业协会发现食品安全标准在执行中存在问题的，应当立即向卫生行政部门报告。

第四章　食品生产经营

第一节　一般规定

第三十三条　食品生产经营应当符合食品安全标准，并符合下列要求：

（一）具有与生产经营的食品品种、数量相适应的食品原料处理和食品加工、包装、贮存等场所，保持该场所环境整洁，并与有毒、有害场所以及其他污染源保持规定的距离；

（二）具有与生产经营的食品品种、数量相适应的生产经营设备或者设施，有相应的消毒、更衣、盥洗、采光、照明、通风、防腐、防尘、防蝇、防鼠、防虫、洗涤以及处理废水、存放垃圾和废弃物的设备或者设施；

（三）有专职或者兼职的食品安全专业技术人员、食品安全管理人员和保证食品安全的规章制度；

（四）具有合理的设备布局和工艺流程，防止待加工食品与直接入口食品、原料与成品交叉污染，避免食品接触有毒物、不洁物；

（五）餐具、饮具和盛放直接入口食品的容器，使用前应当洗净、消毒，炊具、用具用后应当洗净，保持清洁；

（六）贮存、运输和装卸食品的容器、工具和设备应当安全、无害，保持清洁，防止食品污染，并符合保证食品安全所需的温度、湿度等特殊要求，不得将食品与有毒、有害物品一同贮存、运输；

（七）直接入口的食品应当使用无毒、清洁的包装材料、餐具、饮具和容器；

（八）食品生产经营人员应当保持个人卫生，生产经营食品时，应当将手洗净，穿戴清洁的工作衣、帽等；销售无包装的直接入口食品时，应当使用无毒、清洁的容器、售货工具和设备；

（九）用水应当符合国家规定的生活饮用水卫生标准；

（十）使用的洗涤剂、消毒剂应当对人体安全、无害；

（十一）法律、法规规定的其他要求。

非食品生产经营者从事食品贮存、运输和装卸的，应当符合前款第六项的规定。

第三十四条　禁止生产经营下列食品、食品添加剂、食品相关产品：

（一）用非食品原料生产的食品或者添加食品添加剂以外的化学物质和其他可能危害人体健康物质的食品，或者用回收食品作为原料生产的食品；

（二）致病性微生物，农药残留、兽药残留、生物毒素、重金属等污染物质以及其他危害人体健康的物质含量超过食品安全标准限量的食品、食品添加剂、食品相关产品；

（三）用超过保质期的食品原料、食品添加剂生产的食品、食品添加剂；

（四）超范围、超限量使用食品添加剂的食品；

（五）营养成分不符合食品安全标准的专供婴幼儿和其他特定人群的主辅食品；

（六）腐败变质、油脂酸败、霉变生虫、污秽不洁、混有异物、掺假掺杂或者感官性状异常的食品、食品添加剂；

（七）病死、毒死或者死因不明的禽、畜、兽、水产动物肉类及其制品；

（八）未按规定进行检疫或者检疫不合格的肉类，或者未经检验或者检验不合格的肉类制品；

（九）被包装材料、容器、运输工具等污染的食品、食品添加剂；

（十）标注虚假生产日期、保质期或者超过保质期的食品、食品添加剂；

（十一）无标签的预包装食品、食品添加剂；

（十二）国家为防病等特殊需要明令禁止生产经营的食品；

（十三）其他不符合法律、法规或者食品安全标准的食品、食品添加剂、食品相关产品。

第三十五条　国家对食品生产经营实行许可制度。从事食品生产、食品销售、餐饮服务，应当依法取得许可。但是，销售食用农产品和仅销售预包装食品的，不需要取得许可。仅销售预包装食品的，应当报所在地县级以上地方人民政府食品安全监督管理部门备案。

县级以上地方人民政府食品安全监督管理部门应当依照《中华人民共和国行政许可法》的规定，审核申请人提交的本法第三十三条第一款第一项至第四项规定要求的相关资料，必要时对申请人的生产经营场所进行现场核查；对符合规定条件的，准予许可；对不符合规定条件的，不予许可并书面说明理由。

第三十六条　食品生产加工小作坊和食品摊贩等从事食品生产经营活动，应当符合本法规定的与其生产经营规模、条件相适应的食品安全要求，保证所生产经营的食品卫生、无毒、无害，食品安全监督管理部门应当对其加强监督管理。

县级以上地方人民政府应当对食品生产加工小作坊、食品摊贩等进行综合治理，加强服务和统一规划，改善其生产经营环境，鼓励和支持其改进生产经营条件，进入集中交易市场、店铺等固定场所经营，或者在指定的临时经营区域、时段经营。

食品生产加工小作坊和食品摊贩等的具体管理办法由省、自治区、直辖市制定。

第三十七条　利用新的食品原料生产食品，或者生产食品添加剂新品种、食品相关产品新品种，应当向国务院卫生行政部门提交相关产品的安全性评估材料。国务院卫生行政部门应当自收到申请之日起六十日内组织审查；对符合食品安全要求的，准予许可并公布；对不符合食品安全要求的，不予许可并书面说明理由。

第三十八条 生产经营的食品中不得添加药品，但是可以添加按照传统既是食品又是中药材的物质。按照传统既是食品又是中药材的物质目录由国务院卫生行政部门会同国务院食品安全监督管理部门制定、公布。

第三十九条 国家对食品添加剂生产实行许可制度。从事食品添加剂生产，应当具有与所生产食品添加剂品种相适应的场所、生产设备或者设施、专业技术人员和管理制度，并依照本法第三十五条第二款规定的程序，取得食品添加剂生产许可。

生产食品添加剂应当符合法律、法规和食品安全国家标准。

第四十条 食品添加剂应当在技术上确有必要且经过风险评估证明安全可靠，方可列入允许使用的范围；有关食品安全国家标准应当根据技术必要性和食品安全风险评估结果及时修订。

食品生产经营者应当按照食品安全国家标准使用食品添加剂。

第四十一条 生产食品相关产品应当符合法律、法规和食品安全国家标准。对直接接触食品的包装材料等具有较高风险的食品相关产品，按照国家有关工业产品生产许可证管理的规定实施生产许可。食品安全监督管理部门应当加强对食品相关产品生产活动的监督管理。

第四十二条 国家建立食品安全全程追溯制度。

食品生产经营者应当依照本法的规定，建立食品安全追溯体系，保证食品可追溯。国家鼓励食品生产经营者采用信息化手段采集、留存生产经营信息，建立食品安全追溯体系。

国务院食品安全监督管理部门会同国务院农业行政等有关部门建立食品安全全程追溯协作机制。

第四十三条 地方各级人民政府应当采取措施鼓励食品规模化生产和连锁经营、配送。

国家鼓励食品生产经营企业参加食品安全责任保险。

第二节　生产经营过程控制

第四十四条 食品生产经营企业应当建立健全食品安全管理制度，对职工进行食品安全知识培训，加强食品检验工作，依法从事生产经营活动。

食品生产经营企业的主要负责人应当落实企业食品安全管理制度，对本企业的食品安全工作全面负责。

食品生产经营企业应当配备食品安全管理人员，加强对其培训和考核。经考核不具备食品安全管理能力的，不得上岗。食品安全监督管理部门应当对企业食品安全管理人员随机进行监督抽查考核并公布考核情况。监督抽查考核不得收取费用。

第四十五条 食品生产经营者应当建立并执行从业人员健康管理制度。患有国务院卫生行政部门规定的有碍食品安全疾病的人员，不得从事接触直接入口食品的工作。

从事接触直接入口食品工作的食品生产经营人员应当每年进行健康检查，取得健康证明后方可上岗工作。

第四十六条 食品生产企业应当就下列事项制定并实施控制要求，保证所生产的食品符合食品安全标准：

（一）原料采购、原料验收、投料等原料控制；

（二）生产工序、设备、贮存、包装等生产关键环节控制；

（三）原料检验、半成品检验、成品出厂检验等检验控制；

（四）运输和交付控制。

第四十七条　食品生产经营者应当建立食品安全自查制度，定期对食品安全状况进行检查评价。生产经营条件发生变化，不再符合食品安全要求的，食品生产经营者应当立即采取整改措施；有发生食品安全事故潜在风险的，应当立即停止食品生产经营活动，并向所在地县级人民政府食品安全监督管理部门报告。

第四十八条　国家鼓励食品生产经营企业符合良好生产规范要求，实施危害分析与关键控制点体系，提高食品安全管理水平。

对通过良好生产规范、危害分析与关键控制点体系认证的食品生产经营企业，认证机构应当依法实施跟踪调查；对不再符合认证要求的企业，应当依法撤销认证，及时向县级以上人民政府食品安全监督管理部门通报，并向社会公布。认证机构实施跟踪调查不得收取费用。

第四十九条　食用农产品生产者应当按照食品安全标准和国家有关规定使用农药、肥料、兽药、饲料和饲料添加剂等农业投入品，严格执行农业投入品使用安全间隔期或者休药期的规定，不得使用国家明令禁止的农业投入品。禁止将剧毒、高毒农药用于蔬菜、瓜果、茶叶和中草药材等国家规定的农作物。

食用农产品的生产企业和农民专业合作经济组织应当建立农业投入品使用记录制度。

县级以上人民政府农业行政部门应当加强对农业投入品使用的监督管理和指导，建立健全农业投入品安全使用制度。

第五十条　食品生产者采购食品原料、食品添加剂、食品相关产品，应当查验供货者的许可证和产品合格证明；对无法提供合格证明的食品原料，应当按照食品安全标准进行检验；不得采购或者使用不符合食品安全标准的食品原料、食品添加剂、食品相关产品。

食品生产企业应当建立食品原料、食品添加剂、食品相关产品进货查验记录制度，如实记录食品原料、食品添加剂、食品相关产品的名称、规格、数量、生产日期或者生产批号、保质期、进货日期以及供货者名称、地址、联系方式等内容，并保存相关凭证。记录和凭证保存期限不得少于产品保质期满后六个月；没有明确保质期的，保存期限不得少于二年。

第五十一条　食品生产企业应当建立食品出厂检验记录制度，查验出厂食品的检验合格证和安全状况，如实记录食品的名称、规格、数量、生产日期或者生产批号、保质期、检验合格证号、销售日期以及购货者名称、地址、联系方式等内容，并保存相关凭证。记录和凭证保存期限应当符合本法第五十条第二款的规定。

第五十二条　食品、食品添加剂、食品相关产品的生产者，应当按照食品安全标准对所生产的食品、食品添加剂、食品相关产品进行检验，检验合格后方可出厂或者销售。

第五十三条　食品经营者采购食品，应当查验供货者的许可证和食品出厂检验合格证或者其他合格证明（以下称合格证明文件）。

食品经营企业应当建立食品进货查验记录制度，如实记录食品的名称、规格、数量、生产日期或者生产批号、保质期、进货日期以及供货者名称、地址、联系方式等内容，并保存相关凭证。记录和凭证保存期限应当符合本法第五十条第二款的规定。

实行统一配送经营方式的食品经营企业，可以由企业总部统一查验供货者的许可证和食品合格证明文件，进行食品进货查验记录。

从事食品批发业务的经营企业应当建立食品销售记录制度，如实记录批发食品的名称、规格、数量、生产日期或者生产批号、保质期、销售日期以及购货者名称、地址、联系方式等内容，并保存相关凭证。记录和凭证保存期限应当符合本法第五十条第二款的规定。

第五十四条　食品经营者应当按照保证食品安全的要求贮存食品，定期检查库存食品，及时清理变质或者超过保质期的食品。

食品经营者贮存散装食品，应当在贮存位置标明食品的名称、生产日期或者生产批号、保质期、生产者名称及联系方式等内容。

第五十五条　餐饮服务提供者应当制定并实施原料控制要求，不得采购不符合食品安全标准的食品原料。倡导餐饮服务提供者公开加工过程，公示食品原料及其来源等信息。

餐饮服务提供者在加工过程中应当检查待加工的食品及原料，发现有本法第三十四条第六项规定情形的，不得加工或者使用。

第五十六条　餐饮服务提供者应当定期维护食品加工、贮存、陈列等设施、设备；定期清洗、校验保温设施及冷藏、冷冻设施。

餐饮服务提供者应当按照要求对餐具、饮具进行清洗消毒，不得使用未经清洗消毒的餐具、饮具；餐饮服务提供者委托清洗消毒餐具、饮具的，应当委托符合本法规定条件的餐具、饮具集中消毒服务单位。

第五十七条　学校、托幼机构、养老机构、建筑工地等集中用餐单位的食堂应当严格遵守法律、法规和食品安全标准；从供餐单位订餐的，应当从取得食品生产经营许可的企业订购，并按照要求对订购的食品进行查验。供餐单位应当严格遵守法律、法规和食品安全标准，当餐加工，确保食品安全。

学校、托幼机构、养老机构、建筑工地等集中用餐单位的主管部门应当加强对集中用餐单位的食品安全教育和日常管理，降低食品安全风险，及时消除食品安全隐患。

第五十八条　餐具、饮具集中消毒服务单位应当具备相应的作业场所、清洗消毒设备或者设施，用水和使用的洗涤剂、消毒剂应当符合相关食品安全国家标准和其他国家标准、卫生规范。

餐具、饮具集中消毒服务单位应当对消毒餐具、饮具进行逐批检验，检验合格后方可出厂，并应当随附消毒合格证明。消毒后的餐具、饮具应当在独立包装上标注单位名称、地址、联系方式、消毒日期以及使用期限等内容。

第五十九条　食品添加剂生产者应当建立食品添加剂出厂检验记录制度，查验出厂产品的检验合格证和安全状况，如实记录食品添加剂的名称、规格、数量、生产日期或者生产批号、保质期、检验合格证号、销售日期以及购货者名称、地址、联系方式等相关内容，并保存相关凭证。记录和凭证保存期限应当符合本法第五十条第二款的规定。

第六十条　食品添加剂经营者采购食品添加剂，应当依法查验供货者的许可证和产品合格证明文件，如实记录食品添加剂的名称、规格、数量、生产日期或者生产批号、保质期、进货日期以及供货者名称、地址、联系方式等内容，并保存相关凭证。记录和凭证保存期限应当符合本法第五十条第二款的规定。

第六十一条　集中交易市场的开办者、柜台出租者和展销会举办者，应当依法审查入场食品经营者的许可证，明确其食品安全管理责任，定期对其经营环境和条件进行检查，发现其有违反本法规定行为的，应当及时制止并立即报告所在地县级人民政府食品安全监督管理部门。

第六十二条　网络食品交易第三方平台提供者应当对入网食品经营者进行实名登记，明确其食品安全管理责任；依法应当取得许可证的，还应当审查其许可证。

网络食品交易第三方平台提供者发现入网食品经营者有违反本法规定行为的，应当及时制止并立即报告所在地县级人民政府食品安全监督管理部门；发现严重违法行为的，应当立即停止提供网络交易平台服务。

第六十三条　国家建立食品召回制度。食品生产者发现其生产的食品不符合食品安全标准或者有证据证明可能危害人体健康的，应当立即停止生产，召回已经上市销售的食品，通知相关生产经营者和消费者，并记录召回和通知情况。

食品经营者发现其经营的食品有前款规定情形的，应当立即停止经营，通知相关生产经营者和消费者，并记录停止经营和通知情况。食品生产者认为应当召回的，应当立即召回。由于食品经营者的原因造成其经营的食品有前款规定情形的，食品经营者应当召回。

食品生产经营者应当对召回的食品采取无害化处理、销毁等措施，防止其再次流入市场。但是，对因标签、标志或者说明书不符合食品安全标准而被召回的食品，食品生产者在采取补救措施且能保证食品安全的情况下可以继续销售；销售时应当向消费者明示补救措施。

食品生产经营者应当将食品召回和处理情况向所在地县级人民政府食品安全监督管理部门报告；需要对召回的食品进行无害化处理、销毁的，应当提前报告时间、地点。食品安全监督管理部门认为必要的，可以实施现场监督。

食品生产经营者未依照本条规定召回或者停止经营的，县级以上人民政府食品安全监督管理部门可以责令其召回或者停止经营。

第六十四条　食用农产品批发市场应当配备检验设备和检验人员或者委托符合本法规定的食品检验机构，对进入该批发市场销售的食用农产品进行抽样检验；发现不符合食品安全标准的，应当要求销售者立即停止销售，并向食品安全监督管理部门报告。

第六十五条　食用农产品销售者应当建立食用农产品进货查验记录制度，如实记录食用农产品的名称、数量、进货日期以及供货者名称、地址、联系方式等内容，并保存相关凭证。记录和凭证保存期限不得少于六个月。

第六十六条　进入市场销售的食用农产品在包装、保鲜、贮存、运输中使用保鲜剂、防腐剂等食品添加剂和包装材料等食品相关产品，应当符合食品安全国家标准。

第三节　标签、说明书和广告

第六十七条　预包装食品的包装上应当有标签。标签应当标明下列事项：

（一）名称、规格、净含量、生产日期；

（二）成分或者配料表；

（三）生产者的名称、地址、联系方式；

（四）保质期；

（五）产品标准代号；

（六）贮存条件；

（七）所使用的食品添加剂在国家标准中的通用名称；

（八）生产许可证编号；

（九）法律、法规或者食品安全标准规定应当标明的其他事项。

专供婴幼儿和其他特定人群的主辅食品，其标签还应当标明主要营养成分及其含量。

食品安全国家标准对标签标注事项另有规定的，从其规定。

第六十八条　食品经营者销售散装食品，应当在散装食品的容器、外包装上标明食品的名称、生产日期或者生产批号、保质期以及生产经营者名称、地址、联系方式等内容。

第六十九条　生产经营转基因食品应当按照规定显著标示。

第七十条　食品添加剂应当有标签、说明书和包装。标签、说明书应当载明本法第六十七条第一款第一项至第六项、第八项、第九项规定的事项，以及食品添加剂的使用范围、用量、使用方法，并在标签上载明"食品添加剂"字样。

第七十一条　食品和食品添加剂的标签、说明书，不得含有虚假内容，不得涉及疾病预防、治疗功能。生产经营者对其提供的标签、说明书的内容负责。

食品和食品添加剂的标签、说明书应当清楚、明显，生产日期、保质期等事项应当显著标注，容易辨识。

食品和食品添加剂与其标签、说明书的内容不符的，不得上市销售。

第七十二条　食品经营者应当按照食品标签标示的警示标志、警示说明或者注意事项的要求销售食品。

第七十三条　食品广告的内容应当真实合法，不得含有虚假内容，不得涉及疾病预防、治疗功能。食品生产经营者对食品广告内容的真实性、合法性负责。

县级以上人民政府食品安全监督管理部门和其他有关部门以及食品检验机构、食品行业协会不得以广告或者其他形式向消费者推荐食品。消费者组织不得以收取费用或者其他牟取利益的方式向消费者推荐食品。

第四节　特殊食品

第七十四条　国家对保健食品、特殊医学用途配方食品和婴幼儿配方食品等特殊食品实行严格监督管理。

第七十五条　保健食品声称保健功能，应当具有科学依据，不得对人体产生急性、亚急性或者慢性危害。

保健食品原料目录和允许保健食品声称的保健功能目录，由国务院食品安全监督管理部门会同国务院卫生行政部门、国家中医药管理部门制定、调整并公布。

保健食品原料目录应当包括原料名称、用量及其对应的功效；列入保健食品原料目录的原料只能用于保健食品生产，不得用于其他食品生产。

第七十六条　使用保健食品原料目录以外原料的保健食品和首次进口的保健食品应当经国务院食品安全监督管理部门注册。但是，首次进口的保健食品中属于补充维生素、矿物质等营养物质的，应当报国务院食品安全监督管理部门备案。其他保健食品应当报省、自治区、直辖市人民政府食品安全监督管理部门备案。

进口的保健食品应当是出口国（地区）主管部门准许上市销售的产品。

第七十七条　依法应当注册的保健食品，注册时应当提交保健食品的研发报告、产品配方、生产工艺、安全性和保健功能评价、标签、说明书等材料及样品，并提供相关证明文件。国务院食品安全监督管理部门经组织技术审评，对符合安全和功能声称要求的，准予注册；对不符合要求的，不予注册并书面说明理由。对使用保健食品原料目录以外原料的保健食品作出准予注册决定的，应当及时将该原料纳入保健食品原料目录。

依法应当备案的保健食品，备案时应当提交产品配方、生产工艺、标签、说明书以及表明产品安全性和保健功能的材料。

第七十八条　保健食品的标签、说明书不得涉及疾病预防、治疗功能，内容应当真实，与注册或者备案的内容相一致，载明适宜人群、不适宜人群、功效成分或者标志性成分及其含量等，并声明"本品不能代替药物"。保健食品的功能和成分应当与标签、说明书相一致。

第七十九条　保健食品广告除应当符合本法第七十三条第一款的规定外，还应当声明"本品不能代替药物"；其内容应当经生产企业所在地省、自治区、直辖市人民政府食品安全监督管理部门审查批准，取得保健食品广告批准文件。省、自治区、直辖市人民政府食品安全监督管理部门应当公布并及时更新已经批准的保健食品广告目录以及批准的广告内容。

第八十条　特殊医学用途配方食品应当经国务院食品安全监督管理部门注册。注册时，应当提交产品配方、生产工艺、标签、说明书以及表明产品安全性、营养充足性和特殊医学用途临床效果的材料。

特殊医学用途配方食品广告适用《中华人民共和国广告法》和其他法律、行政法规关于药品广告管理的规定。

第八十一条　婴幼儿配方食品生产企业应当实施从原料进厂到成品出厂的全过程质量控制，对出厂的婴幼儿配方食品实施逐批检验，保证食品安全。

生产婴幼儿配方食品使用的生鲜乳、辅料等食品原料、食品添加剂等，应当符合法律、行政法规的规定和食品安全国家标准，保证婴幼儿生长发育所需的营养成分。

婴幼儿配方食品生产企业应当将食品原料、食品添加剂、产品配方及标签等事项向省、自治区、直辖市人民政府食品安全监督管理部门备案。

婴幼儿配方乳粉的产品配方应当经国务院食品安全监督管理部门注册。注册时，应当提交配方研发报告和其他表明配方科学性、安全性的材料。

不得以分装方式生产婴幼儿配方乳粉，同一企业不得用同一配方生产不同品牌的婴幼儿配方乳粉。

第八十二条　保健食品、特殊医学用途配方食品、婴幼儿配方乳粉的注册人或者备案人应当对其提交材料的真实性负责。

省级以上人民政府食品安全监督管理部门应当及时公布注册或者备案的保健食品、特殊医学用途配方食品、婴幼儿配方乳粉目录，并对注册或者备案中获知的企业商业秘密予以保密。

保健食品、特殊医学用途配方食品、婴幼儿配方乳粉生产企业应当按照注册或者备案的产品配方、生产工艺等技术要求组织生产。

第八十三条　生产保健食品，特殊医学用途配方食品、婴幼儿配方食品和其他专供特定人群的主辅食品的企业，应当按照良好生产规范的要求建立与所生产食品相适应的生产质量管理体系，定期对该体系的运行情况进行自查，保证其有效运行，并向所在地县级人民政府食品安全监督管理部门提交自查报告。

第五章　食品检验

第八十四条　食品检验机构按照国家有关认证认可的规定取得资质认定后，方可从事食品检验活动。但是，法律另有规定的除外。

食品检验机构的资质认定条件和检验规范，由国务院食品安全监督管理部门规定。

符合本法规定的食品检验机构出具的检验报告具有同等效力。

县级以上人民政府应当整合食品检验资源，实现资源共享。

第八十五条　食品检验由食品检验机构指定的检验人独立进行。

检验人应当依照有关法律、法规的规定，并按照食品安全标准和检验规范对食品进行检验，尊重科学，恪守职业道德，保证出具的检验数据和结论客观、公正，不得出具虚假检验报告。

第八十六条　食品检验实行食品检验机构与检验人负责制。食品检验报告应当加盖食品检验机构公章，并有检验人的签名或者盖章。食品检验机构和检验人对出具的食品检验报告负责。

第八十七条　县级以上人民政府食品安全监督管理部门应当对食品进行定期或者不定期的抽样检验，并依据有关规定公布检验结果，不得免检。进行抽样检验，应当购买抽取的样品，委托符合本法规定的食品检验机构进行检验，并支付相关费用；不得向食品生产经营者收取检验费和其他费用。

第八十八条　对依照本法规定实施的检验结论有异议的，食品生产经营者可以自收到检验结论之日起七个工作日内向实施抽样检验的食品安全监督管理部门或者其上一级食品安全监督管理部门提出复检申请，由受理复检申请的食品安全监督管理部门在公布的复检机构名录中随机确定复检机构进行复检。复检机构出具的复检结论为最终检验结论。复检机构与初检机构不得为同一机构。复检机构名录由国务院认证认可监督管理、食品安全监督管理、卫生行政、农业行政等部门共同公布。

采用国家规定的快速检测方法对食用农产品进行抽查检测，被抽查人对检测结果有异议的，可以自收到检测结果时起四小时内申请复检。复检不得采用快速检测方法。

第八十九条 食品生产企业可以自行对所生产的食品进行检验，也可以委托符合本法规定的食品检验机构进行检验。

食品行业协会和消费者协会等组织、消费者需要委托食品检验机构对食品进行检验的，应当委托符合本法规定的食品检验机构进行。

第九十条 食品添加剂的检验，适用本法有关食品检验的规定。

第六章 食品进出口

第九十一条 国家出入境检验检疫部门对进出口食品安全实施监督管理。

第九十二条 进口的食品、食品添加剂、食品相关产品应当符合我国食品安全国家标准。

进口的食品、食品添加剂应当经出入境检验检疫机构依照进出口商品检验相关法律、行政法规的规定检验合格。

进口的食品、食品添加剂应当按照国家出入境检验检疫部门的要求随附合格证明材料。

第九十三条 进口尚无食品安全国家标准的食品，由境外出口商、境外生产企业或者其委托的进口商向国务院卫生行政部门提交所执行的相关国家（地区）标准或者国际标准。国务院卫生行政部门对相关标准进行审查，认为符合食品安全要求的，决定暂予适用，并及时制定相应的食品安全国家标准。进口利用新的食品原料生产的食品或者进口食品添加剂新品种、食品相关产品新品种，依照本法第三十七条的规定办理。

出入境检验检疫机构按照国务院卫生行政部门的要求，对前款规定的食品、食品添加剂、食品相关产品进行检验。检验结果应当公开。

第九十四条 境外出口商、境外生产企业应当保证向我国出口的食品、食品添加剂、食品相关产品符合本法以及我国其他有关法律、行政法规的规定和食品安全国家标准的要求，并对标签、说明书的内容负责。

进口商应当建立境外出口商、境外生产企业审核制度，重点审核前款规定的内容；审核不合格的，不得进口。

发现进口食品不符合我国食品安全国家标准或者有证据证明可能危害人体健康的，进口商应当立即停止进口，并依照本法第六十三条的规定召回。

第九十五条 境外发生的食品安全事件可能对我国境内造成影响，或者在进口食品、食品添加剂、食品相关产品中发现严重食品安全问题的，国家出入境检验检疫部门应当及时采取风险预警或者控制措施，并向国务院食品安全监督管理、卫生行政、农业行政部门通报。接到通报的部门应当及时采取相应措施。

县级以上人民政府食品安全监督管理部门对国内市场上销售的进口食品、食品添加剂实施监督管理。发现存在严重食品安全问题的，国务院食品安全监督管理部门应当及时向国家出入境检验检疫部门通报。国家出入境检验检疫部门应当及时采取相应措施。

第九十六条 向我国境内出口食品的境外出口商或者代理商、进口食品的进口商应当向国家出入境检验检疫部门备案。向我国境内出口食品的境外食品生产企业应当经国家出入境检验检疫部门注册。已经注册的境外食品生产企业提供虚假材料，或者因其自身的原因致使进口食品发生重大食品安全事故的，国家出入境检验检疫部门应当撤销注册并公告。

国家出入境检验检疫部门应当定期公布已经备案的境外出口商、代理商、进口商和已经注册的境外食品生产企业名单。

第九十七条　进口的预包装食品、食品添加剂应当有中文标签；依法应当有说明书的，还应当有中文说明书。标签、说明书应当符合本法以及我国其他有关法律、行政法规的规定和食品安全国家标准的要求，并载明食品的原产地以及境内代理商的名称、地址、联系方式。预包装食品没有中文标签、中文说明书或者标签、说明书不符合本条规定的，不得进口。

第九十八条　进口商应当建立食品、食品添加剂进口和销售记录制度，如实记录食品、食品添加剂的名称、规格、数量、生产日期、生产或者进口批号、保质期、境外出口商和购货者名称、地址及联系方式、交货日期等内容，并保存相关凭证。记录和凭证保存期限应当符合本法第五十条第二款的规定。

第九十九条　出口食品生产企业应当保证其出口食品符合进口国（地区）的标准或者合同要求。

出口食品生产企业和出口食品原料种植、养殖场应当向国家出入境检验检疫部门备案。

第一百条　国家出入境检验检疫部门应当收集、汇总下列进出口食品安全信息，并及时通报相关部门、机构和企业：

（一）出入境检验检疫机构对进出口食品实施检验检疫发现的食品安全信息；

（二）食品行业协会和消费者协会等组织、消费者反映的进口食品安全信息；

（三）国际组织、境外政府机构发布的风险预警信息及其他食品安全信息，以及境外食品行业协会等组织、消费者反映的食品安全信息；

（四）其他食品安全信息。

国家出入境检验检疫部门应当对进出口食品的进口商、出口商和出口食品生产企业实施信用管理，建立信用记录，并依法向社会公布。对有不良记录的进口商、出口商和出口食品生产企业，应当加强对其进出口食品的检验检疫。

第一百零一条　国家出入境检验检疫部门可以对向我国境内出口食品的国家（地区）的食品安全管理体系和食品安全状况进行评估和审查，并根据评估和审查结果，确定相应检验检疫要求。

第七章　食品安全事故处置

第一百零二条　国务院组织制定国家食品安全事故应急预案。

县级以上地方人民政府应当根据有关法律、法规的规定和上级人民政府的食品安全事故应急预案以及本行政区域的实际情况，制定本行政区域的食品安全事故应急预案，并报上一级人民政府备案。

食品安全事故应急预案应当对食品安全事故分级、事故处置组织指挥体系与职责、预防预警机制、处置程序、应急保障措施等作出规定。

食品生产经营企业应当制定食品安全事故处置方案，定期检查本企业各项食品安全防范措施的落实情况，及时消除事故隐患。

第一百零三条　发生食品安全事故的单位应当立即采取措施，防止事故扩大。事故单位和接收病人进行治疗的单位应当及时向事故发生地县级人民政府食品安全监督管理、卫生行政部门报告。

县级以上人民政府农业行政等部门在日常监督管理中发现食品安全事故或者接到事故举报，应当立即向同级食品安全监督管理部门通报。

发生食品安全事故，接到报告的县级人民政府食品安全监督管理部门应当按照应急预案的规定向本

191

级人民政府和上级人民政府食品安全监督管理部门报告。县级人民政府和上级人民政府食品安全监督管理部门应当按照应急预案的规定上报。

任何单位和个人不得对食品安全事故隐瞒、谎报、缓报，不得隐匿、伪造、毁灭有关证据。

第一百零四条　医疗机构发现其接收的病人属于食源性疾病病人或者疑似病人的，应当按照规定及时将相关信息向所在地县级人民政府卫生行政部门报告。县级人民政府卫生行政部门认为与食品安全有关的，应当及时通报同级食品安全监督管理部门。

县级以上人民政府卫生行政部门在调查处理传染病或者其他突发公共卫生事件中发现与食品安全相关的信息，应当及时通报同级食品安全监督管理部门。

第一百零五条　县级以上人民政府食品安全监督管理部门接到食品安全事故的报告后，应当立即会同同级卫生行政、农业行政等部门进行调查处理，并采取下列措施，防止或者减轻社会危害：

（一）开展应急救援工作，组织救治因食品安全事故导致人身伤害的人员；

（二）封存可能导致食品安全事故的食品及其原料，并立即进行检验；对确认属于被污染的食品及其原料，责令食品生产经营者依照本法第六十三条的规定召回或者停止经营；

（三）封存被污染的食品相关产品，并责令进行清洗消毒；

（四）做好信息发布工作，依法对食品安全事故及其处理情况进行发布，并对可能产生的危害加以解释、说明。

发生食品安全事故需要启动应急预案的，县级以上人民政府应当立即成立事故处置指挥机构，启动应急预案，依照前款和应急预案的规定进行处置。

发生食品安全事故，县级以上疾病预防控制机构应当对事故现场进行卫生处理，并对与事故有关的因素开展流行病学调查，有关部门应当予以协助。县级以上疾病预防控制机构应当向同级食品安全监督管理、卫生行政部门提交流行病学调查报告。

第一百零六条　发生食品安全事故，设区的市级以上人民政府食品安全监督管理部门应当立即会同有关部门进行事故责任调查，督促有关部门履行职责，向本级人民政府和上一级人民政府食品安全监督管理部门提出事故责任调查处理报告。

涉及两个以上省、自治区、直辖市的重大食品安全事故由国务院食品安全监督管理部门依照前款规定组织事故责任调查。

第一百零七条　调查食品安全事故，应当坚持实事求是、尊重科学的原则，及时、准确查清事故性质和原因，认定事故责任，提出整改措施。

调查食品安全事故，除了查明事故单位的责任，还应当查明有关监督管理部门、食品检验机构、认证机构及其工作人员的责任。

第一百零八条　食品安全事故调查部门有权向有关单位和个人了解与事故有关的情况，并要求提供相关资料和样品。有关单位和个人应当予以配合，按照要求提供相关资料和样品，不得拒绝。

任何单位和个人不得阻挠、干涉食品安全事故的调查处理。

第八章　监督管理

第一百零九条　县级以上人民政府食品安全监督管理部门根据食品安全风险监测、风险评估结果和食品安全状况等，确定监督管理的重点、方式和频次，实施风险分级管理。

县级以上地方人民政府组织本级食品安全监督管理、农业行政等部门制定本行政区域的食品安全年度监督管理计划，向社会公布并组织实施。

食品安全年度监督管理计划应当将下列事项作为监督管理的重点：

（一）专供婴幼儿和其他特定人群的主辅食品；

（二）保健食品生产过程中的添加行为和按照注册或者备案的技术要求组织生产的情况，保健食品标签、说明书以及宣传材料中有关功能宣传的情况；

（三）发生食品安全事故风险较高的食品生产经营者；

（四）食品安全风险监测结果表明可能存在食品安全隐患的事项。

第一百一十条　县级以上人民政府食品安全监督管理部门履行食品安全监督管理职责，有权采取下列措施，对生产经营者遵守本法的情况进行监督检查：

（一）进入生产经营场所实施现场检查；

（二）对生产经营的食品、食品添加剂、食品相关产品进行抽样检验；

（三）查阅、复制有关合同、票据、账簿以及其他有关资料；

（四）查封、扣押有证据证明不符合食品安全标准或者有证据证明存在安全隐患以及用于违法生产经营的食品、食品添加剂、食品相关产品；

（五）查封违法从事生产经营活动的场所。

第一百一十一条　对食品安全风险评估结果证明食品存在安全隐患，需要制定、修订食品安全标准的，在制定、修订食品安全标准前，国务院卫生行政部门应当及时会同国务院有关部门规定食品中有害物质的临时限量值和临时检验方法，作为生产经营和监督管理的依据。

第一百一十二条　县级以上人民政府食品安全监督管理部门在食品安全监督管理工作中可以采用国家规定的快速检测方法对食品进行抽查检测。

对抽查检测结果表明可能不符合食品安全标准的食品，应当依照本法第八十七条的规定进行检验。抽查检测结果确定有关食品不符合食品安全标准的，可以作为行政处罚的依据。

第一百一十三条　县级以上人民政府食品安全监督管理部门应当建立食品生产经营者食品安全信用档案，记录许可颁发、日常监督检查结果、违法行为查处等情况，依法向社会公布并实时更新；对有不良信用记录的食品生产经营者增加监督检查频次，对违法行为情节严重的食品生产经营者，可以通报投资主管部门、证券监督管理机构和有关的金融机构。

第一百一十四条　食品生产经营过程中存在食品安全隐患，未及时采取措施消除的，县级以上人民政府食品安全监督管理部门可以对食品生产经营者的法定代表人或者主要负责人进行责任约谈。食品生产经营者应当立即采取措施，进行整改，消除隐患。责任约谈情况和整改情况应当纳入食品生产经营者食品安全信用档案。

第一百一十五条　县级以上人民政府食品安全监督管理等部门应当公布本部门的电子邮件地址或者电话，接受咨询、投诉、举报。接到咨询、投诉、举报，对属于本部门职责的，应当受理并在法定期限内及时答复、核实、处理；对不属于本部门职责的，应当移交有权处理的部门并书面通知咨询、投诉、举报人。有权处理的部门应当在法定期限内及时处理，不得推诿。对查证属实的举报，给予举报人奖励。

有关部门应当对举报人的信息予以保密，保护举报人的合法权益。举报人举报所在企业的，该企业不得以解除、变更劳动合同或者其他方式对举报人进行打击报复。

第一百一十六条　县级以上人民政府食品安全监督管理等部门应当加强对执法人员食品安全法律、法规、标准和专业知识与执法能力等的培训，并组织考核。不具备相应知识和能力的，不得从事食品安全执法工作。

食品生产经营者、食品行业协会、消费者协会等发现食品安全执法人员在执法过程中有违反法律、法规规定的行为以及不规范执法行为的，可以向本级或者上级人民政府食品安全监督管理等部门或者监察机关投诉、举报。接到投诉、举报的部门或者机关应当进行核实，并将经核实的情况向食品安全执法人员所在部门通报；涉嫌违法违纪的，按照本法和有关规定处理。

第一百一十七条　县级以上人民政府食品安全监督管理等部门未及时发现食品安全系统性风险，未及时消除监督管理区域内的食品安全隐患的，本级人民政府可以对其主要负责人进行责任约谈。

地方人民政府未履行食品安全职责，未及时消除区域性重大食品安全隐患的，上级人民政府可以对其主要负责人进行责任约谈。

被约谈的食品安全监督管理等部门、地方人民政府应当立即采取措施，对食品安全监督管理工作进行整改。

责任约谈情况和整改情况应当纳入地方人民政府和有关部门食品安全监督管理工作评议、考核记录。

第一百一十八条　国家建立统一的食品安全信息平台，实行食品安全信息统一公布制度。国家食品安全总体情况、食品安全风险警示信息、重大食品安全事故及其调查处理信息和国务院确定需要统一公布的其他信息由国务院食品安全监督管理部门统一公布。食品安全风险警示信息和重大食品安全事故及其调查处理信息的影响限于特定区域的，也可以由有关省、自治区、直辖市人民政府食品安全监督管理部门公布。未经授权不得发布上述信息。

县级以上人民政府食品安全监督管理、农业行政部门依据各自职责公布食品安全日常监督管理信息。

公布食品安全信息，应当做到准确、及时，并进行必要的解释说明，避免误导消费者和社会舆论。

第一百一十九条　县级以上地方人民政府食品安全监督管理、卫生行政、农业行政部门获知本法规定需要统一公布的信息，应当向上级主管部门报告，由上级主管部门立即报告国务院食品安全监督管理部门；必要时，可以直接向国务院食品安全监督管理部门报告。

县级以上人民政府食品安全监督管理、卫生行政、农业行政部门应当相互通报获知的食品安全信息。

第一百二十条　任何单位和个人不得编造、散布虚假食品安全信息。

县级以上人民政府食品安全监督管理部门发现可能误导消费者和社会舆论的食品安全信息，应当立即组织有关部门、专业机构、相关食品生产经营者等进行核实、分析，并及时公布结果。

第一百二十一条　县级以上人民政府食品安全监督管理等部门发现涉嫌食品安全犯罪的，应当按照有关规定及时将案件移送公安机关。对移送的案件，公安机关应当及时审查；认为有犯罪事实需要追究刑事责任的，应当立案侦查。

公安机关在食品安全犯罪案件侦查过程中认为没有犯罪事实，或者犯罪事实显著轻微，不需要追究刑事责任，但依法应当追究行政责任的，应当及时将案件移送食品安全监督管理等部门和监察机关，有关部门应当依法处理。

公安机关商请食品安全监督管理、生态环境等部门提供检验结论、认定意见以及对涉案物品进行无害化处理等协助的，有关部门应当及时提供，予以协助。

第九章　法律责任

第一百二十二条　违反本法规定，未取得食品生产经营许可从事食品生产经营活动，或者未取得食品添加剂生产许可从事食品添加剂生产活动的，由县级以上人民政府食品安全监督管理部门没收违法所得和违法生产经营的食品、食品添加剂以及用于违法生产经营的工具、设备、原料等物品；违法生产经营的食品、食品添加剂货值金额不足一万元的，并处五万元以上十万元以下罚款；货值金额一万元以上的，并处货值金额十倍以上二十倍以下罚款。

明知从事前款规定的违法行为，仍为其提供生产经营场所或者其他条件的，由县级以上人民政府食品安全监督管理部门责令停止违法行为，没收违法所得，并处五万元以上十万元以下罚款；使消费者的合法权益受到损害的，应当与食品、食品添加剂生产经营者承担连带责任。

第一百二十三条　违反本法规定，有下列情形之一，尚不构成犯罪的，由县级以上人民政府食品安全监督管理部门没收违法所得和违法生产经营的食品，并可以没收用于违法生产经营的工具、设备、原料等物品；违法生产经营的食品货值金额不足一万元的，并处十万元以上十五万元以下罚款；货值金额一万元以上的，并处货值金额十五倍以上三十倍以下罚款；情节严重的，吊销许可证，并可以由公安机关对其直接负责的主管人员和其他直接责任人员处五日以上十五日以下拘留：

（一）用非食品原料生产食品、在食品中添加食品添加剂以外的化学物质和其他可能危害人体健康的物质，或者用回收食品作为原料生产食品，或者经营上述食品；

（二）生产经营营养成分不符合食品安全标准的专供婴幼儿和其他特定人群的主辅食品；

（三）经营病死、毒死或者死因不明的禽、畜、兽、水产动物肉类，或者生产经营其制品；

（四）经营未按规定进行检疫或者检疫不合格的肉类，或者生产经营未经检验或者检验不合格的肉类制品；

（五）生产经营国家为防病等特殊需要明令禁止生产经营的食品；

（六）生产经营添加药品的食品。

明知从事前款规定的违法行为，仍为其提供生产经营场所或者其他条件的，由县级以上人民政府食品安全监督管理部门责令停止违法行为，没收违法所得，并处十万元以上二十万元以下罚款；使消费者的合法权益受到损害的，应当与食品生产经营者承担连带责任。

违法使用剧毒、高毒农药的，除依照有关法律、法规规定给予处罚外，可以由公安机关依照第一款规定给予拘留。

第一百二十四条　违反本法规定，有下列情形之一，尚不构成犯罪的，由县级以上人民政府食品安全监督管理部门没收违法所得和违法生产经营的食品、食品添加剂，并可以没收用于违法生产经营的工具、设备、原料等物品；违法生产经营的食品、食品添加剂货值金额不足一万元的，并处五万元以上十万元以下罚款；货值金额一万元以上的，并处货值金额十倍以上二十倍以下罚款；情节严重的，吊销许可证：

（一）生产经营致病性微生物，农药残留、兽药残留、生物毒素、重金属等污染物质以及其他危害人体健康的物质含量超过食品安全标准限量的食品、食品添加剂；

（二）用超过保质期的食品原料、食品添加剂生产食品、食品添加剂，或者经营上述食品、食品添加剂；

（三）生产经营超范围、超限量使用食品添加剂的食品；

（四）生产经营腐败变质、油脂酸败、霉变生虫、污秽不洁、混有异物、掺假掺杂或者感官性状异常的食品、食品添加剂；

（五）生产经营标注虚假生产日期、保质期或者超过保质期的食品、食品添加剂；

（六）生产经营未按规定注册的保健食品、特殊医学用途配方食品、婴幼儿配方乳粉，或者未按注册的产品配方、生产工艺等技术要求组织生产；

（七）以分装方式生产婴幼儿配方乳粉，或者同一企业以同一配方生产不同品牌的婴幼儿配方乳粉；

（八）利用新的食品原料生产食品，或者生产食品添加剂新品种，未通过安全性评估；

（九）食品生产经营者在食品安全监督管理部门责令其召回或者停止经营后，仍拒不召回或者停止经营。

除前款和本法第一百二十三条、第一百二十五条规定的情形外，生产经营不符合法律、法规或者食品安全标准的食品、食品添加剂的，依照前款规定给予处罚。

生产食品相关产品新品种，未通过安全性评估，或者生产不符合食品安全标准的食品相关产品的，由县级以上人民政府食品安全监督管理部门依照第一款规定给予处罚。

第一百二十五条 违反本法规定，有下列情形之一的，由县级以上人民政府食品安全监督管理部门没收违法所得和违法生产经营的食品、食品添加剂，并可以没收用于违法生产经营的工具、设备、原料等物品；违法生产经营的食品、食品添加剂货值金额不足一万元的，并处五千元以上五万元以下罚款；货值金额一万元以上的，并处货值金额五倍以上十倍以下罚款；情节严重的，责令停产停业，直至吊销许可证：

（一）生产经营被包装材料、容器、运输工具等污染的食品、食品添加剂；

（二）生产经营无标签的预包装食品、食品添加剂或者标签、说明书不符合本法规定的食品、食品添加剂；

（三）生产经营转基因食品未按规定进行标示；

（四）食品生产经营者采购或者使用不符合食品安全标准的食品原料、食品添加剂、食品相关产品。

生产经营的食品、食品添加剂的标签、说明书存在瑕疵但不影响食品安全且不会对消费者造成误导的，由县级以上人民政府食品安全监督管理部门责令改正；拒不改正的，处二千元以下罚款。

第一百二十六条 违反本法规定，有下列情形之一的，由县级以上人民政府食品安全监督管理部门责令改正，给予警告；拒不改正的，处五千元以上五万元以下罚款；情节严重的，责令停产停业，直至吊销许可证：

（一）食品、食品添加剂生产者未按规定对采购的食品原料和生产的食品、食品添加剂进行检验；

（二）食品生产经营企业未按规定建立食品安全管理制度，或者未按规定配备或者培训、考核食品安全管理人员；

（三）食品、食品添加剂生产经营者进货时未查验许可证和相关证明文件，或者未按规定建立并遵守进货查验记录、出厂检验记录和销售记录制度；

（四）食品生产经营企业未制定食品安全事故处置方案；

（五）餐具、饮具和盛放直接入口食品的容器，使用前未经洗净、消毒或者清洗消毒不合格，或者餐饮服务设施、设备未按规定定期维护、清洗、校验；

（六）食品生产经营者安排未取得健康证明或者患有国务院卫生行政部门规定的有碍食品安全疾病的人员从事接触直接入口食品的工作；

（七）食品经营者未按规定要求销售食品；

（八）保健食品生产企业未按规定向食品安全监督管理部门备案，或者未按备案的产品配方、生产工艺等技术要求组织生产；

（九）婴幼儿配方食品生产企业未将食品原料、食品添加剂、产品配方、标签等向食品安全监督管理部门备案；

（十）特殊食品生产企业未按规定建立生产质量管理体系并有效运行，或者未定期提交自查报告；

（十一）食品生产经营者未定期对食品安全状况进行检查评价，或者生产经营条件发生变化，未按规定处理；

（十二）学校、托幼机构、养老机构、建筑工地等集中用餐单位未按规定履行食品安全管理责任；

（十三）食品生产企业、餐饮服务提供者未按规定制定、实施生产经营过程控制要求。

餐具、饮具集中消毒服务单位违反本法规定用水，使用洗涤剂、消毒剂，或者出厂的餐具、饮具未按规定检验合格并随附消毒合格证明，或者未按规定在独立包装上标注相关内容的，由县级以上人民政府卫生行政部门依照前款规定给予处罚。

食品相关产品生产者未按规定对生产的食品相关产品进行检验的，由县级以上人民政府食品安全监督管理部门依照第一款规定给予处罚。

食用农产品销售者违反本法第六十五条规定的，由县级以上人民政府食品安全监督管理部门依照第一款规定给予处罚。

第一百二十七条 对食品生产加工小作坊、食品摊贩等的违法行为的处罚，依照省、自治区、直辖市制定的具体管理办法执行。

第一百二十八条 违反本法规定，事故单位在发生食品安全事故后未进行处置、报告的，由有关主管部门按照各自职责分工责令改正，给予警告；隐匿、伪造、毁灭有关证据的，责令停产停业，没收违法所得，并处十万元以上五十万元以下罚款；造成严重后果的，吊销许可证。

第一百二十九条 违反本法规定，有下列情形之一的，由出入境检验检疫机构依照本法第一百二十四条的规定给予处罚：

（一）提供虚假材料，进口不符合我国食品安全国家标准的食品、食品添加剂、食品相关产品；

（二）进口尚无食品安全国家标准的食品，未提交所执行的标准并经国务院卫生行政部门审查，或者进口利用新的食品原料生产的食品或者进口食品添加剂新品种、食品相关产品新品种，未通过安全性评估；

（三）未遵守本法的规定出口食品；

（四）进口商在有关主管部门责令其依照本法规定召回进口的食品后，仍拒不召回。

违反本法规定，进口商未建立并遵守食品、食品添加剂进口和销售记录制度、境外出口商或者生产企业审核制度的，由出入境检验检疫机构依照本法第一百二十六条的规定给予处罚。

第一百三十条 违反本法规定，集中交易市场的开办者、柜台出租者、展销会的举办者允许未依法取得许可的食品经营者进入市场销售食品，或者未履行检查、报告等义务的，由县级以上人民政府食品安全监督管理部门责令改正，没收违法所得，并处五万元以上二十万元以下罚款；造成严重后果的，责令停业，直至由原发证部门吊销许可证；使消费者的合法权益受到损害的，应当与食品经营者承担连带责任。

食用农产品批发市场违反本法第六十四条规定的，依照前款规定承担责任。

第一百三十一条 违反本法规定，网络食品交易第三方平台提供者未对入网食品经营者进行实名登记、审查许可证，或者未履行报告、停止提供网络交易平台服务等义务的，由县级以上人民政府食品安全监督管理部门责令改正，没收违法所得，并处五万元以上二十万元以下罚款；造成严重后果的，责令停业，直至由原发证部门吊销许可证；使消费者的合法权益受到损害的，应当与食品经营者承担连带责任。

消费者通过网络食品交易第三方平台购买食品，其合法权益受到损害的，可以向入网食品经营者或者食品生产者要求赔偿。网络食品交易第三方平台提供者不能提供入网食品经营者的真实名称、地址和有效联系方式的，由网络食品交易第三方平台提供者赔偿。网络食品交易第三方平台提供者赔偿后，有权向入网食品经营者或者食品生产者追偿。网络食品交易第三方平台提供者作出更有利于消费者承诺的，应当履行其承诺。

第一百三十二条 违反本法规定，未按要求进行食品贮存、运输和装卸的，由县级以上人民政府食品安全监督管理等部门按照各自职责分工责令改正，给予警告；拒不改正的，责令停产停业，并处一万元以上五万元以下罚款；情节严重的，吊销许可证。

第一百三十三条 违反本法规定，拒绝、阻挠、干涉有关部门、机构及其工作人员依法开展食品安全监督检查、事故调查处理、风险监测和风险评估的，由有关主管部门按照各自职责分工责令停产停业，并处二千元以上五万元以下罚款；情节严重的，吊销许可证；构成违反治安管理行为的，由公安机关依法给予治安管理处罚。

违反本法规定，对举报人以解除、变更劳动合同或者其他方式打击报复的，应当依照有关法律的规定承担责任。

第一百三十四条 食品生产经营者在一年内累计三次因违反本法规定受到责令停产停业、吊销许可证以外处罚的，由食品安全监督管理部门责令停产停业，直至吊销许可证。

第一百三十五条 被吊销许可证的食品生产经营者及其法定代表人、直接负责的主管人员和其他直接责任人员自处罚决定作出之日起五年内不得申请食品生产经营许可，或者从事食品生产经营管理工作、担任食品生产经营企业食品安全管理人员。

因食品安全犯罪被判处有期徒刑以上刑罚的，终身不得从事食品生产经营管理工作，也不得担任食品生产经营企业食品安全管理人员。

食品生产经营者聘用人员违反前两款规定的，由县级以上人民政府食品安全监督管理部门吊销许可证。

第一百三十六条 食品经营者履行了本法规定的进货查验等义务，有充分证据证明其不知道所采购的食品不符合食品安全标准，并能如实说明其进货来源的，可以免予处罚，但应当依法没收其不符合食品安全标准的食品；造成人身、财产或者其他损害的，依法承担赔偿责任。

第一百三十七条 违反本法规定，承担食品安全风险监测、风险评估工作的技术机构、技术人员提供虚假监测、评估信息的，依法对技术机构直接负责的主管人员和技术人员给予撤职、开除处分；有执业资格的，由授予其资格的主管部门吊销执业证书。

第一百三十八条 违反本法规定，食品检验机构、食品检验人员出具虚假检验报告的，由授予其资质的主管部门或者机构撤销该食品检验机构的检验资质，没收所收取的检验费用，并处检验费用五倍以上十倍以下罚款，检验费用不足一万元的，并处五万元以上十万元以下罚款；依法对食品检验机构直接负责的主管人员和食品检验人员给予撤职或者开除处分；导致发生重大食品安全事故的，对直接负责的主管人员和食品检验人员给予开除处分。

违反本法规定，受到开除处分的食品检验机构人员，自处分决定作出之日起十年内不得从事食品检验工作；因食品安全违法行为受到刑事处罚或者因出具虚假检验报告导致发生重大食品安全事故受到开除处分的食品检验机构人员，终身不得从事食品检验工作。食品检验机构聘用不得从事食品检验工作的人员的，由授予其资质的主管部门或者机构撤销该食品检验机构的检验资质。

食品检验机构出具虚假检验报告，使消费者的合法权益受到损害的，应当与食品生产经营者承担连带责任。

第一百三十九条 违反本法规定，认证机构出具虚假认证结论，由认证认可监督管理部门没收所收取的认证费用，并处认证费用五倍以上十倍以下罚款，认证费用不足一万元的，并处五万元以上十万元以下罚款；情节严重的，责令停业，直至撤销认证机构批准文件，并向社会公布；对直接负责的主管人员和负有直接责任的认证人员，撤销其执业资格。

认证机构出具虚假认证结论，使消费者的合法权益受到损害的，应当与食品生产经营者承担连带责任。

第一百四十条 违反本法规定，在广告中对食品作虚假宣传，欺骗消费者，或者发布未取得批准文件、广告内容与批准文件不一致的保健食品广告的，依照《中华人民共和国广告法》的规定给予处罚。

广告经营者、发布者设计、制作、发布虚假食品广告，使消费者的合法权益受到损害的，应当与食品生产经营者承担连带责任。

社会团体或者其他组织、个人在虚假广告或者其他虚假宣传中向消费者推荐食品，使消费者的合法权益受到损害的，应当与食品生产经营者承担连带责任。

违反本法规定，食品安全监督管理等部门、食品检验机构、食品行业协会以广告或者其他形式向消费者推荐食品，消费者组织以收取费用或者其他牟取利益的方式向消费者推荐食品的，由有关主管部门没收违法所得，依法对直接负责的主管人员和其他直接责任人员给予记大过、降级或者撤职处分；情节严重的，给予开除处分。

对食品作虚假宣传且情节严重的，由省级以上人民政府食品安全监督管理部门决定暂停销售该食品，并向社会公布；仍然销售该食品的，由县级以上人民政府食品安全监督管理部门没收违法所得和违法销售的食品，并处二万元以上五万元以下罚款。

第一百四十一条　违反本法规定，编造、散布虚假食品安全信息，构成违反治安管理行为的，由公安机关依法给予治安管理处罚。

媒体编造、散布虚假食品安全信息的，由有关主管部门依法给予处罚，并对直接负责的主管人员和其他直接责任人员给予处分；使公民、法人或者其他组织的合法权益受到损害的，依法承担消除影响、恢复名誉、赔偿损失、赔礼道歉等民事责任。

第一百四十二条　违反本法规定，县级以上地方人民政府有下列行为之一的，对直接负责的主管人员和其他直接责任人员给予记大过处分；情节较重的，给予降级或者撤职处分；情节严重的，给予开除处分；造成严重后果的，其主要负责人还应当引咎辞职：

（一）对发生在本行政区域内的食品安全事故，未及时组织协调有关部门开展有效处置，造成不良影响或者损失；

（二）对本行政区域内涉及多环节的区域性食品安全问题，未及时组织整治，造成不良影响或者损失；

（三）隐瞒、谎报、缓报食品安全事故；

（四）本行政区域内发生特别重大食品安全事故，或者连续发生重大食品安全事故。

第一百四十三条　违反本法规定，县级以上地方人民政府有下列行为之一的，对直接负责的主管人员和其他直接责任人员给予警告、记过或者记大过处分；造成严重后果的，给予降级或者撤职处分：

（一）未确定有关部门的食品安全监督管理职责，未建立健全食品安全全程监督管理工作机制和信息共享机制，未落实食品安全监督管理责任制；

（二）未制定本行政区域的食品安全事故应急预案，或者发生食品安全事故后未按规定立即成立事故处置指挥机构、启动应急预案。

第一百四十四条　违反本法规定，县级以上人民政府食品安全监督管理、卫生行政、农业行政等部门有下列行为之一的，对直接负责的主管人员和其他直接责任人员给予记大过处分；情节较重的，给予降级或者撤职处分；情节严重的，给予开除处分；造成严重后果的，其主要负责人还应当引咎辞职：

（一）隐瞒、谎报、缓报食品安全事故；

（二）未按规定查处食品安全事故，或者接到食品安全事故报告未及时处理，造成事故扩大或者蔓延；

（三）经食品安全风险评估得出食品、食品添加剂、食品相关产品不安全结论后，未及时采取相应措施，造成食品安全事故或者不良社会影响；

（四）对不符合条件的申请人准予许可，或者超越法定职权准予许可；

（五）不履行食品安全监督管理职责，导致发生食品安全事故。

第一百四十五条 违反本法规定，县级以上人民政府食品安全监督管理、卫生行政、农业行政等部门有下列行为之一，造成不良后果的，对直接负责的主管人员和其他直接责任人员给予警告、记过或者记大过处分；情节较重的，给予降级或者撤职处分；情节严重的，给予开除处分：

（一）在获知有关食品安全信息后，未按规定向上级主管部门和本级人民政府报告，或者未按规定相互通报；

（二）未按规定公布食品安全信息；

（三）不履行法定职责，对查处食品安全违法行为不配合，或者滥用职权、玩忽职守、徇私舞弊。

第一百四十六条 食品安全监督管理等部门在履行食品安全监督管理职责过程中，违法实施检查、强制等执法措施，给生产经营者造成损失的，应当依法予以赔偿，对直接负责的主管人员和其他直接责任人员依法给予处分。

第一百四十七条 违反本法规定，造成人身、财产或者其他损害的，依法承担赔偿责任。生产经营者财产不足以同时承担民事赔偿责任和缴纳罚款、罚金时，先承担民事赔偿责任。

第一百四十八条 消费者因不符合食品安全标准的食品受到损害的，可以向经营者要求赔偿损失，也可以向生产者要求赔偿损失。接到消费者赔偿要求的生产经营者，应当实行首负责任制，先行赔付，不得推诿；属于生产者责任的，经营者赔偿后有权向生产者追偿；属于经营者责任的，生产者赔偿后有权向经营者追偿。

生产不符合食品安全标准的食品或者经营明知是不符合食品安全标准的食品，消费者除要求赔偿损失外，还可以向生产者或者经营者要求支付价款十倍或者损失三倍的赔偿金；增加赔偿的金额不足一千元的，为一千元。但是，食品的标签、说明书存在不影响食品安全且不会对消费者造成误导的瑕疵的除外。

第一百四十九条 违反本法规定，构成犯罪的，依法追究刑事责任。

第十章 附 则

第一百五十条 本法下列用语的含义：

食品，指各种供人食用或者饮用的成品和原料以及按照传统既是食品又是中药材的物品，但是不包括以治疗为目的的物品。

食品安全，指食品无毒、无害，符合应当有的营养要求，对人体健康不造成任何急性、亚急性或者慢性危害。

预包装食品，指预先定量包装或者制作在包装材料、容器中的食品。

食品添加剂，指为改善食品品质和色、香、味以及为防腐、保鲜和加工工艺的需要而加入食品中的人工合成或者天然物质，包括营养强化剂。

用于食品的包装材料和容器，指包装、盛放食品或者食品添加剂用的纸、竹、木、金属、搪瓷、陶瓷、塑料、橡胶、天然纤维、化学纤维、玻璃等制品和直接接触食品或者食品添加剂的涂料。

用于食品生产经营的工具、设备，指在食品或者食品添加剂生产、销售、使用过程中直接接触食品或者食品添加剂的机械、管道、传送带、容器、用具、餐具等。

用于食品的洗涤剂、消毒剂，指直接用于洗涤或者消毒食品、餐具、饮具以及直接接触食品的工具、设备或者食品包装材料和容器的物质。

食品保质期，指食品在标明的贮存条件下保持品质的期限。

食源性疾病，指食品中致病因素进入人体引起的感染性、中毒性等疾病，包括食物中毒。

食品安全事故，指食源性疾病、食品污染等源于食品，对人体健康有危害或者可能有危害的事故。

第一百五十一条　转基因食品和食盐的食品安全管理，本法未作规定的，适用其他法律、行政法规的规定。

第一百五十二条　铁路、民航运营中食品安全的管理办法由国务院食品安全监督管理部门会同国务院有关部门依照本法制定。

保健食品的具体管理办法由国务院食品安全监督管理部门依照本法制定。

食品相关产品生产活动的具体管理办法由国务院食品安全监督管理部门依照本法制定。

国境口岸食品的监督管理由出入境检验检疫机构依照本法以及有关法律、行政法规的规定实施。

军队专用食品和自供食品的食品安全管理办法由中央军事委员会依照本法制定。

第一百五十三条　国务院根据实际需要，可以对食品安全监督管理体制作出调整。

第一百五十四条　本法自 2015 年 10 月 1 日起施行。

附录 2　中华人民共和国农产品质量安全法

（2006 年 4 月 29 日第十届全国人民代表大会常务委员会第二十一次会议通过　根据 2018 年 10 月 26 日第十三届全国人民代表大会常务委员会第六次会议《关于修改〈中华人民共和国野生动物保护法〉等十五部法律的决定》修正　2022 年 9 月 2 日第十三届全国人民代表大会常务委员会第三十六次会议修订）

目　录

第一章　总　则

第一条　为了保障农产品质量安全，维护公众健康，促进农业和农村经济发展，制定本法。

第二条　本法所称农产品，是指来源于种植业、林业、畜牧业和渔业等的初级产品，即在农业活动中获得的植物、动物、微生物及其产品。

本法所称农产品质量安全，是指农产品质量达到农产品质量安全标准，符合保障人的健康、安全的要求。

第三条　与农产品质量安全有关的农产品生产经营及其监督管理活动，适用本法。

《中华人民共和国食品安全法》对食用农产品的市场销售、有关质量安全标准的制定、有关安全信息的公布和农业投入品已经作出规定的，应当遵守其规定。

第四条　国家加强农产品质量安全工作，实行源头治理、风险管理、全程控制，建立科学、严格的监督管理制度，构建协同、高效的社会共治体系。

第五条　国务院农业农村主管部门、市场监督管理部门依照本法和规定的职责，对农产品质量安全实施监督管理。

国务院其他有关部门依照本法和规定的职责承担农产品质量安全的有关工作。

第六条　县级以上地方人民政府对本行政区域的农产品质量安全工作负责，统一领导、组织、协调本行政区域的农产品质量安全工作，建立健全农产品质量安全工作机制，提高农产品质量安全水平。

县级以上地方人民政府应当依照本法和有关规定，确定本级农业农村主管部门、市场监督管理部门和其他有关部门的农产品质量安全监督管理工作职责。各有关部门在职责范围内负责本行政区域的农产品质量安全监督管理工作。

乡镇人民政府应当落实农产品质量安全监督管理责任，协助上级人民政府及其有关部门做好农产品质量安全监督管理工作。

第七条　农产品生产经营者应当对其生产经营的农产品质量安全负责。

农产品生产经营者应当依照法律、法规和农产品质量安全标准从事生产经营活动，诚信自律，接受社会监督，承担社会责任。

第八条　县级以上人民政府应当将农产品质量安全管理工作纳入本级国民经济和社会发展规划，所需经费列入本级预算，加强农产品质量安全监督管理能力建设。

第九条　国家引导、推广农产品标准化生产，鼓励和支持生产绿色优质农产品，禁止生产、销售不符合国家规定的农产品质量安全标准的农产品。

第十条　国家支持农产品质量安全科学技术研究，推行科学的质量安全管理方法，推广先进安全的生产技术。国家加强农产品质量安全科学技术国际交流与合作。

第十一条　各级人民政府及有关部门应当加强农产品质量安全知识的宣传，发挥基层群众性自治组织、农村集体经济组织的优势和作用，指导农产品生产经营者加强质量安全管理，保障农产品消费安全。

新闻媒体应当开展农产品质量安全法律、法规和农产品质量安全知识的公益宣传，对违法行为进行舆论监督。有关农产品质量安全的宣传报道应当真实、公正。

第十二条　农民专业合作社和农产品行业协会等应当及时为其成员提供生产技术服务，建立农产品质量安全管理制度，健全农产品质量安全控制体系，加强自律管理。

第二章　农产品质量安全风险管理和标准制定

第十三条　国家建立农产品质量安全风险监测制度。

国务院农业农村主管部门应当制定国家农产品质量安全风险监测计划，并对重点区域、重点农产品品种进行质量安全风险监测。省、自治区、直辖市人民政府农业农村主管部门应当根据国家农产品质量安全风险监测计划，结合本行政区域农产品生产经营实际，制定本行政区域的农产品质量安全风险监测实施方案，并报国务院农业农村主管部门备案。县级以上地方人民政府农业农村主管部门负责组织实施本行政区域的农产品质量安全风险监测。

县级以上人民政府市场监督管理部门和其他有关部门获知有关农产品质量安全风险信息后，应当立即核实并向同级农业农村主管部门通报。接到通报的农业农村主管部门应当及时上报。制定农产品质量安全风险监测计划、实施方案的部门应当及时研究分析，必要时进行调整。

第十四条　国家建立农产品质量安全风险评估制度。

国务院农业农村主管部门应当设立农产品质量安全风险评估专家委员会，对可能影响农产品质量安全的潜在危害进行风险分析和评估。国务院卫生健康、市场监督管理等部门发现需要对农产品进行质量安全风险评估的，应当向国务院农业农村主管部门提出风险评估建议。

农产品质量安全风险评估专家委员会由农业、食品、营养、生物、环境、医学、化工等方面的专家组成。

第十五条　国务院农业农村主管部门应当根据农产品质量安全风险监测、风险评估结果采取相应的管理措施，并将农产品质量安全风险监测、风险评估结果及时通报国务院市场监督管理、卫生健康等部门和有关省、自治区、直辖市人民政府农业农村主管部门。

县级以上人民政府农业农村主管部门开展农产品质量安全风险监测和风险评估工作时，可以根据需要进入农产品产地、储存场所及批发、零售市场。采集样品应当按照市场价格支付费用。

第十六条　国家建立健全农产品质量安全标准体系，确保严格实施。农产品质量安全标准是强制执行的标准，包括以下与农产品质量安全有关的要求：

（一）农业投入品质量要求、使用范围、用法、用量、安全间隔期和休药期规定；

（二）农产品产地环境、生产过程管控、储存、运输要求；

（三）农产品关键成分指标等要求；

（四）与屠宰畜禽有关的检验规程；

（五）其他与农产品质量安全有关的强制性要求。

《中华人民共和国食品安全法》对食用农产品的有关质量安全标准作出规定的，依照其规定执行。

第十七条　农产品质量安全标准的制定和发布，依照法律、行政法规的规定执行。

制定农产品质量安全标准应当充分考虑农产品质量安全风险评估结果，并听取农产品生产经营者、消费者、有关部门、行业协会等的意见，保障农产品消费安全。

第十八条　农产品质量安全标准应当根据科学技术发展水平以及农产品质量安全的需要，及时修订。

第十九条　农产品质量安全标准由农业农村主管部门商有关部门推进实施。

第三章　农产品产地

第二十条　国家建立健全农产品产地监测制度。

县级以上地方人民政府农业农村主管部门应当会同同级生态环境、自然资源等部门制定农产品产地监测计划，加强农产品产地安全调查、监测和评价工作。

第二十一条　县级以上地方人民政府农业农村主管部门应当会同同级生态环境、自然资源等部门按照保障农产品质量安全的要求，根据农产品品种特性和产地安全调查、监测、评价结果，依照土壤污染防治等法律、法规的规定提出划定特定农产品禁止生产区域的建议，报本级人民政府批准后实施。

任何单位和个人不得在特定农产品禁止生产区域种植、养殖、捕捞、采集特定农产品和建立特定农产品生产基地。

特定农产品禁止生产区域划定和管理的具体办法由国务院农业农村主管部门商国务院生态环境、自然资源等部门制定。

第二十二条　任何单位和个人不得违反有关环境保护法律、法规的规定向农产品产地排放或者倾倒废水、废气、固体废物或者其他有毒有害物质。

农业生产用水和用作肥料的固体废物，应当符合法律、法规和国家有关强制性标准的要求。

第二十三条　农产品生产者应当科学合理使用农药、兽药、肥料、农用薄膜等农业投入品，防止对农产品产地造成污染。

农药、肥料、农用薄膜等农业投入品的生产者、经营者、使用者应当按照国家有关规定回收并妥善处置包装物和废弃物。

第二十四条　县级以上人民政府应当采取措施，加强农产品基地建设，推进农业标准化示范建设，改善农产品的生产条件。

第四章　农产品生产

第二十五条　县级以上地方人民政府农业农村主管部门应当根据本地区的实际情况，制定保障农产品质量安全的生产技术要求和操作规程，并加强对农产品生产经营者的培训和指导。

农业技术推广机构应当加强对农产品生产经营者质量安全知识和技能的培训。国家鼓励科研教育机构开展农产品质量安全培训。

第二十六条　农产品生产企业、农民专业合作社、农业社会化服务组织应当加强农产品质量安全管理。

农产品生产企业应当建立农产品质量安全管理制度，配备相应的技术人员；不具备配备条件的，应当委托具有专业技术知识的人员进行农产品质量安全指导。

国家鼓励和支持农产品生产企业、农民专业合作社、农业社会化服务组织建立和实施危害分析和关键控制点体系，实施良好农业规范，提高农产品质量安全管理水平。

第二十七条　农产品生产企业、农民专业合作社、农业社会化服务组织应当建立农产品生产记录，如实记载下列事项：

（一）使用农业投入品的名称、来源、用法、用量和使用、停用的日期；

（二）动物疫病、农作物病虫害的发生和防治情况；

（三）收获、屠宰或者捕捞的日期。

农产品生产记录应当至少保存二年。禁止伪造、变造农产品生产记录。

国家鼓励其他农产品生产者建立农产品生产记录。

第二十八条　对可能影响农产品质量安全的农药、兽药、饲料和饲料添加剂、肥料、兽医器械，依照有关法律、行政法规的规定实行许可制度。

省级以上人民政府农业农村主管部门应当定期或者不定期组织对可能危及农产品质量安全的农药、兽药、饲料和饲料添加剂、肥料等农业投入品进行监督抽查，并公布抽查结果。

农药、兽药经营者应当依照有关法律、行政法规的规定建立销售台账，记录购买者、销售日期和药品施用范围等内容。

第二十九条　农产品生产经营者应当依照有关法律、行政法规和国家有关强制性标准、国务院农业农村主管部门的规定，科学合理使用农药、兽药、饲料和饲料添加剂、肥料等农业投入品，严格执行农业投入品使用安全间隔期或者休药期的规定；不得超范围、超剂量使用农业投入品危及农产品质量安全。

禁止在农产品生产经营过程中使用国家禁止使用的农业投入品以及其他有毒有害物质。

第三十条　农产品生产场所以及生产活动中使用的设施、设备、消毒剂、洗涤剂等应当符合国家有关质量安全规定，防止污染农产品。

第三十一条　县级以上人民政府农业农村主管部门应当加强对农业投入品使用的监督管理和指导，建立健全农业投入品的安全使用制度，推广农业投入品科学使用技术，普及安全、环保农业投入品的使用。

第三十二条　国家鼓励和支持农产品生产经营者选用优质特色农产品品种，采用绿色生产技术和全程质量控制技术，生产绿色优质农产品，实施分等分级，提高农产品品质，打造农产品品牌。

第三十三条　国家支持农产品产地冷链物流基础设施建设，健全有关农产品冷链物流标准、服务规范和监管保障机制，保障冷链物流农产品畅通高效、安全便捷，扩大高品质市场供给。

从事农产品冷链物流的生产经营者应当依照法律、法规和有关农产品质量安全标准，加强冷链技术创新与应用、质量安全控制，执行对冷链物流农产品及其包装、运输工具、作业环境等的检验检测检疫要求，保证冷链农产品质量安全。

第五章　农产品销售

第三十四条　销售的农产品应当符合农产品质量安全标准。

农产品生产企业、农民专业合作社应当根据质量安全控制要求自行或者委托检测机构对农产品质量安全进行检测；经检测不符合农产品质量安全标准的农产品，应当及时采取管控措施，且不得销售。

农业技术推广等机构应当为农户等农产品生产经营者提供农产品检测技术服务。

第三十五条　农产品在包装、保鲜、储存、运输中所使用的保鲜剂、防腐剂、添加剂、包装材料等，应当符合国家有关强制性标准以及其他农产品质量安全规定。

储存、运输农产品的容器、工具和设备应当安全、无害。禁止将农产品与有毒有害物质一同储存、运输，防止污染农产品。

第三十六条　有下列情形之一的农产品，不得销售：

（一）含有国家禁止使用的农药、兽药或者其他化合物；

（二）农药、兽药等化学物质残留或者含有的重金属等有毒有害物质不符合农产品质量安全标准；

（三）含有的致病性寄生虫、微生物或者生物毒素不符合农产品质量安全标准；

（四）未按照国家有关强制性标准以及其他农产品质量安全规定使用保鲜剂、防腐剂、添加剂、包装材料等，或者使用的保鲜剂、防腐剂、添加剂、包装材料等不符合国家有关强制性标准以及其他质量安全规定；

（五）病死、毒死或者死因不明的动物及其产品；

（六）其他不符合农产品质量安全标准的情形。

对前款规定不得销售的农产品，应当依照法律、法规的规定进行处置。

第三十七条　农产品批发市场应当按照规定设立或者委托检测机构，对进场销售的农产品质量安全状况进行抽查检测；发现不符合农产品质量安全标准的，应当要求销售者立即停止销售，并向所在地市场监督管理、农业农村等部门报告。

农产品销售企业对其销售的农产品，应当建立健全进货检查验收制度；经查验不符合农产品质量安全标准的，不得销售。

食品生产者采购农产品等食品原料，应当依照《中华人民共和国食品安全法》的规定查验许可证和合格证明，对无法提供合格证明的，应当按照规定进行检验。

第三十八条　农产品生产企业、农民专业合作社以及从事农产品收购的单位或者个人销售的农产品，按照规定应当包装或者附加承诺达标合格证等标识的，须经包装或者附加标识后方可销售。包装物或者标识上应当按照规定标明产品的品名、产地、生产者、生产日期、保质期、产品质量等级等内容；使用添加剂的，还应当按照规定标明添加剂的名称。具体办法由国务院农业农村主管部门制定。

第三十九条　农产品生产企业、农民专业合作社应当执行法律、法规的规定和国家有关强制性标准，保证其销售的农产品符合农产品质量安全标准，并根据质量安全控制、检测结果等开具承诺达标合格证，承诺不使用禁用的农药、兽药及其他化合物且使用的常规农药、兽药残留不超标等。鼓励和支持农户销售农产品时开具承诺达标合格证。法律、行政法规对畜禽产品的质量安全合格证明有特别规定的，应当遵守其规定。

从事农产品收购的单位或者个人应当按照规定收取、保存承诺达标合格证或者其他质量安全合格证明，对其收购的农产品进行混装或者分装后销售的，应当按照规定开具承诺达标合格证。

农产品批发市场应当建立健全农产品承诺达标合格证查验等制度。

县级以上人民政府农业农村主管部门应当做好承诺达标合格证有关工作的指导服务，加强日常监督检查。

农产品质量安全承诺达标合格证管理办法由国务院农业农村主管部门会同国务院有关部门制定。

第四十条 农产品生产经营者通过网络平台销售农产品的，应当依照本法和《中华人民共和国电子商务法》、《中华人民共和国食品安全法》等法律、法规的规定，严格落实质量安全责任，保证其销售的农产品符合质量安全标准。网络平台经营者应当依法加强对农产品生产经营者的管理。

第四十一条 国家对列入农产品质量安全追溯目录的农产品实施追溯管理。国务院农业农村主管部门应当会同国务院市场监督管理等部门建立农产品质量安全追溯协作机制。农产品质量安全追溯管理办法和追溯目录由国务院农业农村主管部门会同国务院市场监督管理等部门制定。

国家鼓励具备信息化条件的农产品生产经营者采用现代信息技术手段采集、留存生产记录、购销记录等生产经营信息。

第四十二条 农产品质量符合国家规定的有关优质农产品标准的，农产品生产经营者可以申请使用农产品质量标志。禁止冒用农产品质量标志。

国家加强地理标志农产品保护和管理。

第四十三条 属于农业转基因生物的农产品，应当按照农业转基因生物安全管理的有关规定进行标识。

第四十四条 依法需要实施检疫的动植物及其产品，应当附具检疫标志、检疫证明。

第六章 监督管理

第四十五条 县级以上人民政府农业农村主管部门和市场监督管理等部门应当建立健全农产品质量安全全程监督管理协作机制，确保农产品从生产到消费各环节的质量安全。

县级以上人民政府农业农村主管部门和市场监督管理部门应当加强收购、储存、运输过程中农产品质量安全监督管理的协调配合和执法衔接，及时通报和共享农产品质量安全监督管理信息，并按照职责权限，发布有关农产品质量安全日常监督管理信息。

第四十六条 县级以上人民政府农业农村主管部门应当根据农产品质量安全风险监测、风险评估结果和农产品质量安全状况等，制定监督抽查计划，确定农产品质量安全监督抽查的重点、方式和频次，并实施农产品质量安全风险分级管理。

第四十七条 县级以上人民政府农业农村主管部门应当建立健全随机抽查机制，按照监督抽查计划，组织开展农产品质量安全监督抽查。

农产品质量安全监督抽查检测应当委托符合本法规定条件的农产品质量安全检测机构进行。监督抽查不得向被抽查人收取费用，抽取的样品应当按照市场价格支付费用，并不得超过国务院农业农村主管部门规定的数量。

上级农业农村主管部门监督抽查的同批次农产品，下级农业农村主管部门不得另行重复抽查。

第四十八条 农产品质量安全检测应当充分利用现有的符合条件的检测机构。

从事农产品质量安全检测的机构，应当具备相应的检测条件和能力，由省级以上人民政府农业农村主管部门或者其授权的部门考核合格。具体办法由国务院农业农村主管部门制定。

农产品质量安全检测机构应当依法经资质认定。

第四十九条 从事农产品质量安全检测工作的人员，应当具备相应的专业知识和实际操作技能，遵纪守法，恪守职业道德。

农产品质量安全检测机构对出具的检测报告负责。检测报告应当客观公正，检测数据应当真实可靠，禁止出具虚假检测报告。

第五十条 县级以上地方人民政府农业农村主管部门可以采用国务院农业农村主管部门会同国务院市场监督管理等部门认定的快速检测方法，开展农产品质量安全监督抽查检测。抽查检测结果确定有关农产品不符合农产品质量安全标准的，可以作为行政处罚的证据。

第五十一条 农产品生产经营者对监督抽查检测结果有异议的，可以自收到检测结果之日起五个工作日内，向实施农产品质量安全监督抽查的农业农村主管部门或者其上一级农业农村主管部门申请复检。复检机构与初检机构不得为同一机构。

采用快速检测方法进行农产品质量安全监督抽查检测，被抽查人对检测结果有异议的，可以自收到检测结果时起四小时内申请复检。复检不得采用快速检测方法。

复检机构应当自收到复检样品之日起七个工作日内出具检测报告。

因检测结果错误给当事人造成损害的，依法承担赔偿责任。

第五十二条 县级以上地方人民政府农业农村主管部门应当加强对农产品生产的监督管理，开展日常检查，重点检查农产品产地环境、农业投入品购买和使用、农产品生产记录、承诺达标合格证开具等情况。

国家鼓励和支持基层群众性自治组织建立农产品质量安全信息员工作制度，协助开展有关工作。

第五十三条 开展农产品质量安全监督检查，有权采取下列措施：

（一）进入生产经营场所进行现场检查，调查了解农产品质量安全的有关情况；

（二）查阅、复制农产品生产记录、购销台账等与农产品质量安全有关的资料；

（三）抽样检测生产经营的农产品和使用的农业投入品以及其他有关产品；

（四）查封、扣押有证据证明存在农产品质量安全隐患或者经检测不符合农产品质量安全标准的农产品；

（五）查封、扣押有证据证明可能危及农产品质量安全或者经检测不符合产品质量标准的农业投入品以及其他有毒有害物质；

（六）查封、扣押用于违法生产经营农产品的设施、设备、场所以及运输工具；

（七）收缴伪造的农产品质量标志。

农产品生产经营者应当协助、配合农产品质量安全监督检查，不得拒绝、阻挠。

第五十四条 县级以上人民政府农业农村等部门应当加强农产品质量安全信用体系建设，建立农产品生产经营者信用记录，记载行政处罚等信息，推进农产品质量安全信用信息的应用和管理。

第五十五条 农产品生产经营过程中存在质量安全隐患，未及时采取措施消除的，县级以上地方人民政府农业农村主管部门可以对农产品生产经营者的法定代表人或者主要负责人进行责任约谈。农产品生产经营者应当立即采取措施，进行整改，消除隐患。

第五十六条 国家鼓励消费者协会和其他单位或者个人对农产品质量安全进行社会监督，对农产品质量安全监督管理工作提出意见和建议。任何单位和个人有权对违反本法的行为进行检举控告、投诉举报。

县级以上人民政府农业农村主管部门应当建立农产品质量安全投诉举报制度，公开投诉举报渠道，收到投诉举报后，应当及时处理。对不属于本部门职责的，应当移交有权处理的部门并书面通知投诉举报人。

第五十七条 县级以上地方人民政府农业农村主管部门应当加强对农产品质量安全执法人员的专业技术培训并组织考核。不具备相应知识和能力的，不得从事农产品质量安全执法工作。

第五十八条 上级人民政府应当督促下级人民政府履行农产品质量安全职责。对农产品质量安全责任落实不力、问题突出的地方人民政府，上级人民政府可以对其主要负责人进行责任约谈。被约谈的地方人民政府应当立即采取整改措施。

第五十九条 国务院农业农村主管部门应当会同国务院有关部门制定国家农产品质量安全突发事件应急预案，并与国家食品安全事故应急预案相衔接。

县级以上地方人民政府应当根据有关法律、行政法规的规定和上级人民政府的农产品质量安全突发事件应急预案，制定本行政区域的农产品质量安全突发事件应急预案。

发生农产品质量安全事故时，有关单位和个人应当采取控制措施，及时向所在地乡镇人民政府和县级人民政府农业农村等部门报告；收到报告的机关应当按照农产品质量安全突发事件应急预案及时处理并报本级人民政府、上级人民政府有关部门。发生重大农产品质量安全事故时，按照规定上报国务院及其有关部门。

任何单位和个人不得隐瞒、谎报、缓报农产品质量安全事故，不得隐匿、伪造、毁灭有关证据。

第六十条 县级以上地方人民政府市场监督管理部门依照本法和《中华人民共和国食品安全法》等法律、法规的规定，对农产品进入批发、零售市场或者生产加工企业后的生产经营活动进行监督检查。

第六十一条 县级以上人民政府农业农村、市场监督管理等部门发现农产品质量安全违法行为涉嫌犯罪的，应当及时将案件移送公安机关。对移送的案件，公安机关应当及时审查；认为有犯罪事实需要追究刑事责任的，应当立案侦查。

公安机关对依法不需要追究刑事责任但应当给予行政处罚的，应当及时将案件移送农业农村、市场监督管理等部门，有关部门应当依法处理。

公安机关商请农业农村、市场监督管理、生态环境等部门提供检验结论、认定意见以及对涉案农产品进行无害化处理等协助的，有关部门应当及时提供、予以协助。

第七章　法律责任

第六十二条 违反本法规定，地方各级人民政府有下列情形之一的，对直接负责的主管人员和其他直接责任人员给予警告、记过、记大过处分；造成严重后果的，给予降级或者撤职处分：

（一）未确定有关部门的农产品质量安全监督管理工作职责，未建立健全农产品质量安全工作机制，或者未落实农产品质量安全监督管理责任；

（二）未制定本行政区域的农产品质量安全突发事件应急预案，或者发生农产品质量安全事故后未按照规定启动应急预案。

第六十三条 违反本法规定，县级以上人民政府农业农村等部门有下列行为之一的，对直接负责的主管人员和其他直接责任人员给予记大过处分；情节较重的，给予降级或者撤职处分；情节严重的，给予开除处分；造成严重后果的，其主要负责人还应当引咎辞职：

（一）隐瞒、谎报、缓报农产品质量安全事故或者隐匿、伪造、毁灭有关证据；

（二）未按照规定查处农产品质量安全事故，或者接到农产品质量安全事故报告未及时处理，造成事故扩大或者蔓延；

（三）发现农产品质量安全重大风险隐患后，未及时采取相应措施，造成农产品质量安全事故或者不良社会影响；

（四）不履行农产品质量安全监督管理职责，导致发生农产品质量安全事故。

第六十四条　县级以上地方人民政府农业农村、市场监督管理等部门在履行农产品质量安全监督管理职责过程中，违法实施检查、强制等执法措施，给农产品生产经营者造成损失的，应当依法予以赔偿，对直接负责的主管人员和其他直接责任人员依法给予处分。

第六十五条　农产品质量安全检测机构、检测人员出具虚假检测报告的，由县级以上人民政府农业农村主管部门没收所收取的检测费用，检测费用不足一万元的，并处五万元以上十万元以下罚款，检测费用一万元以上的，并处检测费用五倍以上十倍以下罚款；对直接负责的主管人员和其他直接责任人员处一万元以上五万元以下罚款；使消费者的合法权益受到损害的，农产品质量安全检测机构应当与农产品生产经营者承担连带责任。

因农产品质量安全违法行为受到刑事处罚或者因出具虚假检测报告导致发生重大农产品质量安全事故的检测人员，终身不得从事农产品质量安全检测工作。农产品质量安全检测机构不得聘用上述人员。

农产品质量安全检测机构有前两款违法行为的，由授予其资质的主管部门或者机构吊销该农产品质量安全检测机构的资质证书。

第六十六条　违反本法规定，在特定农产品禁止生产区域种植、养殖、捕捞、采集特定农产品或者建立特定农产品生产基地的，由县级以上地方人民政府农业农村主管部门责令停止违法行为，没收农产品和违法所得，并处违法所得一倍以上三倍以下罚款。

违反法律、法规规定，向农产品产地排放或者倾倒废水、废气、固体废物或者其他有毒有害物质的，依照有关环境保护法律、法规的规定处理、处罚；造成损害的，依法承担赔偿责任。

第六十七条　农药、肥料、农用薄膜等农业投入品的生产者、经营者、使用者未按照规定回收并妥善处置包装物或者废弃物的，由县级以上地方人民政府农业农村主管部门依照有关法律、法规的规定处理、处罚。

第六十八条　违反本法规定，农产品生产企业有下列情形之一的，由县级以上地方人民政府农业农村主管部门责令限期改正；逾期不改正的，处五千元以上五万元以下罚款：

（一）未建立农产品质量安全管理制度；

（二）未配备相应的农产品质量安全管理技术人员，且未委托具有专业技术知识的人员进行农产品质量安全指导。

第六十九条　农产品生产企业、农民专业合作社、农业社会化服务组织未依照本法规定建立、保存农产品生产记录，或者伪造、变造农产品生产记录的，由县级以上地方人民政府农业农村主管部门责令限期改正；逾期不改正的，处二千元以上二万元以下罚款。

第七十条　违反本法规定，农产品生产经营者有下列行为之一，尚不构成犯罪的，由县级以上地方人民政府农业农村主管部门责令停止生产经营、追回已经销售的农产品，对违法生产经营的农产品进行无害化处理或者予以监督销毁，没收违法所得，并可以没收用于违法生产经营的工具、设备、原料等物品；违法生产经营的农产品货值金额不足一万元的，并处十万元以上十五万元以下罚款，货值金额一万元以上的，并处货值金额十五倍以上三十倍以下罚款；对农户，并处一千元以上一万元以下罚款；情节严重的，有许可证的吊销许可证，并可以由公安机关对其直接负责的主管人员和其他直接责任人员处五日以上十五日以下拘留：

（一）在农产品生产经营过程中使用国家禁止使用的农业投入品或者其他有毒有害物质；

（二）销售含有国家禁止使用的农药、兽药或者其他化合物的农产品；

（三）销售病死、毒死或者死因不明的动物及其产品。

明知农产品生产经营者从事前款规定的违法行为，仍为其提供生产经营场所或者其他条件的，由县级以上地方人民政府农业农村主管部门责令停止违法行为，没收违法所得，并处十万元以上二十万元以下罚款；使消费者的合法权益受到损害的，应当与农产品生产经营者承担连带责任。

第七十一条 违反本法规定，农产品生产经营者有下列行为之一，尚不构成犯罪的，由县级以上地方人民政府农业农村主管部门责令停止生产经营、追回已经销售的农产品，对违法生产经营的农产品进行无害化处理或者予以监督销毁，没收违法所得，并可以没收用于违法生产经营的工具、设备、原料等物品；违法生产经营的农产品货值金额不足一万元的，并处五万元以上十万元以下罚款，货值金额一万元以上的，并处货值金额十倍以上二十倍以下罚款；对农户，并处五百元以上五千元以下罚款：

（一）销售农药、兽药等化学物质残留或者含有的重金属等有毒有害物质不符合农产品质量安全标准的农产品；

（二）销售含有的致病性寄生虫、微生物或者生物毒素不符合农产品质量安全标准的农产品；

（三）销售其他不符合农产品质量安全标准的农产品。

第七十二条 违反本法规定，农产品生产经营者有下列行为之一的，由县级以上地方人民政府农业农村主管部门责令停止生产经营、追回已经销售的农产品，对违法生产经营的农产品进行无害化处理或者予以监督销毁，没收违法所得，并可以没收用于违法生产经营的工具、设备、原料等物品；违法生产经营的农产品货值金额不足一万元的，并处五千元以上五万元以下罚款，货值金额一万元以上的，并处货值金额五倍以上十倍以下罚款；对农户，并处三百元以上三千元以下罚款：

（一）在农产品生产场所以及生产活动中使用的设施、设备、消毒剂、洗涤剂等不符合国家有关质量安全规定；

（二）未按照国家有关强制性标准或者其他农产品质量安全规定使用保鲜剂、防腐剂、添加剂、包装材料等，或者使用的保鲜剂、防腐剂、添加剂、包装材料等不符合国家有关强制性标准或者其他质量安全规定；

（三）将农产品与有毒有害物质一同储存、运输。

第七十三条 违反本法规定，有下列行为之一的，由县级以上地方人民政府农业农村主管部门按照职责给予批评教育，责令限期改正；逾期不改正的，处一百元以上一千元以下罚款：

（一）农产品生产企业、农民专业合作社、从事农产品收购的单位或者个人未按照规定开具承诺达标合格证；

（二）从事农产品收购的单位或者个人未按照规定收取、保存承诺达标合格证或者其他合格证明。

第七十四条 农产品生产经营者冒用农产品质量标志，或者销售冒用农产品质量标志的农产品的，由县级以上地方人民政府农业农村主管部门按照职责责令改正，没收违法所得；违法生产经营的农产品货值金额不足五千元的，并处五千元以上五万元以下罚款，货值金额五千元以上的，并处货值金额十倍以上二十倍以下罚款。

第七十五条 违反本法关于农产品质量安全追溯规定的，由县级以上地方人民政府农业农村主管部门按照职责责令限期改正；逾期不改正的，可以处一万元以下罚款。

第七十六条 违反本法规定，拒绝、阻挠依法开展的农产品质量安全监督检查、事故调查处理、抽样检测和风险评估的，由有关主管部门按照职责责令停产停业，并处二千元以上五万元以下罚款；构成违反治安管理行为的，由公安机关依法给予治安管理处罚。

第七十七条 《中华人民共和国食品安全法》对食用农产品进入批发、零售市场或者生产加工企业后的违法行为和法律责任有规定的，由县级以上地方人民政府市场监督管理部门依照其规定进行处罚。

　　第七十八条　违反本法规定，构成犯罪的，依法追究刑事责任。

　　第七十九条　违反本法规定，给消费者造成人身、财产或者其他损害的，依法承担民事赔偿责任。生产经营者财产不足以同时承担民事赔偿责任和缴纳罚款、罚金时，先承担民事赔偿责任。

　　食用农产品生产经营者违反本法规定，污染环境、侵害众多消费者合法权益，损害社会公共利益的，人民检察院可以依照《中华人民共和国民事诉讼法》、《中华人民共和国行政诉讼法》等法律的规定向人民法院提起诉讼。

第八章　附　则

　　第八十条　粮食收购、储存、运输环节的质量安全管理，依照有关粮食管理的法律、行政法规执行。

　　第八十一条　本法自 2023 年 1 月 1 日起施行。

参考文献

[1] 周才琼，张平平. 食品标准与法规[M]. 北京：中国农业大学出版社，2022.

[2] 杨玉红，魏晓华. 食品标准与法规[M]. 北京：中国轻工业出版社，2021.

[3] 白殿一，刘慎斋. 标准化文件的起草[M]. 北京：中国标准出版社，2020.

[4] 信春鹰. 中华人民共和国食品安全法解读[M]. 北京：中国法制出版社，2015.

[5] 李冬霞，李莹. 食品标准与法规[M]. 北京：化学工业出版社，2020.

[6] 冀玮. "食品安全标准" 困惑之辨析——一种《食品安全法》的适用困境[J]. 中国市场监管研究，2022（06）：11-16.

[7] 刘文，戴岳，袁姗姗，等. 食品质量标准体系构建要素与框架设计研究[J]. 标准科学，2022（05）：76-81.

[8] 张哲，朱蕾樊，永祥. 建党百年回顾我国食品标准体系的奋斗路和新征程[J]. 中国食品卫生杂志，2021，33（04）：404-408.

[9] 王俏，周海燕，毕孝瑞，等. 我国食品标准体系在食品安全监管过程中的应用及现存问题[J]. 中国食品卫生杂志，2023，35（03）：429-435.

[10] 李宝珠，李建春，朱荣，等. 标准在我国地理标志保护中的运用研究[J]. 标准科学，2020（09）：56-59.

[11] 中国法制出版社. 中华人民共和国产品质量法[M]. 北京：中国法制出版社，2018.

[12] 艾志录. 食品标准与法规[M]. 北京：科学出版社，2016.